职业设计师岗位技能实训教育方案指定教材

U0731881

Adobe
InDesign CS5
版式设计与制作
技能基础教程

刘悦 汪刚 肖静 / 编著

科学出版社

北京

内 容 简 介

本书以易学和实用为目的，采用"知识点+综合案例"模式对 InDesign CS5 的功能与使用方法进行了详细介绍，以引导读者迅速掌握和提升应用该软件的技巧。

全书共 12 章，其中第 1～2 章介绍了 InDesign CS5 的操作界面和色彩应用的知识，这是学好 InDesign 软件的基础；第 3 章介绍了图形的绘制以及编辑操作；第 4～7 章依次介绍了图、文、表、特效等设计元素的制作，文中列举了大量的案例进行辅助说明；第 8～10 章介绍了样式与库的应用、版面的管理，以及书籍的创建，同时，还介绍了打印与创建 PDF 文件的操作；第 11～12 章介绍了书籍封面的设计与报纸版式的设计，通过这两个商业综合案例将前 10 章的知识和技能融会贯通。

本书配多媒体教学资料，内容丰富，具有极高的学习价值和使用价值，完整收录了书中所有实例的素材和源文件，非常适合作为应用型本科、职业院校平面设计、广告设计、出版等相关专业的教材，也可以作为短期培训的教材。

图书在版编目（CIP）数据

Adobe InDesign CS5 版式设计与制作技能基础教程/
刘悦，汪刚，肖静编著. —北京：科学出版社，2013.3
　ISBN 978-7-03-036348-0

　Ⅰ．①A… 　Ⅱ．①刘… ②汪… ③肖… 　Ⅲ．①排版—应用软件—教材 　Ⅳ．①TS803.23

　中国版本图书馆 CIP 数据核字（2012）第 312154 号

责任编辑：周晓娟 桂君莉 吴俊华 / 责任校对：杨慧芳
责任印刷：张　伟 　　　　　　　 / 封面设计：张世杰

科学出版社 出版
北京东黄城根北街 16 号
邮政编码：100717
http://www.sciencep.com

北京虎彩文化传播有限公司 印刷
中国科技出版传媒股份有限公司新世纪书局发行　各地新华书店经销
*

2013 年 3 月 第 一 版　　　开本：787×1092 1/16
2018 年 8 月第三次印刷　　　印张：18 3/4
字数：456 000

定价：39.80 元
（如有印装质量问题，我社负责调换）

序

Adobe公司作为全球最大的软件公司之一，自创建以来，从参与发起桌面出版革命，到提供主流创意软件工具，以其革命性的产品和技术，不断变革和改善着人们思想及交流的方式。今天，无论是在报刊、杂志、广告中看到的，还是从电影、电视及其他数字设备中体验到的，几乎所有的图像背后均打着Adobe软件的烙印。

不仅如此，Adobe主张的富媒体互联网应用（Rich Internet Applications，RIA）——以Flash、Flex等产品技术为代表，强调信息丰富的展现方式和用户多维的体验经历——已经成为这个网络信息时代的主旋律。随着像Photoshop、Flash等技术不断从专业应用领域"飞入寻常百姓家"，我们的世界将会更加精彩。

"Adobe创意大学计划"是Adobe公司联合行业专家、行业协会、教育专家、一线教师、Adobe技术专家，面向国内动漫、平面设计、出版印刷、eLearning、网站制作、影视后期、RIA开发及其相关行业，针对专业院校、培训机构和创意产业园区创意类人才的培养，以及中小学、网络学院、师范类院校师资力量的建设，基于Adobe核心技术，为中国创意产业生态全面升级和教育行业师资水平与技术水平的全面强化而联合打造的全新教育计划。启动以来，Adobe公司与国内教育合作伙伴一起，成功地推进了Adobe软件技术在中国各个行业的技术普及，并为整个社会培养了大量的数字艺术人才。

近年来，随着中国经济的不断发展，社会对人才的需求数量越来越多，对人才需求的水平也越来越高。国家也调整了教育结构，更加强调职业教育的地位，更加强调学生的实际工作能力的培养，并提出了"以就业为核心"、"以企业的需求为导向"是职业教育的根本出发点的基本思路。全国各级院校也在教育部的指导下，正在全面开展教育模式的改革，因此对教材也提出了新的要求。

为了满足新形势下的教育需求，我们组织了由Adobe技术专家、资深教师、一线设计师以及出版社教材策划人员共同组成的教育专家组负责新模式教材的开发工作。教育专家组做了大量调研工作，走访了全国几十所高校，在充分了解企业对招聘人才的核心要求与院校教育的实际特点的基础上，最终形成了一套完整的实训教育思路，并据此开发了"技能实训教程"和"技能基础教程"系列。本系列教材重在系统讲解由"软件技术、专业知识与工作流程"组成的三维知识体系，以帮助学生在掌握软件技能的同时，掌握一线工作需要的实际工作技能，达到企业招聘员工要求的就业水平。

我们希望通过Adobe公司和"Adobe创意大学计划"的努力，不断提供更多更好的技术产品和教育产品，在推广Adobe软件技术的同时，也推行全新的教育理念，在教育改革中与大家一路同行，共同汇入创意中国腾飞的时代强音之中。

Adobe创意大学管理中心

中联华阳（北京）教育科技有限公司 CEO

项 阳

前言

InDesign软件是一款定位于专业排版领域的设计软件，它博采众家之长，从多种桌面排版技术中汲取精华，为杂志、书籍、广告等灵活多变且复杂的设计工作提供了一系列更完善的排版功能，尤其是该软件基于一个创新的、面向对象的开放体系，大大增强了专业设计人员用排版工具来表达创意和观点的能力，是图像设计师、产品包装师和印前专家的得力助手。

本书在第一版的基础上，经由两年的课堂检验，充分考虑初学者的需求，全面介绍InDesign CS5在版式设计与制作中的技巧及应用。书中的每章开篇都对本章应掌握的学习目标提出了明确要求，强调需要了解、理解或掌握的重要知识。为了充分消化其中的知识，各章末都设置了"综合案例"，通过上机目的、重点难点、操作步骤等部分引导读者思考，在解决问题中学习知识，学习运用所学知识来解决实际问题、积累经验，从而进一步培养动手和解决问题的能力。

本书以易学和实用为目的，采用"知识点＋综合案例"模式对InDesign CS5的功能与使用方法进行了详细介绍，以引导读者迅速掌握和提升应用该软件的技巧。全书共12章，其中第1～2章介绍了InDesign CS5的操作界面和色彩应用的知识，这是学好InDesign软件的基础；第3章介绍了图形的绘制以及编辑操作；第4～7章依次介绍了图、文、表、特效等设计元素的制作，文中列举了大量的案例进行辅助说明；第8～10章介绍了样式与库的应用、版面的管理，以及书籍的创建，同时，还介绍了打印与创建PDF文件的操作；第11～12章介绍了书籍封面的设计与报纸版式的设计，通过这两个商业综合案例将前10章的知识和技能融会贯通。

本书配多媒体教学资料，内容丰富，具有极高的学习价值和使用价值，完整收录了书中所有实例的素材和源文件。多媒体教学下载方法：请打开网址www.ecsponline.com，找到本书，在"资源栏"处下载。

此外，参加本书编写的人员均为多年从事平面设计教学工作的一线教师，他们具有丰富的教学经验和实际应用经验，因此本书非常适合作为应用型本科、职业院校平面设计、广告设计、出版等相关专业的教材，也可以作为短期培训的教材。

本书由刘悦、汪刚、肖静编写，其中第1、2、4、5、12章由刘悦编写，第3、7、8、11章和附录由汪刚编写，第6、9、10章由肖静编写。

在本书的编写过程中，我们力求精益求精，但难免存在一些不足之处，敬请广大读者批评、指正。

编　者
2013年1月

目 录 CONTENTS

Chapter 07　表格的应用 ················· 163

Chapter 10 打印与创建 PDF 文件 ················ 226

Chapter

01

InDesign CS5 的
快速入门

本章将主要介绍 InDesign CS5 的基础知识，包括 InDesign CS5 的新增功能、工作界面、工具箱的使用、图形图像的知识，以及页面设置与视图控制等使用方法。通过对这些内容的学习，为以后的编辑操作打下坚实的基础。

学习目标

- 了解 InDesign CS5 的工作界面
- 熟悉 InDesign CS5 应用软件的界面
- 掌握置入各种格式图形的操作方法

1.1 InDesign CS5 概述

InDesign 是一款定位于专业排版领域的设计软件，基于一个新的开放的体系，实现了高度的扩展性，可以与 Photoshop、Illustrator 和 Acrobat 等软件相配合，从而广泛应用于各类商业广告设计、书籍/杂志版面设计与编排，以及网页效果设计等领域。

InDesign CS5 可以完成页面、插图、目录、索引的全部设计，内容涉及印刷、Web、多媒体领域，为报纸、杂志、书籍、产品手册等出版物提供了一流的平台。InDesign CS5 允许读入多种多样的图形与图像格式，还允许读入 PageMaker、Word 等格式。

1.2 InDesign CS5 工作环境

InDesign CS5 的面板布局设计更加人性化，全新的、可伸缩的组合方式使编辑操作更加方便、快捷。

1.2.1 InDesign CS5 工作界面

选择【开始】>【程序】>Adobe InDesign CS5 命令，打开 InDesign CS5 软件，启动界面如图 1-1 所示。单击【文档】链接，进入软件工作界面，如图 1-2 所示。

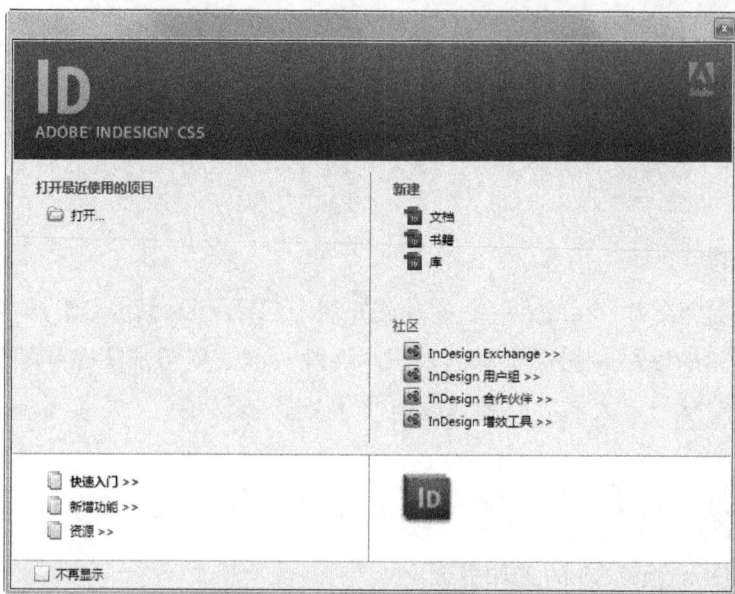

图 1-1　InDesign CS5 启动界面

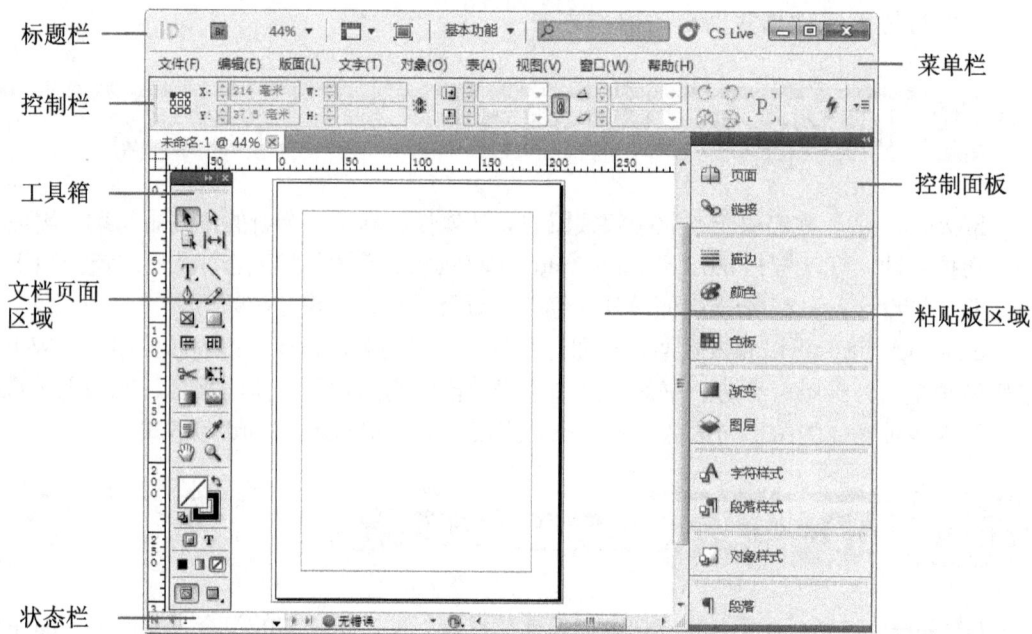

标题栏
控制栏
工具箱
文档页面区域
状态栏

菜单栏
控制面板
粘贴板区域

图 1-2　工作界面

1．标题栏

标题栏用于显示该应用程序的名称：InDesign CS5，其右侧的 3 个按钮从左到右依次为"最小化"、"最大化/还原"、"关闭"，分别用于缩小、放大和关闭应用程序。

2．菜单栏

菜单栏包括"文件"、"编辑"、"版面"、"文字"、"对象"、"表"、"视图"、"窗口"和"帮助"9 个菜单，提供了各种处理命令，可以进行文件管理、编辑图形、调整视图等操作。

3．工具箱

工具箱提供了各种文字、排版、制图工具，单击某一工具按钮可以执行相应的功能。

4．粘贴板区域

　　粘贴板是指文档页面以外的空白区域，它只有在屏幕正常模式下才能显示出来。由于在排版时文档中已经存在文本或图像，为了在操作中不影响文档内容，可以在粘贴板位置编辑文本或图片，然后将编辑好的文本或图片添加到文档页面中，这样可以避免操作中出现混乱或失误。

5．文档页面区域

　　所排版文档页面内容的放置区域，只有在此区域内的内容才会被打印出来。

6．控制面板

　　右侧的小窗口称为控制面板。该面板是 Adobe 软件的一个特色——它代替了部分命令，从而使各种操作更加灵活、方便，如图 1-3 所示。

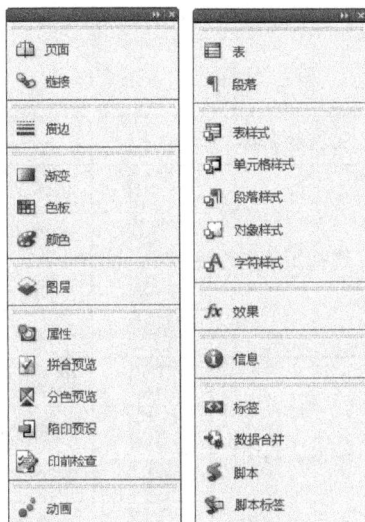

图 1-3　控制面板

1.2.2　认识工具箱

　　在 InDesign CS5 中，工具箱中包括了 4 组近 30 个工具，大致可分为绘画、文字、选择、变形、导航工具等。使用这些工具，用户可以更方便地对页面对象进行图形与文字的创建、选择、变形、导航等操作，工具箱如图 1-4 所示；工具按钮的名称及其功能说明如下表所示。

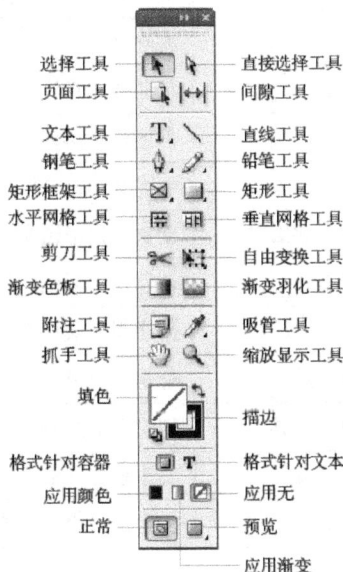

图 1-4　工具箱

3

技 巧

若想知道某个工具的快捷键，可以将鼠标指针指向工具箱中某个工具，稍等片刻后会出现工具名称提示，工具名称右侧的字母、标记或字母组合即为快捷键。

工具箱中工具名称及功能说明

工具组名称	图标	工具名称	主要功能	快捷键
选择工具组		选择工具	选择、移动、缩放对象	V
		直接选择工具	选择路径上点或框架中的内容	A
		页面工具	选择、移动页面	Shift+P
		间隙工具	调整两个或多个项目之间间隙的大小	U
绘制工具组		钢笔工具	绘制直线或者曲线工具	P
		添加锚点工具	在路径上添加新锚点	=
		删除锚点工具	删除路径上的新锚点	-
		转换方向点工具	转换角点或平滑点	Shift+C
文字工具组		文字工具	创建或编辑文本	T
		直排文字工具	创建或编辑直排文本	
		路径文字工具	创建或编辑竖排文本	Shift+T
		垂直路径文字工具	创建或编辑垂直路径文本	
绘制图形的其他工具组		铅笔工具	绘制任意形状的路径	N
		平滑工具	从路径中删除多余的拐角	
		抹除工具	删除路径上多余的点	
		直线工具	绘制任意角度的直线	\
		矩形框架工具	创建正方形或矩形图文框	F
		椭圆框架工具	创建圆形或椭圆形图文框	
		多边形框架工具	创建多边形图文框	
		矩形工具	创建正方形或矩形	M
		椭圆工具	创建圆形或椭圆形	L
		多边形工具	创建多边形	
		水平网格工具	创建水平网格	Y
		垂直网格工具	创建垂直网格	Q
		剪刀工具	在指定点位置上单击，剪开路径	C

（续表）

工具组名称	图标	工具名称	主要功能	快捷键
绘制图形的其他工具组		旋转工具	沿指定点旋转对象	R
		缩放工具	沿指定点调整对象大小	S
变换工具组		切变工具	沿指定点倾斜对象	O
		渐变色板工具	调整渐变的起点、终点和角度	G
		渐变羽化工具	调整渐变羽化透明	Shift+G
		自由变换工具	任意旋转、缩放对象	E
修改和导航工具组		附注工具	添加注释性文本	
		吸管工具	吸取对象的颜色或文字属性并将其应用于其他对象	I
		度量工具	测量角度和距离	K
		抓手工具	在文档窗口中移动页面视图	H
		缩放显示工具	缩放视图比例	Z

1.3　图像知识

在计算机语言中，这些图像点被称为像素，正是这些像素汇集在一起构成了一幅幅美丽的图片。在 InDesign 中，用户可以根据不同的作品需求使用导入的各种图像，这需要客户对各种图像的格式、颜色模式等有所了解。本节介绍图像的相关知识，内容包括位图图像、矢量图形与图像格式。

1.3.1　图像的格式

在 InDesign 中，可以导入其他程序的文件格式图形，支持多种图像格式，包括 AI、TIFF、GIF、JPEG、PDF、PSD 和 BMP 格式，以及 EPS 格式。

1．AI

AI 格式是一种矢量图形文件格式，是适用于 Adobe 公司 Illustrator 软件的输出格式。与 PSD 格式文件相同，AI 文件也是一种分层文件，用户可以对图形内所存在的层进行操作；所不同的是 AI 格式文件是基于矢量输出，可以在任何尺寸大小下按最高分辨率输出，而 PSD 文件是基于位图输出。与 AI 格式类似，基于矢量输出的格式还有 EPS、WMF、CDR 等。

2．TIFF

TIFF（Tagged Image File Format）是一种比较灵活的图像格式，文件扩展名为.tif 或.tiff。该格式支持 24 位真彩色、32 位色、48 位色、256 位色等多种色彩位，同时支持 RGB、CMYK 及 YCbCr 等多种颜色模式，支持多平台。

3. GIF

GIF（Graphics Interchange Format）是一种压缩的 8 位图像文件格式。正因为它是经过压缩的，而且又是 8 位的，所以这种格式的文件大多用于网络传输上，速度要比传输其他格式的图像文件快得多。其缺点是不能用于存储真彩色的图像文件。

4. JPEG

JPEG（Joint Photographic Experts Group，联合图像专家组）格式支持真彩色。

5. PDF

PDF（Portable Document Format）是可移植文件格式。PDF 阅读器 Adobe Reader 专门用于打开后缀为.pdf 格式的文档。另外，PDF 文件可以包含电子文档搜索和导航功能（如电子链接）。

6. PSD

PSD（Photoshop Document）是 Adobe 公司图像处理软件 Photoshop 的专用格式。这种格式可以存储 Photoshop 中所有的图层、通道、参考线、注解和颜色模式等信息。

7. BMP

BMP（Bitmap）是 Windows 操作系统中的标准图像文件格式，能够被多种 Windows 应用程序所支持。

1.3.2 图像分辨率

图像的分辨率指的就是每英寸图像含有多少个点或像素，分辨率的单位为 dpi。在数字化的图像中，分辨率的大小直接影响到图像的质量。分辨率越高的图像就越清晰，文件也就越大。对于决定所需使用的图像分辨率，可以考虑图像的最终发布媒体。

在 InDesign 中，对于需要进行商业印刷的作品，用户应根据所使用的印刷机（dpi）和网频（lpi）来设置图像的分辨率。通常情况下，商业印刷需要 150～300ppi（或更高）的图像，具体使用数值需要与决定印刷者及印刷服务提供商协商。

由于商业印刷需要大型的高分辨率图像（处理这些图像的过程中需要更长的时间才能完成显示任务），因此在排版时可以选择【视图】>【显示性能】命令，选择典型或快速显示方式来使用低分辨率的版本，然后在打印时使用高分辨率版本来替换它们。

1.3.3 矢量图和位图

下面将对计算机中两种典型的图像类型进行介绍。

1. 矢量图

矢量图形也称为面向对象的图像或绘图图像，在数学上的定义为一系列由线连接的点。矢量文件中的图形元素称为对象，每个对象都是一个自成一体的实体，具有颜色、形状、轮廓、大小和屏幕位置等属性。在维持原有清晰度和弯曲度的同时多次移动并改变它的属性，而不会影响图例中的其他对象，如图 1-5 所示。

矢量图使用直线和曲线来描述图形，这些图形的元素是一些点、线、矩形、多边形、圆和弧线等，它们都是通过数学公式计算获得的。例如，一幅花的矢量图形实际上是由线段形成外框轮廓，由外框的颜色以及外框所封闭的颜色决定花显示出的颜色。由于矢量图形可通过公式计算获得，所以矢量图形文件体积一般较小。其最大的优点是无论放大、缩小或旋转等都不会失真。Adobe 公司的 Freehand、Illustrator，Corel 公司的 CorelDRAW 均是众多矢量图形设计软件中的佼佼者；Flash 软件制作的动画也是矢量图形动画。

2．位图

位图图像也称为点阵图像或绘制图像，是由被称为像素（图片元素）的单个点组成的。这些点可以进行不同的排列和染色以构成图像。当放大位图时，可以看见赖以构成整个图像的无数单个方块。扩大位图尺寸的效果是增多单个像素，易使线条和形状显得参差不齐。然而，如果从稍远的位置观看它，位图图像的颜色和形状又显得是连续的。由于每一个像素都是单独染色的，可以通过以每次一个像素的频率操作选择区域而产生近似相片的逼真效果，诸如加深阴影和加重颜色。缩小位图尺寸也会使原图变形，因为此举是通过减少像素来使整个图像变小的。

同样，由于位图图像是以排列的像素集合体形式创建的，因此不能单独操作（如移动）局部位图。位图是由像素组成的，清晰度随像素大小而变化，像 Photoshop 这样的编辑照片软件则用于处理位图图像，图像放大就会出现小格子（见图 1-6），因为其图像可承载的数据量小，色彩不丰富，无法表现逼真的景物。

图1-5　矢量图形

图1-6　位图图像

1.3.4　导入图形

下面通过一张相同的画面以不同格式来展示的案例，体会不同的视觉效果。

1．导入 AI 格式图形

在 InDesign CS5 中，可以根据需要直接导入 AI 格式图形。启动 InDesign CS5 软件，置入"素材\Chapter 01\欧洲设计.ai"文件，效果如图 1-7 所示。

2．导入 PSD 格式图形

启动 InDesign CS5 软件，置入"素材\Chapter 01\时尚手机.psd"文件，效果如图 1-8

所示。

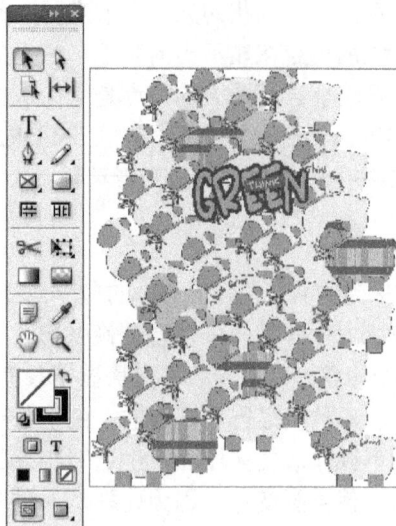

图1-7　导入AI格式图形　　　　　　　　　　　　　　　图1-8　导入PSD格式图形

3. 导入 PDF 格式图形

启动 InDesign CS5 软件，置入"素材\Chapter 01\草莓.pdf"文件，效果如图 1-9 所示。

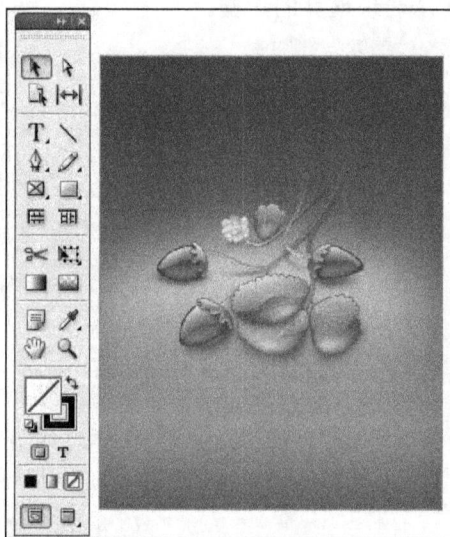

图 1-9　导入 PDF 格式图形

1.4　页面设置与视图控制

　　在报纸、书籍、杂志等文档的设计过程中，设计好文档的页面与版面，可以方便地对每个页面进行设计与排版，制作出富有艺术与视觉效果的文档。

1.4.1　页面版式设计

　　文档的设计与排版首先要进行页面设计，包括选用纸张，设置上、下、左、右边界，将版心、天头、地脚、裁口、订口等确定下来，还可以设置分栏、栏分隔线等，如图 1-10 所示。

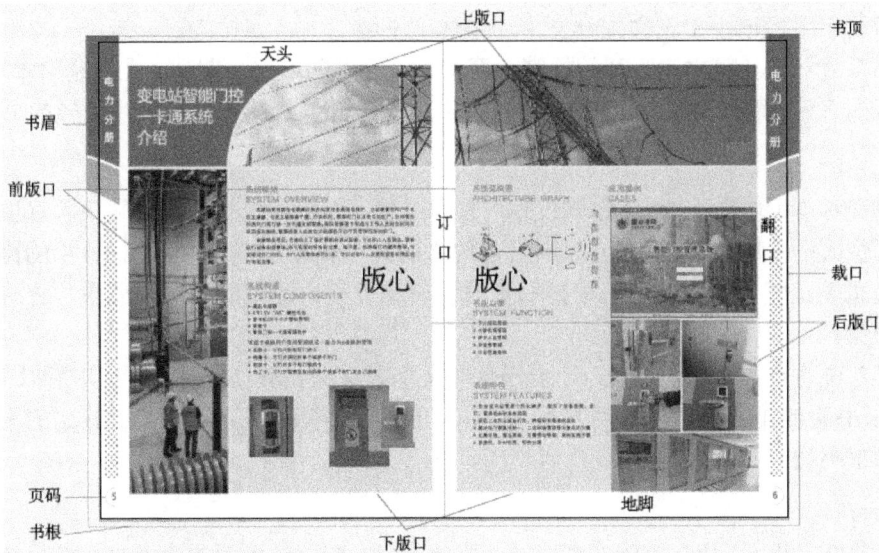

图 1-10　版式说明

1. 版心位置

　　版心是版面上容纳文字、图、表等的部分。任何版心都有一定的高度和宽度，其具体尺寸取决于版面幅度大小和周空所占宽度。即使版面尺寸相同，其版心的大小也可以按照书刊的性质或类型通过对周空的不同设计而自由设定。版心的组成成分包括文字、图、表、空间和线条等。

2. 版口位置

　　版口是指版心页面的边沿。版心中第一行字的字身上线为上版口，最后一行字的字身下线为下版口，版心最左第一个字的字身左线为前版口，最后一个字的字身右线为后版口。

3. 周空位置

　　周空是指从版口至页面边沿的 4 块狭长矩形空白。这 4 块空白也称为"天头"、"地脚"、"订口"和"翻口"，是版面平面结构的组成部分。

　　（1）天头

　　天头又称"上白边"。这是处于版心上方的白边，因所处位置在版心之上，好像居于天顶，又好像人的头部，所以称为"天头"。如果天头印有书眉，一般高为 25mm；如果保持空白，则可以小一些，但是，这并非是固定不变的，当进行版式设计时，可以根据书刊的性质和类型做适当调整。

　　天头部位可以印上一些文字。由于这些文字居于版心之上，好像版面的"眉毛"，所以

9

称为"书眉"。通常，左侧页面天头排印的书眉文字级别应该比右侧页面的高一级。譬如，左侧页面上印书刊名称（期刊一般还包括年、月、期、卷等顺序编号），右侧页面上就印卷名（或篇名、章名、文章名、栏目名）；左侧页面上印章名（栏目名），右侧页面上就印节名（文章名）等。但是辞书的书眉有所不同，一般是列出本页面上的全部字头或者起讫字头（单词），而没有级别高低之分。书眉一般应该用"书眉线"与版心相隔，文字居中或偏外侧，所用字级应该小于正文主体文字，字体则不限。

图书各章（或各篇文章）开始的第一面上，一般不印书眉。期刊（尤其是学术性期刊）各篇文章的开始页面上可以保留表示期刊名称及其年、月、期、卷等顺序编号的书眉。

（2）地脚

地脚又称"下白边"。这是处于版心下方的白边，因所处位置在版心之下，好像居于地面，又好像人的腿脚，所以称为"地脚"。地脚的高一般略小于天头，成 1:1.4 的比例，这样的版面布局比较匀称。但是，根据书刊的性质和类型，地脚的高可以调整，有时甚至可以大于天头。

地脚部位也可以印上一些文字。由于这些文字好像搬到版心下方的书眉，所以称为"下书眉"。下书眉的排式特点与书眉基本相同，只是图书各章（或各篇文章）开始的第一面上也可以印下书眉。

（3）订口

订口又称"内白边"。这是位于版心内侧的白边，因紧挨着书页订合处，所以称为"订口"。订口的宽度为 18～25mm，不宜过小，否则会使版心内侧的文字不易全部清楚展现，尤其当书页较多、图书较厚时，订口更是宜大不宜小。

（4）翻口

翻口又称"外白边"。这是位于版心外侧的白边，因沿着这条边可以翻动书页，所以称为"翻口"。翻口的宽度为 18～25mm。不过，由于翻口宽度的大小不会影响到书页文字的充分展现，因此也可适当缩小，但要以能够让版心位置显得比较匀称为宜。

1.4.2 新文档的创建

要想进行版面设计，首先要创建一个新的文档。下面将对相关的操作进行介绍。

1. 新建文档

选择【文件】>【新建】>【文档】命令或按【Ctrl+N】组合键，随后将打开【新建文档】对话框，如图 1-11 所示。随后，在【页面大小】下拉列表中选择一种页面大小，如 A4；在【宽度】与【高度】文本框中可以指定宽度与高度值。

同时，若单击图按钮，则会将页面设置为纵向。若单击图按钮，则会将页面设置为横向；若单击图按钮，则装订方式为从左到右；若单击图按

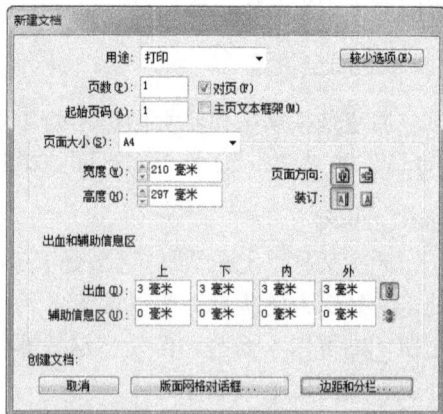

图 1-11　【新建文档】对话框

钮，则装订方式为从右到左。

在【出血和辅助信息区】选项组中，若单击【出血】右侧的🔒按钮，则可以在【出血】文本框中设置相同的出血尺寸，否则可以分别设置上、下、左、右的出血尺寸；若单击【辅助信息区】右侧的🔒按钮，可以在【辅助信息区】文本框中设置相同的辅助信息区尺寸，否则可以分别设置上、下、左、右的辅助信息区尺寸。

> **提示**
>
> 若选中【对页】复选框，将产生双页面跨页的左、右页面，否则产生独立的页面；若选中【主页文本框架】复选框，将创建一个与边距参考线内的区域大小相同的文本框架，并与所指定的栏设置相匹配，该主页文本框架将被添加到主页中。

2．设置边距与分栏

为新建文档设置边距与分栏的操作步骤如下。

1 在【新建文档】对话框中单击【边距和分栏】按钮，打开如图 1-12 所示的【新建边距和分栏】对话框，在【边距】选项组中，设置上、下、内、外边距。

2 在【栏】选项组的【栏数】文本框中设置分栏数；在【栏间距】文本框中设置栏间宽度；在【排版方向】下拉列表中，可以选择排版方向为水平或垂直。

3 设置完成后，单击【确定】按钮，如图 1-13 所示。

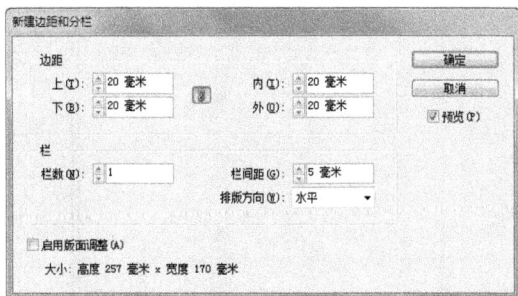

图1-12 【新建边距和分栏】对话框

图1-13 最终效果

1.4.3 参考线的使用

与网格的区别在于，参考线可以在页面或粘贴板上自由定位。可以创建两种参考线，即页面参考线与跨页参考线，其中页面参考线只在页面上显示，而跨页参考线可跨越所有的页面。参考线可随其在图层同时显示或隐藏，如图 1-14 所示。参考线即排版设计中用于参考的线条，其用途为帮助定位，不参加打印。

1. 新建参考线

要在当前页面、跨页的所在图层中新建参考线，可以执行下列操作之一。

在创建参考线之前，必须确保标尺和参考线处于可见状态。如果不可见，可选择【视图】>【显示标尺】命令。创建参考线的具体操作方法如下。

1 单击工具箱中的【选择工具】。

2 将鼠标指针移动到水平（或垂直）标尺上，待它变成双向箭头形状时，向下（或向右）拖动鼠标。

3 确定好参考线的位置，释放鼠标即可。

图1-14 参考线效果

💡 **提 示**

要移动参考线位置，将其选中并拖动即可。按住【Shift】键可以同时选中多条参考线。

2. 精确数值法

精确设置参考线的操作方法如下。

1 选择【版面】>【创建】>【参考线】命令，弹出【创建参考线】对话框，如图 1-15 所示。

2 在【创建参考线】对话框中进行参数的设置，设置好参数后，单击【确定】按钮，从而完成页面参考线的创建，如图 1-16 所示。

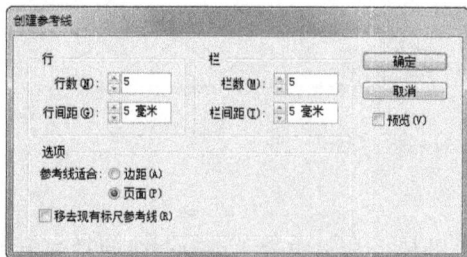

图1-15 【创建参考线】对话框

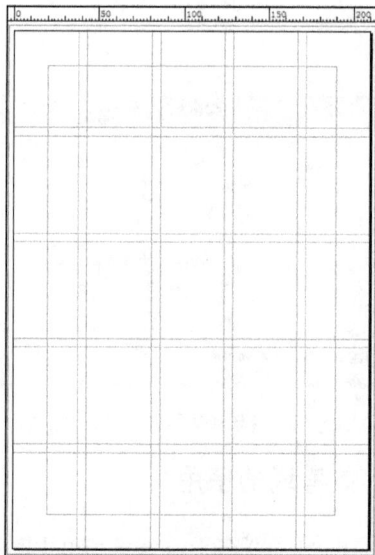

图1-16 参考线效果

其中，该对话框中各参数的含义介绍如下。

- 行数：设置参考线的行数。
- 行间距：设置参考线与参考线之间的距离。
- 栏数：设置创建参考线的栏数。
- 栏间距：设置栏与栏之间的距离。
- 参考线适合：选择【边距】单选按钮，可以在页边距内的版心区域创建参考线。选择【页面】单选按钮，可以在页面的边缘内创建参考线。
- 移去现有标尺参考线：选中该复选框，可以将版面内现有的所有参考线删除，包括锁定或隐藏图层上的参考线。
- 预览：选中该复选框，可以预览页面上设置参考线的效果。

3．创建跨页参考线

创建跨页参考线的方法有以下 3 种。

方法 1：按住【Ctrl】键的同时将鼠标指针移动到水平或垂直标尺位置，按住鼠标向下或向右拖动，到达目标位置后释放鼠标即可。

方法 2：直接从水平或垂直标尺位置拖动参考线到粘贴位置，然后再将其移动到页面目标位置即可。

提 示

如果直接将参考线拖动到页面上，它将变成页面参考线。

方法 3：在水平或垂直标尺位置双击鼠标，即可创建水平或垂直跨页参考线，如图 1-17 所示。

图 1-17　跨页参考线效果

13

4．更改参考线的排列

在默认状态下，参考线位于所有对象上，以便能更好地辅助排版对齐操作，但有时显示在对象上也会妨碍用户的使用，这时我们可以更改参考线的排列顺序。

选择【编辑】>【首选项】>【参考线和粘贴板】命令，弹出【首选项】对话框，选中【参考线和粘贴板】区域中的【参考线置后】复选框（见图 1-18），即可将参考线移动到其他对象的后面，如图 1-19 所示。

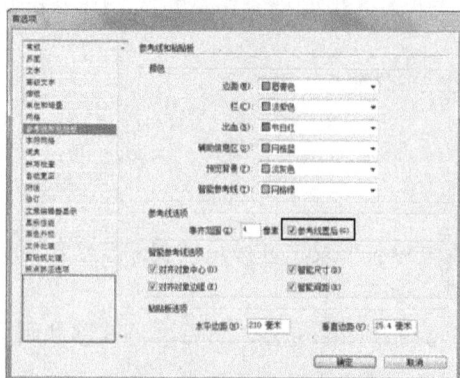

图1-18　【首选项】对话框　　　　　　　图1-19　参考线置后效果

1.5　习题与上机

一、选择题

（1）InDesign CS5 软件是一个（　　　）。

A．图像处理软件　　　　B．绘图软件　　　　C．制作动画软件　　　　D．艺术排版软件

（2）【页面工具】为 InDesign CS5 新增的一款工具，其快捷键为（　　　）。

A．【Ctrl+P】　　　　　　B．【Shift+O】

C．【Shift+P】　　　　　　D．【Shift+U】

（3）新建 InDesign 文档，可以按（　　　）组合键，打开【新建文档】对话框。

A．【Ctrl+N】　　　　　　B．【Ctrl+T】

C．【Shift+N】　　　　　　D．【Ctrl+E】

二、填空题

（1）InDesign 是一款定位于_____领域的设计软件。

（2）矢量图使用_____和_____来描述图形，这些图形的元素是一些点、线、矩形、多边形、圆和弧线等，它们都是通过数学公式计算获得的。

（3）_____是版面上容纳文字、图、表的部分，其组成成分包括文字、图、表、空间和线条等。

三、上机操作题

（1）标出 InDesign CS5 窗口中各个组成部分的名称，如图 1-20 所示。

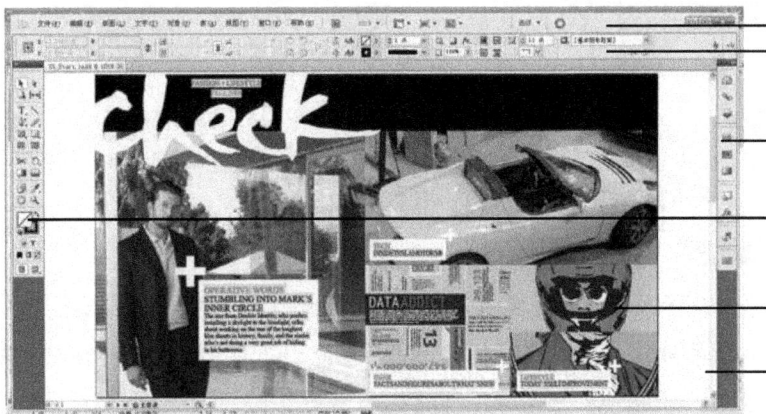

图 1-20　InDesign CS5 窗口

（2）在 InDesign CS5 中导入 PSD 格式的图像。

知识要点提示

导入一个多层图像，通过单击图像图层得到所需图像。

Chapter
02

色彩管理与应用

本章将主要介绍 InDesign 中关于颜色管理的知识。通过对本章内容的学习，读者可以了解各种颜色模式，如 RGB 颜色模式、CMYK 颜色模式、Lab 颜色模式等，可以了解和应用专色、印刷色、渐变和色调等。

学习目标

- 了解颜色模式、颜色的基本理论知识
- 了解专色与印刷色
- 熟悉各种颜色模式的使用
- 掌握【色板】面板的使用

2.1　颜色基础

无论是印刷出版还是导出到 Web，向路径、框架及文字中应用颜色和渐变，都是一项常见的制版任务。当应用颜色时，应注意图片最终将发布到什么媒介中，以便使用最合适的颜色模式来应用颜色。

2.1.1　颜色模式

颜色是属于某个形态的，物体因为有了颜色，人们才能看清物体的形状。人类能够识别的颜色有几百万种，为了识别颜色性质，可以使用多种颜色模式。

颜色模式决定了用于显示和打印图像的颜色模式。InDesign 颜色模式的创建以用于描述和重现色彩的模式为基础，常见的模式主要包括 RGB（红色、绿色、蓝色）、CMYK（青色、洋红、黄色、黑色）和 Lab 等。

1．RGB 模型及模式

RGB 是色光的颜色模式，即红（Red）、绿（Green）、蓝（Blue）三原色的简称。因为 3 种颜色都有 256 个亮度水平级，所以这 3 种色彩叠加就形成 1670 万种颜色了。在 RGB 模式中，由红、绿、蓝相叠加可以产生其他颜色，因此该模式也称为加色模式。

RGB 颜色模式使用 RGB 模型为图像中每一个像素的 RGB 分量分配一个 0～255 范围内的强度值。例如：纯红色 R 值为 255，G 值为 0，B 值为 0；灰色的 R、G、B 这 3 个值相等（除了 0 和 255）；白色的 R、G、B 值都为 255；黑色的 R、G、B 值都为 0。RGB 图像只使用 3 种颜色，就可以使它们按照不同的比例混合，在屏幕上重现 16 581 375 种颜色。

在 RGB 模式下，每种 RGB 成分都可使用 0（黑色）～255（白色）范围的值。例如，亮红色使用 R 值 246、G 值 20 和 B 值 50。当所有 3 种成分值相等时，产生灰色阴影。当所有成分的值均为 255 时，结果是纯白色；当该值为 0 时，结果是纯黑色。

在显示屏上显示颜色定义时，往往采用这种模式。如果图像用于电视、幻灯片、网络、多媒体，一般使用 RGB 模式，如图 2-1 所示。

2．CMYK 颜色模式

CMYK 颜色模式是一种印刷模式。其中，4 个字母分别是指 Cyan（青色）、Magenta（洋红色）、Yellow（黄色）、Black（黑色），在印刷中代表四种颜色的油墨。在本质上，CMYK 与 RGB 模式没有什么区别，只是产生色彩的原理不同：在 RGB 模式中是由光源发出的色光混合生成颜色的，而在 CMYK 模式中是由光线照到不同比例 C、M、Y、K 油墨的纸上，部分光谱被吸收后，反射到人眼产生颜色的。在混合成色时，随着 C、M、Y、K 这 4 种成分的增多，反射到人眼的光会越来越少，光线的亮度就会越来越低，所以由 CMYK 模式产生颜色的方法又被称为色光减色法，如图 2-2 所示。

图2-1　显示器的原理

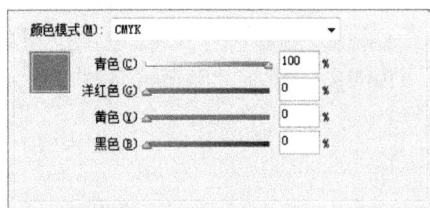

图2-2　CMYK颜色模式

在准备要用印刷色打印图像时，应使用 CMYK 颜色模式。如果文档中存在 RGB 模式的图像，最好先在编辑软件中将其转换为 CMYK 模式，再置入 InDesign 中。

3．Lab 模型和模式

Lab 模式由照度 L 和有关色彩的 a、b 这 3 个要素组成。其中，L 表示 Luminosity，相当于亮度，a 表示从红色至绿色的范围，b 表示从蓝色至黄色的范围。L 的值域为 0～100，当 L=50 时，就相当于 50%的黑；a 和 b 的值域都为-120～+120，其中+120 a 是红色，渐渐过渡到-120 a 的时候就变成绿色；同样，+120 b 是黄色，-120 b 是蓝色。所有的颜色就由这 3 个值交互变化而成，如图 2-3 所示。

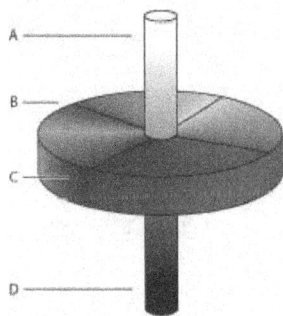

图 2-3　Lab 模型

Lab 颜色模式除了上述不依赖于设备的优点外，还具有其自身的优势：色域宽阔。它不仅包含了 RGB、CMYK 的所有色域，还能表现它们不能表现的色彩，人的肉眼能感知的色彩都能通过 Lab 模式表现出来。另外，Lab 颜色模式的绝妙之处还在于弥补了 RGB 颜色模式色彩分布不均的不足之处，因为 RGB 模式在蓝色到绿色之间的过渡色彩过多，而在绿色到红色之间又缺少黄色和其他色彩。

提 示

如果用户想在数字图形的处理中保留尽量宽阔的色域和丰富的色彩，最好选择 Lab 颜色模式进行工作；图像处理完成后，再根据输出的需要转换成 RGB（显示用）或 CMYK（打印及印刷用）颜色模式。在 Lab 颜色模式下工作，速度与 RGB 模式下差不多快，但比 CMYK 模式下要快很多。这样做的最大好处是它能够在最终的设计成果中获得比任何颜色模式都更加优质的色彩。

2.1.2　色域

在 RGB、CMYK 和 Lab 中编辑图像，其本质区别是在不同的色域空间中工作。色域就是指某种颜色模式所能表达的颜色数量所构成的范围区域，也指具体介质如屏幕显示、数码输出及印刷复制所能表现的颜色范围。自然界中可见光谱的颜色组成了最大的色域空间，该色域空间中包含了人眼所能见到的所有颜色。在 3 种颜色模式中，Lab 色域空间最大，它包含 RGB、CMYK 中所有的颜色，如图 2-4 所示。

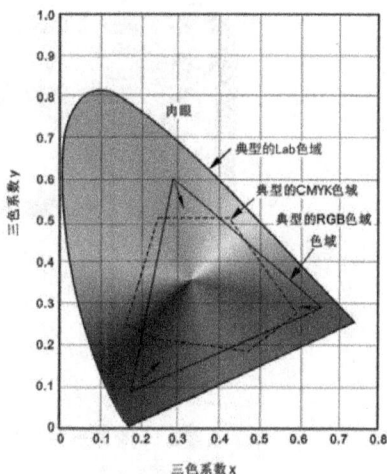

图 2-4　Lab 色域

2.2　使用色板

在 InDesign CS5 中，可以将【颜色】、【渐变色】或【色调】色板快速应用于文字或对象。色板类似样式，对色板所做的任何更改都将影响应用该色板的对象。

2.2.1　创建与编辑色板

色板可以包括专色或印刷色、混合油墨、RGB 或 Lab 颜色、渐变或色调。置入包含专色的图像时，这些颜色将作为色板自动添加到【色板】面板中，可以继续将这些色板应用到文档中的对象上，但是不能重新定义或删除这些色板。

【色板】面板主要用来存放颜色，包括颜色、渐变和图案等。单击【色板】面板右上方

的 按钮，在打开的下拉菜单中选择【新建颜色色板】命令，如图 2-5 所示。通过此菜单，用户可以对色板进行详细的设置。

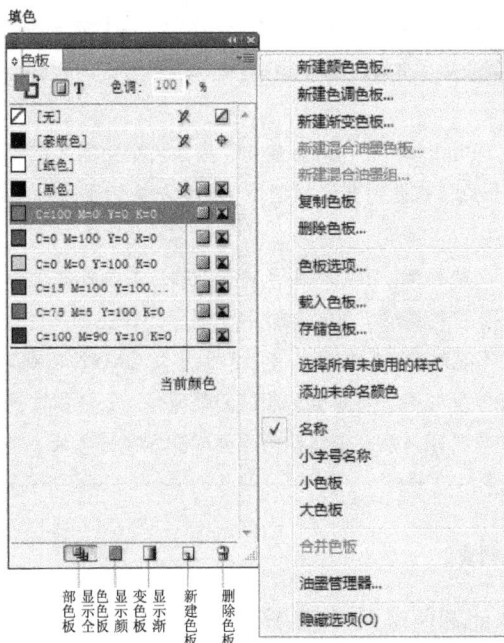

图2-5 【色板】下拉菜单

默认情况下，【色板】面板显示了所有的颜色信息，包括颜色和渐变，如果想单独显示不同的颜色信息，单击切换到【颜色】色板。需要注意的是，色块右侧带有 图标的，表示不可编辑。

2.2.2 在【色板】面板中添加颜色

色板中的前 4 种颜色（无色、纸色、黑色、套版色）是 InDesign 中内置的默认颜色，它们是不能被删除的。如果想在色板中添加颜色，需单击【色板】面板右上方的 按钮，在打开的下拉菜单中选择【新建颜色色板】命令，弹出【新建颜色色板】对话框，对其进行参数设置即可，如图 2-6 和图 2-7 所示。

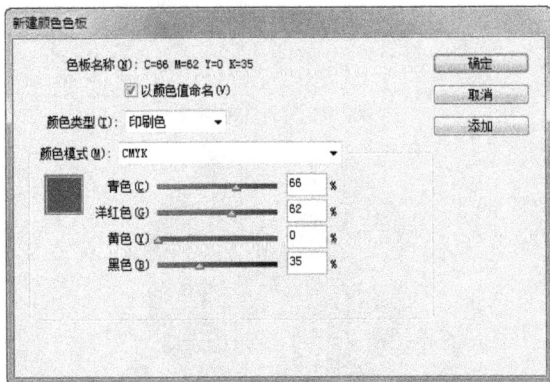

图2-6 【新建颜色色板】对话框（一）

图2-7 新建颜色

提示

无色意味着删除在 InDesign 出版物对象中增加的任何颜色，并且是一种使任意 InDesign 所画对象透明的快速方法。对于一幅应用了 InDesign 颜色的输入图形而言，它也是一种将对象转换成原色的简单方法。

纸色意味着无油墨或让空。InDesign 不将油墨应用于指定为纸色的区域或对象，包括纸色对象层叠在另一种彩色对象上的任一点。在此需要说明的是，纸色与白色不同，纸色的对象是无油墨的，而白色是上色的结果。

- 黑色：定义为设置成压印的黑色，不能对黑色进行编辑。如果要创建一个漏空的黑色，则需要复制默认黑色，并根据要求进行编辑，同时修改名称表示为漏空的黑色。
- 套版色：同黑色一样，不能对其进行编辑。套版色也定义 CMYK 值都为 100%，因此任意一个已指定这种颜色的对象能分色成每一层叠或印版。套版色可用于任何情况，例如出版物注释，或自定的周边十字线等那些想要印在每一个特殊色层叠或印刷色分色片上的内容。

2.2.3 将颜色应用于对象

下面的示例是将创建的颜色应用于已编辑好的图像。

打开"素材\Chapter 02\给图形上色.indd"文件，如图 2-8 和图 2-9 所示。用【选择工具】将图像框选，打开如图 2-10 所示的【新建颜色色板】对话框，设置 CMYK 颜色为 C=77%、M=20%、Y=37%、K=0%，设置完成后单击【确定】按钮，如图 2-11 所示。

图2-8 打开文件

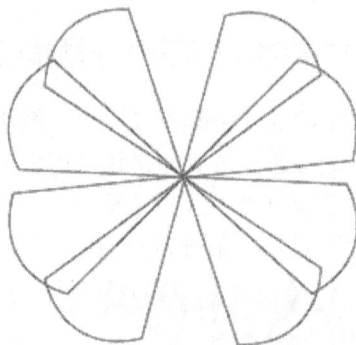

图2-9 打开后的图像

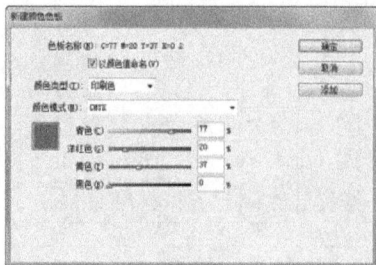

图2-10 【新建颜色色板】对话框（二）

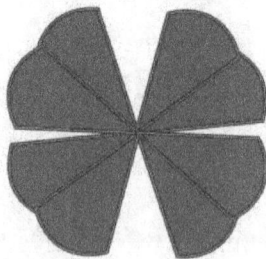

图2-11 最终效果（一）

此外，用户可以使用【选择工具】将图像框选，打开【色板】面板，直接选择已有的颜色，如图 2-12 和图 2-13 所示。

图2-12 【色板】面板
图2-13 填充效果

2.2.4 修改描边类型

打开素材后，打开【描边】面板，设置【描边】参数，其中【粗细】为 3 点、【类型】为"点线"，其他数值保持默认状态，如图 2-14 和图 2-15 所示。

图2-14 描边属性设置
图2-15 描边点线效果

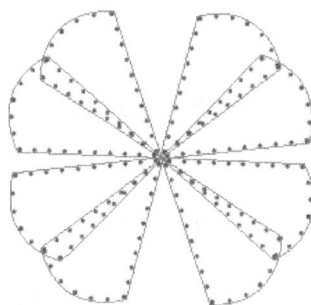

2.3 使用渐变

【渐变】面板用于设置或调整渐变色，包括渐变类型、角度、渐变起始/结束颜色等。要设置渐变色，在【类型】下拉列表中选取渐变类型，如"线性"或"径向"，如图 2-16 所示。

在渐变色条下方单击，可以增加颜色；选取渐变色条下方色块，可以设置颜色及其位置；选取渐变色条上方菱形块，可以设置渐变颜色转换点位置；设置好渐变色后，其面板的左上方会显示渐变颜色并将其应用于对象。

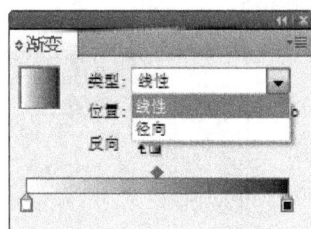

图 2-16 渐变类型

2.3.1 创建由多种颜色组成的渐变

渐变一般由两种或两种以上的颜色组成。利用更多种颜色的渐变组合制作出的图形色彩相对更绚丽，如图 2-17 和图 2-18 便是设置渐变色前后的效果对比。

图2-17 图形原始效果

图2-18 设置渐变色的效果

打开素材文件后，利用【选择工具】选择素材中的图形，打开浮动面板中的【颜色】面板，如图 2-19 所示。再选择【渐变】面板，用【吸管工具】选择所需要的颜色，其他参数如图 2-20 所示。

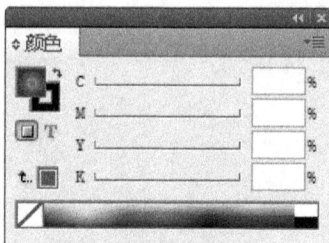

图2-19 【颜色】面板（一）

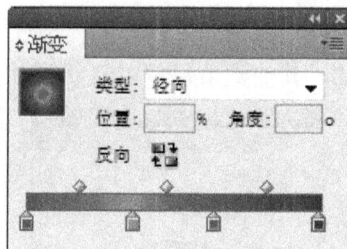

图2-20 【渐变】面板

2.3.2 将渐变应用于对象

渐变填充是实际制图中使用率比较高的一种填充方式。下面将对其具体操作进行介绍。

1 打开"素材\Chapter 02\填充渐变色.indd"文件；在进行渐变填充时，默认的渐变不一定适合制图的需要，这时需要新建渐变色板。

2 单击【色板】面板右上方的■按钮，在弹出的下拉菜单中选择【新建渐变色板】命令，如图 2-21 所示。打开如图 2-22 所示的【新建渐变色板】对话框，从中进行设置，设置完成后单击【确定】按钮。

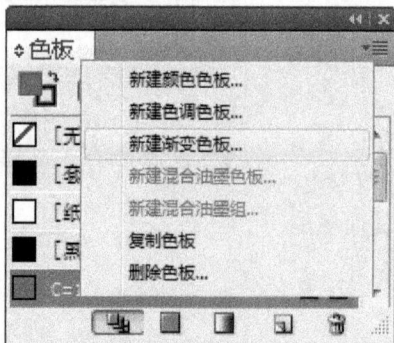

图2-21 创建新的渐变色板

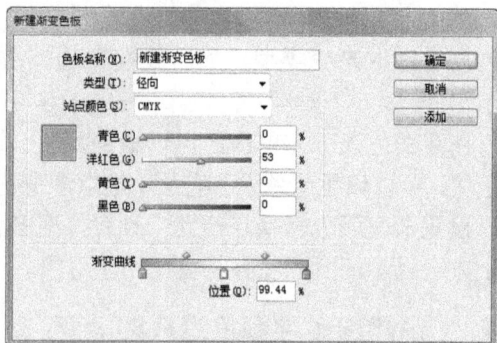

图2-22 新建渐变颜色数值

22

3 选择图形并对其进行渐变填充，其渐变参数设置如图 2-23 所示，最终效果如图 2-24 所示。

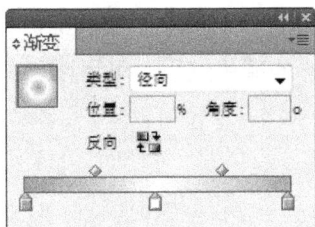

图2-23　设置径向渐变　　　　　　　　　　图2-24　最终效果（二）

2.3.3　载入与存储色板

利用【载入色板】命令可以载入其他文档中的色板。添加色板后，可以将色板进行存储，方便下次使用。

（1）载入色板

若要载入其他文档中的色板，则可以在【色板】面板的下拉菜单中选择【载入色板】命令，从【打开文件】对话框中选择要载入的文件，单击【打开】按钮。

（2）存储色板

若要将色板进行存储，则可以在【色板】面板的下拉菜单中选择【存储色板】命令，打开【另存为】对话框，指定存储的名称及路径后，单击【保存】按钮。下次使用时，可以通过选择【载入色板】命令载入。

2.3.4　颜色的基本理论

尽管颜色有很多种，但纵观所有颜色，都具有 3 个共同点，即一定的色彩项目、明亮程度和浓淡程度。用户可以将颜色的这 3 个共同点总结为颜色的三属性，分别称为色相、明度和饱和度。在调配颜色时，通过改变它们，可以调配出千万种颜色。

1．色光加色法和色料减色法

颜色可以互相混合，两种或两种以上的颜色经过混合便可以产生新的颜色，这在日常生活中几乎随处可见。无论是绘画、印染还是彩色印刷，都以颜色的混合为最基本的工作方法。颜色混合有色光的混合和色料的混合两种，分别称为色光加色法和色料减色法。

（1）色光加色法

两种或两种以上的色光相混合时，会同时或在极短的时间内连续刺激人的视觉器官，使人产生一种新的色彩感觉，该色光混合称为加色混合。这种由两种或两种以上色光相混合呈现另一种色光的方法称为色光加色法。

色光加色法的三原色光等量相加混合效果如下。

红光+绿光=黄光

红光+蓝光=品红光

绿光+蓝光=青光

红光+绿光+蓝光=白光

（2）色料减色法

当白光照射到色料上时，色料从白光中吸收一种或几种单色光，从而呈现另一种颜色的方法称为色料减色法，简称减色法。对于三原色色料的减色过程，可用以下公式表示。

黄色料：$W-B=R+G=Y$

品红色料：$W-G=R+B=M$

青色料：$W-R=G+B=C$

2．色相

色相是指颜色的基本"相貌"，是颜色彼此区别的最主要、最基本的特征，用于表示颜色质的区别，如红、橙、黄、绿、青、蓝、紫。

3．明度

明度表示物体颜色深浅明暗的特征量，是判断一个物体比另一个物体能够较多或较少地反射光的色彩感觉的属性，是颜色的第二种属性。简单地说，明度就是人眼所感受到的色彩明暗程度。

4．饱和度

饱和度定义了颜色的纯度，即混进其他颜色的多少。可见光谱的各种单色光是最饱和的颜色。当光谱色加入白光成分时，就变得不饱和了。

2.4　印刷色与专色

一般可以将颜色类型指定为专色或印刷色，这两种颜色类型与商业印刷中使用的两种主要的油墨类型相对应。在 InDesign 中的【色板】面板中，可以通过在颜色名称旁边显示的图标来识别该颜色的颜色类型。

1．印刷色

印刷色是使用 4 种标准印刷油墨的组合打印的，C、M、Y、K 就是通常采用的印刷四原色，即青色（C）、洋红色（M）、黄色（Y）和黑色（K）。当作业需要的颜色较多而导致使用单独的专色油墨成本很高或者不可行（如印刷彩色照片）时需要使用印刷色。在印刷原色时，这 4 种颜色都有自己的色板，在色板上记录了这种颜色的网点，这些网点是由半色调网屏生成的，把 4 种色板合到一起就形成了所定义的原色。调整色板上网点的大小和间距就能形成其他的原色。

指定印刷色时，请记住下列原则。

（1）要使高品质印刷文档呈现最佳效果，请参考印刷在四色色谱中的 CMYK 值来设定颜色。

（2）由于印刷色的最终颜色值是它的 CMYK 值，因此如果使用 RGB（或 Lab）指定印刷色，在进行分色打印时，系统会将这些颜色值转换为 CMYK 值。根据颜色管理设置和文档配置文件，这些转换会有所不同。

（3）除非确信已正确设置了颜色管理系统，并且了解它在颜色预览方面的限制，否则不要根据显示器上的显示来指定印刷色。

（4）因为 CMYK 的色域比普通显示器的色域小，所以应避免在只供联机查看的文档中使用印刷色。

（5）在 Illustrator 和 InDesign 中，可以将印刷色指定为全局色或非全局色。在 Illustrator 中，全局印刷色保持与【色板】面板中色板的链接，这样，如果修改某个全局印刷色的色板，则会更新所有使用该颜色的对象。编辑颜色时，文档中的非全局印刷色不会自动更新。默认情况下，印刷色为非全局色。在 InDesign 中为对象应用色板时，会自动将该色板作为全局印刷色进行应用。非全局色板是未命名的颜色，可以在【颜色】面板中对其进行编辑。

2．专色

专色油墨是指一种预先混合好的特定彩色油墨，如荧光黄色、珍珠蓝色、金属金银色油墨等，它不是靠 CMYK 四色混合出来的，套色意味着准确的颜色。它有以下 4 个特点。

（1）准确性

每一种套色都有其本身固定的色相，所以它能够保证印刷中颜色的准确性，从而在很大程度上解决了颜色传递准确性的问题。

（2）实地性

专色一般用实地色定义颜色，而无论这种颜色有多浅。当然，也可以给专色加网（Tint），以呈现专色的任意深浅色调。

（3）不透明性

专色油墨是一种覆盖性质的油墨，它是不透明的，可以进行实地的覆盖。

（4）表现色域宽

专色色库中的颜色色域很宽，超过了 RGB 的表现色域，更不用说 CMYK 颜色空间了，因此有很大一部分颜色是用 CMYK 四色印刷油墨无法呈现的。

2.4.1 使用专色

要在文档中创建或者添加专色，可以按照下述操作进行。

1 单击【色板】面板右上方的■按钮，在打开的下拉菜单中选择【新建颜色色板】命令，打开如图 2-25 所示的【新建颜色色板】对话框。

2 在【颜色类型】下拉列表中选择【专色】选项；在【颜色模式】下拉列表中选择用于定义颜色的模式；在最下方的列表框中选择要使用的专色。

3 设置完成后，单击【确定】按钮，将该专色添加到【颜色】面板中，如图 2-26 所示。

图2-25　【新建颜色色板】对话框（三）

图2-26　将专色添加到【颜色】面板中

2.4.2　同时使用专色与印刷色

在同一文档中，同时使用专色油墨和印刷色油墨是可行的。例如，在企业年度报告的相同页面上，可以使用一种专色油墨来印刷公司徽标的精确颜色，而使用印刷色来印刷其他内容，还可以使用专色印版，在文档中应用上光色。

2.5　综合案例——制作名片

本案例将制作一张如图 2-27 所示的名片。

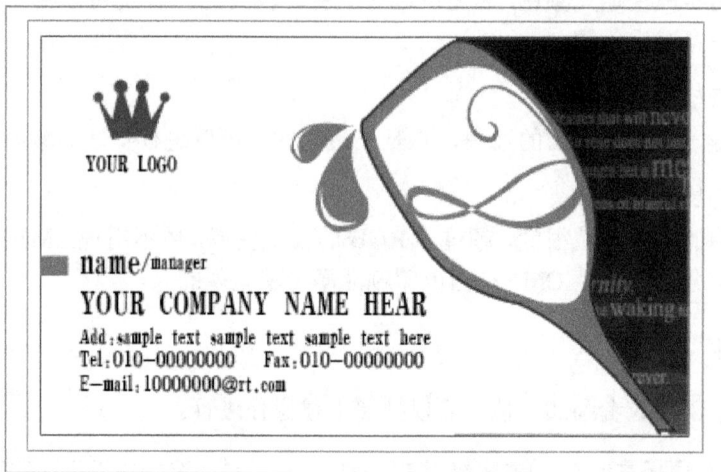

图 2-27　名片最终效果

上机目的：

能够利用矩形、椭圆、选择、直接选择、吸管等工具制作一个名片。通过对本案例的学习，用户将制作出图文并茂且设计新颖的名片，并对 InDesign 排版有一个简单的认识。

重点难点：

❖　文档的创建

❖　文本的添加与设置

❖　基本图形工具的综合使用方法

操作步骤

1. 绘制背景

1 选择【文件】>【新建】>【文档】命令（快捷键为【Ctrl+N】），弹出【新建文档】对话框，设定【宽度】和【高度】为 94mm 和 58mm，【出血】的上、下、内、外均为 2mm，其他参数设置如图 2-28 和图 2-29 所示。

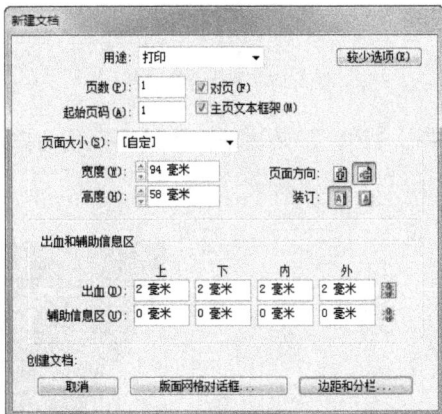

图2-28 【新建文档】对话框

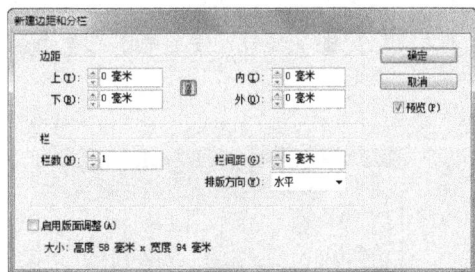

图2-29 【新建边距和分栏】对话框

2 选择工具箱中的【矩形工具】（快捷键为【M】），单击画布，在弹出的【矩形】对话框中设定宽度和高度为 90mm 和 54mm，单击【确定】按钮，如图 2-30 所示。

3 使用【选择工具】将矩形框选，接着在【颜色】面板中设置填充色为白色、描边色为黑色，其效果如图 2-31 所示。

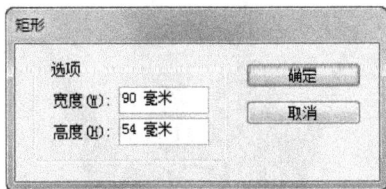

图2-30 【矩形】对话框

图2-31 矩形效果

4 选择【文件】>【置入】命令，打开【置入】对话框，选择要置入的图片素材，单击【打开】按钮，将其置入到文档中，如图 2-32 所示。

5 利用【自由变换工具】将图片调整到与矩形同等高度的状态，并将其拖至矩形的右侧位置，然后使用【直接选择工具】将图片拉大，其效果如图 2-33 所示。

图2-32 【置入】对话框

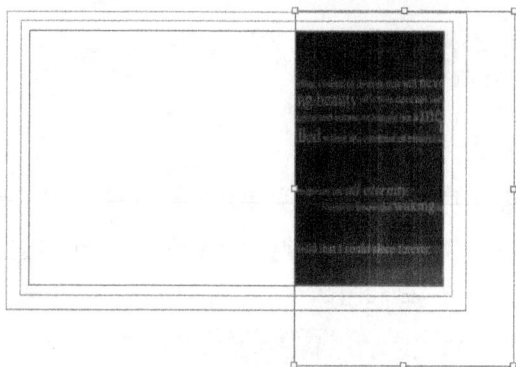

图2-33 图片拉大效果

6 使用【钢笔工具】在矩形框内绘制一个形状，并在【颜色】面板中设置其填充色为白色、描边为无（见图2-34），使绘制的形状遮盖住图片的一部分，如图2-35所示。

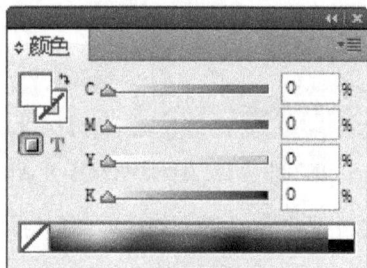

图2-34 【颜色】面板（二）

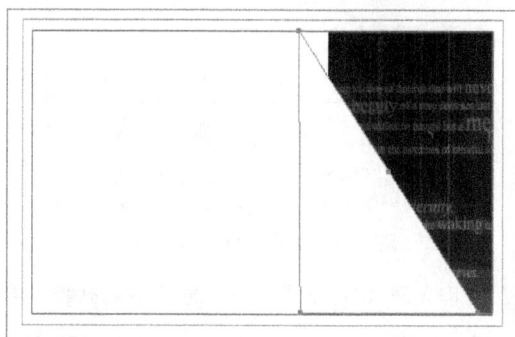

图2-35 绘制的形状

2. 绘制标志

1 使用【钢笔工具】在文档中绘制王冠的形状，并在【颜色】面板中设置填充色为"玫瑰红"(C18,M100,Y0,K0)、描边为无，颜色设置如图2-36所示。图形效果如图2-37所示。

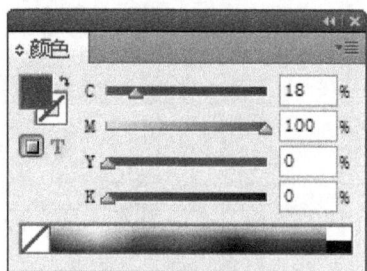

图2-36 【颜色】面板（三）

图2-37 图形效果（一）

2 选择【椭圆工具】，单击画布，在弹出的【椭圆】对话框中设定宽度和高度均为1.8mm，如图2-38所示。使用【选择工具】将椭圆移至王冠的一角上，然后选择【吸管工具】，吸取王冠的颜色样式，如图2-39所示。

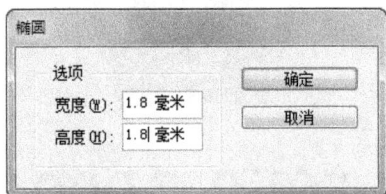

图2-38 【椭圆】对话框

图2-39 图形效果（二）

3 选择椭圆，按住【Alt】键的同时拖动鼠标，复制一个椭圆，将其移至王冠的另一角上，如图 2-40 所示。用相同的方法，再复制两个椭圆，并设置其宽度和高度均为 1.3mm，然后分别将其移至王冠两端的角上，如图 2-41 所示。

图2-40 复制椭圆

图2-41 图形效果（三）

4 使用【选择工具】将王冠和王冠上的 4 个椭圆框选，选择【窗口】>【对象和版面】>【路径查找器】命令，在展开的【路径查找器】面板中单击【相加】按钮，如图 2-42 所示。其效果如图 2-43 所示。

图2-42 【路径查找器】面板

图2-43 相加后的效果

5 选择【文字工具】，选择【窗口】>【文字和表】>【字符】命令，打开【字符】面板，在其中设置字符的样式，如图 2-44 所示。接着在王冠的下方输入英文 YOUR LOGO，其效果如图 2-45 所示。

图2-44 【字符】面板（一）

图2-45 英文效果

3. 绘制酒杯

1 使用【钢笔工具】在文档中绘制酒杯的形状，使用【选择工具】将酒杯框选，在【颜色】面板中设置其填充色为＂玫瑰红＂（C0,M85,Y0,K0）、描边色为黑色，如图 2-46 所示。然后在【描边】面板中设置其描边粗细为＂1点＂。酒杯的效果如图 2-47 所示。

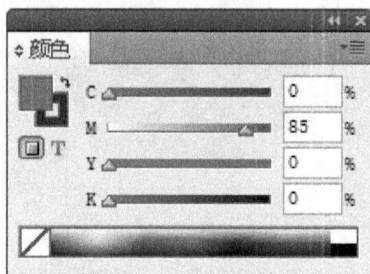

图2-46 【颜色】面板（四）

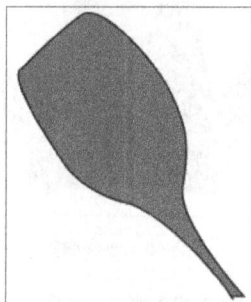

图2-47 酒杯效果

2 使用【钢笔工具】在酒杯上绘制酒杯的内部形状，使用【选择工具】将酒杯的内部框选，在【颜色】面板中设置其填充色为＂白色＂、描边为无，如图 2-48 所示。酒杯的内部效果如图 2-49 所示。

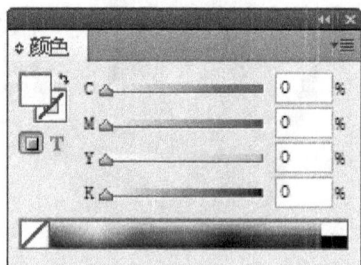

图2-48 【颜色】面板（五）

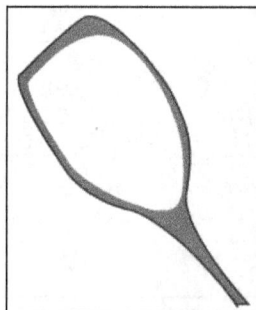

图2-49 酒杯内部效果

3 使用【钢笔工具】在酒杯上绘制花纹的形状，使用【选择工具】将花纹框选，选择【吸管工具】吸取酒杯的颜色样式，然后在【颜色】面板中将描边设置为无，如图 2-50 所示。酒杯的花纹效果如图 2-51 所示。

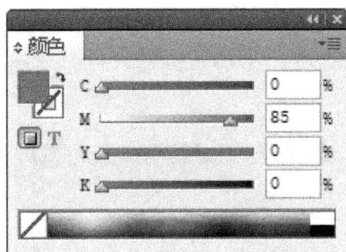

图2-50　【颜色】面板（六）

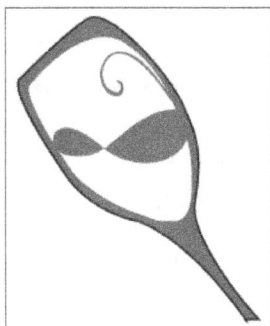

图2-51　花纹效果

4 使用【钢笔工具】在花纹内绘制同样弧度的形状，如图 2-52 所示。使用【选择工具】将花纹和形状同时框选，在【路径查找器】面板中单击【排除重叠】按钮 ，排除重叠后的花纹效果如图 2-53 所示。

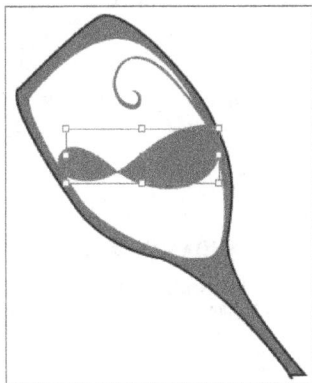

图2-52　绘制形状

图2-53　排除重叠后的效果

5 使用【钢笔工具】在酒杯口处绘制水滴的形状，使用【选择工具】将水滴框选，选择【吸管工具】吸取花纹的颜色样式，水滴的效果如图 2-54 所示。

6 使用【钢笔工具】在水滴上绘制高光的形状，使用【选择工具】将高光框选，选择【吸管工具】吸取酒杯内部的颜色样式，高光的效果如图 2-55 所示。

图2-54　水滴的效果

图2-55　高光的效果

4. 添加文字

1 使用【文字工具】在文档中输入名片信息，包括 name、Add、Tel、Fax、E-mail 等内容，如图 2-56 所示。利用【文字工具】选中所有文字，在【字符】面板中设置字符的相关参数，如图 2-57 所示。

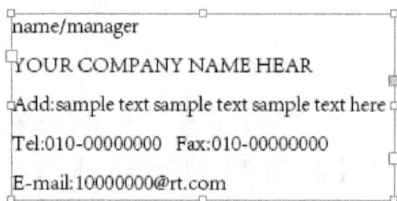

图2-56 输入文字

图2-57 【字符】面板（二）

2 使用【文字工具】分别选择文字 name 和 YOUR COMPANY NAME HEAR，设置其字体大小均为 "12 点"，如图 2-58 所示。使用【文字工具】选择 Add 之后的文字段，在【字符】面板中设置其行距为 "9 点"，设置后的文字效果如图 2-59 所示。

图2-58 设置部分文字大小

图2-59 设置部分文字行距

5. 制作名片

1 选择绘制好的标志一组，按【Ctrl+G】组合键将其进行编组，然后利用【选择工具】调整其大小和位置，如图 2-60 所示。

2 选择绘制好的酒杯一组，按【Ctrl+G】组合键将其进行编组，然后利用【选择工具】调整其大小和位置，如图 2-61 所示。

图2-60 排列标志

图2-61 排列酒杯

3 选择制作好的文字，将其移至名片的合适位置。使用【矩形工具】在文字前面绘制一个矩形，并设置如图 2-62 所示的颜色样式。至此，完成名片的制作，如图 2-63 所示。

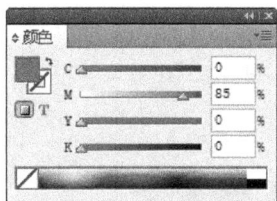

图2-62　【颜色】面板（七）

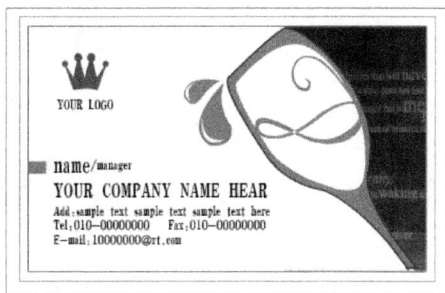

图2-63　最终效果（三）

2.6　习题与上机

一、选择题

（1）所有 CMYK 模式产生颜色的方法被称为（　　）。

A．色光加色法　　　　B．色光减色法　　　　C．色光混色法　　　　D．色光除色法

（2）（　　）是指颜色的基本"相貌"，是颜色彼此区别的最主要、最基本的特征，用于表示颜色质的区别。

A．色相　　　　　　　B．明度　　　　　　　C．饱和度　　　　　　D．色差

（3）（　　）是使用 4 种标准印刷油墨的组合打印的，C、M、Y、K 就是通常采用的印刷四原色。

A．专色　　　　　　　B．混色　　　　　　　C．原色　　　　　　　D．印刷色

二、填空题

（1）InDesign 颜色模式的建立以用于描述和重现色彩的模式为基础，常见的模式主要包括＿＿＿＿＿、＿＿＿＿＿＿和＿＿＿＿＿等。

（2）颜色的三大属性分别为＿＿＿＿＿、＿＿＿＿＿和＿＿＿＿。

（3）专色油墨是指一种预先混合好的特定彩色油墨，它不是靠 CMYK 四色混合出来的，套色意味着准确的颜色。它具有＿＿＿＿＿、＿＿＿＿＿＿、＿＿＿＿＿＿和＿＿＿＿＿等 4 个特点。

三、上机操作题

（1）绘制十二色相环。

> **知识要点提示**
>
> 十二色相环是由原色、二次色和三次色组合而成的。色相环中的三原色是红色、黄色、蓝色，如图 2-64 所示。绘制十二色相环是色彩设计的基础。色彩像音乐一样，是一种感觉，只有了解了色彩才能真正进入设计的殿堂。

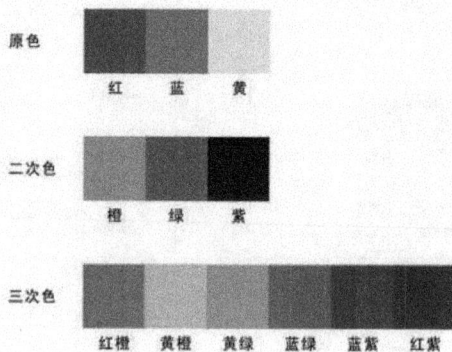

图 2-64 绘制十二色相环

（2）制作彩绘图案。

知识要点提示

矢量图形用在图像、插画、服饰、纹样、涂鸦中可以产生独特的艺术效果和装饰美感。使用基本绘图工具即可绘制出百变的图案。

03 图形的绘制与编辑

在前面章节中学习了色彩管理，接下来学习色彩应用于基本图形的相关操作，包括对象的移动、复制、调整大小、旋转等操作。在 InDesign CS5 中，除了可以使用基本工具绘制规则的图形外，还可以使用【钢笔工具】绘制不规则的图形。

学习目标

- 了解路径的概念
- 熟悉参考线的使用
- 熟悉常见绘图工具的使用
- 熟练掌握基本图形的填充色和描边操作
- 熟练掌握对象的旋转、缩放操作
- 熟练掌握【切变工具】和【自由变换工具】的使用

3.1 路径

路径由一条或多条直线、曲线线段组成，每个线段的起点和终点有锚点标记，路径可以是闭合的，也可以是开放的并具有不同的端点。路径是有方向的，不同的方向在填充后会有不同的效果，在其他与方向有关的处理中也会得到不同的结果。

在 InDesign 中，不包含任何文本、图形的线框或色块框称为图形，图形可以通过在其中添加文本或图像而变为框架。图 3-1 所示为一个正方形；图 3-2 所示为一个圆形；图 3-3 所示为一个五边形。

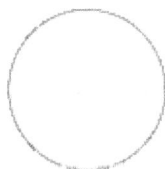

图 3-1　正方形　　　　　　　　图 3-2　圆形　　　　　　　　图 3-3　五边形

框架是指包含文本或图形的框（可包含框线，也可不包含框线），但还没置入任何内容。用户创建了一个文本框架后，可以用文本去填充它，也可以在选择的框架内放上图像。用户在创建框架时，不必指定自己正在创建什么类型的框架：比如用文本填充便变成文本框，用图像填充便变成图像框。用户也可以把任何一个文本框转换成一个图像框，只需用一个图像去替换文本。这一转换也同样适用于文本框。图 3-4 所示为一个矩形框架；图 3-5 所示为一个椭圆形框架；图 3-6 所示为一个多边形框架。

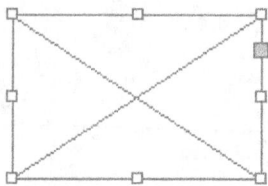

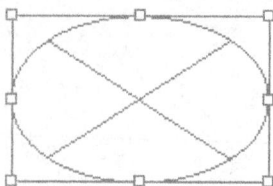

图 3-4　矩形框架　　　　　　图 3-5　椭圆形框架　　　　　　图 3-6　多边形框架

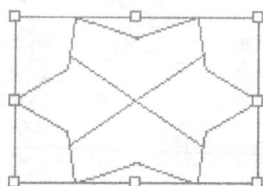

在 InDesign 中，可以创建多个路径并通过多种方法组合这些路径。InDesign 可创建下列类型的路径和形状。

（1）简单路径

简单路径是复合路径和形状的基本构造块。简单路径由一条开放或闭合路径（可能是自交叉的）组成，如图 3-7 所示。

（2）复合路径

复合路径由两个或多个相互交叉、相互截断的简单路径组成。复合路径比复合形状更基本，组合到复合路径中的各个路径作为一个对象发挥作用并具有相同的属性（例如颜色或描边样式），如图 3-8 所示。

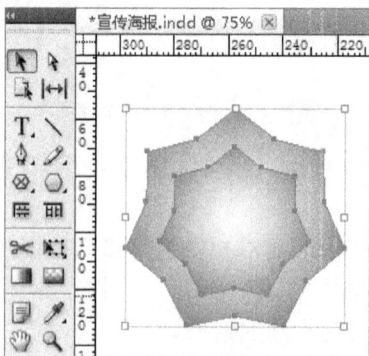

图3-7　简单路径　　　　　　　　　　　图3-8　复合路径

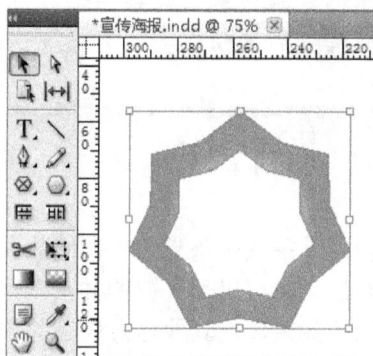

3.2　绘制基本图形

在使用 InDesign 编排出版物的过程中，图形的处理是一个重要的组成部分。本节将介绍利用不同的工具绘制直线、矩形、曲线和多边形等基本形状和图形。

3.2.1　绘制直线

选择工具箱中的【直线工具】或按【\】快捷键，按住鼠标左键拖至终点，随后松开鼠标，看到出现了一条直线。在画线时，若靠近对齐线，则鼠标指针又会变成带有一个小箭头的形状。图 3-9 所示为一条水平直线；图 3-10 所示为一条垂直直线；图 3-11 所示为一条 45° 倾斜的直线。

图 3-9　水平直线　　　　　　　图 3-10　垂直直线　　　　　　图 3-11　45°倾斜的直线

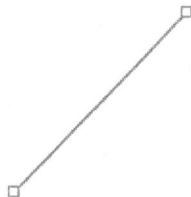

提　示

在绘制直线时，如果按住【Shift】键，则其角度受到限制，只能有水平、垂直、左右 45°倾斜等几
种方式。如果按住【Alt】键，则所画直线以初始点固定为对称中心。

3.2.2　绘制矩形

选择工具箱中的【矩形工具】或按键盘上的【M】快捷键（见图 3-12），直接拖动鼠标
可绘制一个矩形；若在页面上单击，将会弹出【矩形】对话框，从中输入高度和宽度的值
后，单击【确定】按钮，如图 3-13 所示，即可绘制出一个矩形。

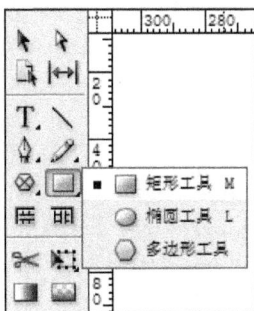

图3-12　工具箱中的【矩形工具】　　　　　　图3-13　【矩形】对话框

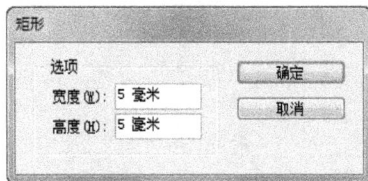

技　巧

按住键盘上的【Alt】键，选择工具箱中的【矩形工具】，则可在【矩形工具】、【椭圆工具】、【多边形
工具】之间进行切换。

3.2.3　案例 1——绘制明信片

本案例将通过介绍明信片的绘制加强对本节知识要点的掌握。以下是明信片的绘制过
程详解。

1. 绘制参考线

1 选择【文件】>【新建】>【文档】命令，弹出【新建文档】对话框，从中设置【页面大小】为 Letter—Half、【页面方向】为"横向"，如图 3—14 所示。单击【边距和分栏】按钮，在弹出的【新建边距和分栏】对话框中使用默认的设置，最后单击【确定】按钮。

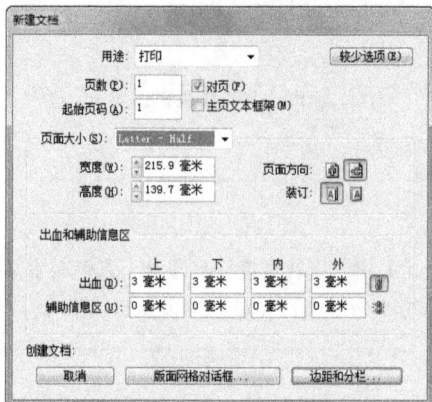

图 3-14 【新建文档】对话框

2 在垂直标尺上按住鼠标左键，鼠标指针变成左右箭头形状时（见图 3—15），拖动鼠标，即可从垂直标尺上拖动出一条参考线，设置参考线的位置 X 为 25mm，如图 3—16 所示。

3 继续拖动绘制一条参考线，设置参考线的位置 X 为 35mm。

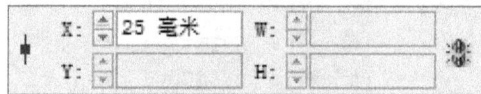

图3-15 垂直标尺   图3-16 【属性】面板（一）

4 复制参考线。选择工具箱中的【选择工具】，用鼠标框选两条参考线，选择【编辑】>【多重复制】命令，在弹出的【多重复制】对话框中设置重复计数为 5、水平位移为 13mm，单击【确定】按钮，如图 3—17 所示。

> **提 示**
>
> 重复的计数为 **5**，这是为了确定邮政编码框所在位置的参考线；水平位移 **13mm** 则表示给出了邮政编码参考线偏移的水平距离是 **13mm**。

5 在 145mm 和 195mm 处再绘制两条垂直参考线，接下来绘制水平参考线。在水平标尺上拖动鼠标到页面上，设置 Y 值为 28mm；拖动第二条参考线，设置 Y 值为 38mm，绘制了参考线后的效果如图 3—18 所示。

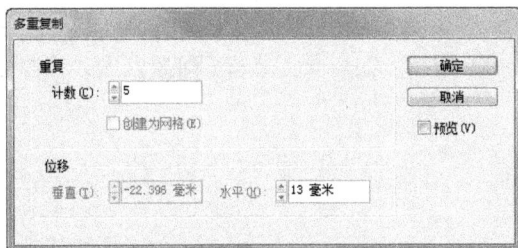

图3-17 【多重复制】对话框（一）

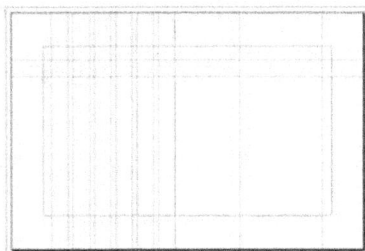

图3-18 绘制参考线后的页面

2．绘制邮政编码框

1 绘制正方形并设置正方形的属性。选择工具箱中的【矩形工具】，在页面上沿参考线拖动绘制出一个矩形框，选中该矩形框，设置矩形框的属性，如图 3-19 所示。

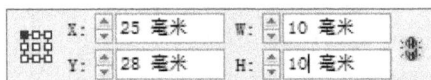

图 3-19 【属性】面板（二）

2 选择【窗口】>【描边】命令，打开【描边】面板，设置正方形的描边粗细和线型，如设置描边粗细为"3 点"、类型为"实底"，如图 3-20 所示。

3 选择【窗口】>【颜色】命令，打开【颜色】面板，选择 RGB 模式，设置正方形的描边颜色为"红色"（R255,G0,B0），如图 3-21 所示。

图3-20 【描边】面板

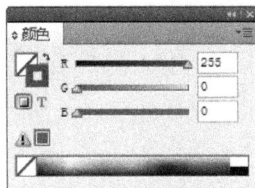

图3-21 【颜色】面板

4 复制正方形并设置正方形的属性。选中设置好的第一个正方形，选择【编辑】>【多重复制】命令，弹出【多重复制】对话框，从中设置重复计数为 5、水平位移为 13mm（见图 3-22），单击【确定】按钮后，即绘制出 6 个红色的邮政编码框，如图 3-23 所示。

图3-22 【多重复制】对话框（二）

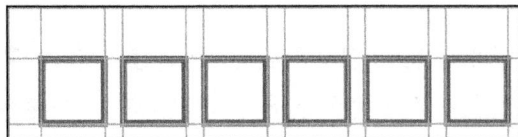

图3-23 绘制的邮政编码

5 置入邮票图片。选择【文件】>【置入】命令，在弹出的【置入】对话框中选择"素材\Chapter 03\风景.png"图片，单击【打开】按钮，如图 3-24 所示。在页面上单击即可置入图片，如图 3-25 所示。

图3-24 【置入】对话框

图3-25 置入图片

6 选择【自由变换工具】，按住【Shift】键将图片等比缩小至合适大小，如图 3-26 所示。随后使用【选择工具】将图片右边缘移到 195mm 的垂直参考线位置，其水平中点在 28mm 的水平参考线上，如图 3-27 所示。

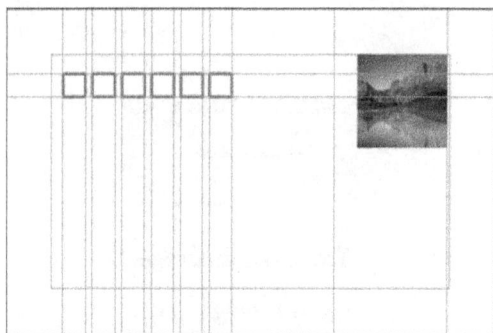

图3-26 缩小图片

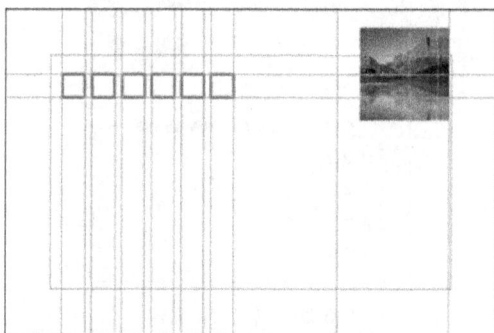

图3-27 调整图片后的效果

3. 绘制直线

1 在邮票和邮政编码之间绘制 3 条水平的直线，选择工具箱中的【直线工具】，按住【Shift】键拖动鼠标，绘制一条直线，设置直线的属性值 X、Y 和 L，如图 3-28 所示，设置直线的描边粗细为 2 点。

2 用同样的方法，再绘制两条直线，直线的属性中 Y 值分别设置为 80mm 和 65mm，其他的属性值都不变，则可绘制出间距相等的 3 条直线，效果如图 3-29 所示。

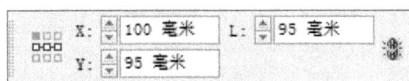

图3-28 【属性】面板（三）

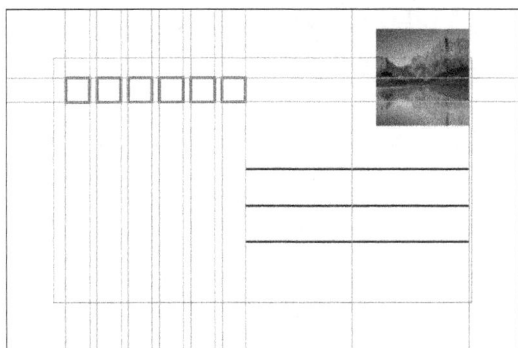

图3-29 添加直线后的页面效果

4. 修饰明信片

1 绘制小图标。选择工具箱中的【矩形工具】，在页面上绘制一个宽度为 7mm、高度为 6mm 的矩形，随后将其填充成"白色"、描边为"黑色"。选择【对象】>【变换】>【旋转】命令（见图 3-30），弹出【旋转】对话框，在【角度】文本框中输入 130°，最后单击【确定】按钮，如图 3-31 所示。

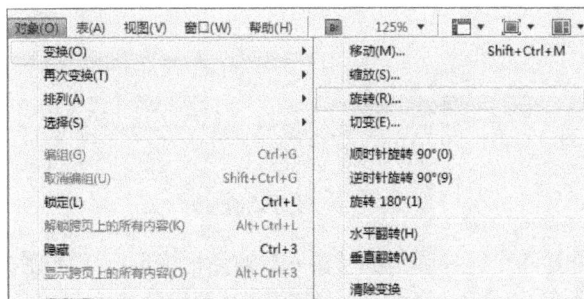

图3-30 选择【旋转】命令

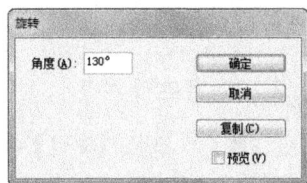

图3-31 【旋转】对话框

2 选择【对象】>【变换】>【旋转】命令，在【旋转】对话框的【角度】文本框中输入−30°，单击【复制】按钮，即可旋转并复制一个矩形，再按 6 次键盘上的【Ctrl+Alt+4】组合键，快速复制 6 个矩形，效果如图 3-32 所示。

3 选择工具箱中的【文字工具】，在页面上拖动出一个文本框，输入文字"邮政图标"，设置文字大小为"14 点"、文本框填充成"白色"，其效果如图 3-33 所示。

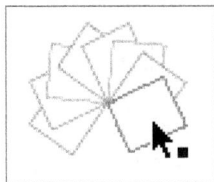

图3-32 旋转并复制小图片

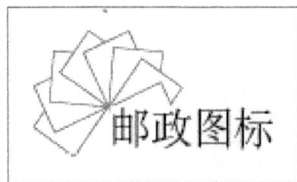

图3-33 添加文字后的效果（一）

4 选择工具箱中的【文字工具】，在左下角输入文字"某某集团公司发行 XYZ company issued"，设置字号大小和行距均为"14 点"，如图 3-34 所示。添加文字后的页面效果如图 3-35 所示。

图3-34　【字符】面板（一）

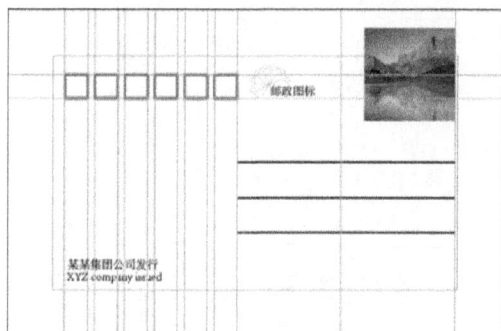

图3-35　添加文字后的效果（二）

5 选择工具箱中的【文字工具】，在右下角145mm的垂直参考线处输入文字"联系地址"，设置字号大小为"18点"，如图3-36所示。添加文字后的页面效果如图3-37所示。

图3-36　【字符】面板（二）

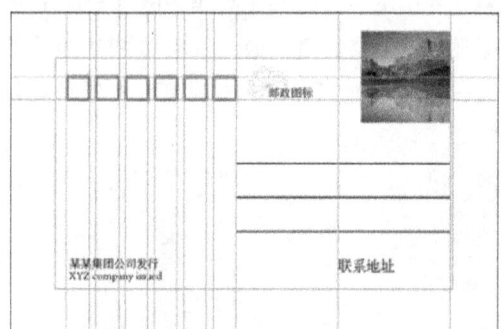

图3-37　添加文字后的效果（三）

6 置入"福"图片。选择【文件】>【置入】命令，在弹出的【置入】对话框中选择"素材\Chapter 03\福.jpg"图片，单击【打开】按钮，在页面上单击置入图片，接着调整图片的大小和位置，如图3-38所示。

5. 编组和预览

选择工具箱中的【选择工具】按钮，框选页面上的所有对象，按【Ctrl+G】组合键把所有对象进行编组。选择工具箱中的【预览】按钮，可看到预览效果，最终效果如图3-39所示。

图3-38　添加图片后的页面效果

图3-39　制作完成的明信片预览效果

3.2.4 钢笔工具

　　【钢笔工具】可以创建比手绘工具更为精确的直线和对称流畅的曲线。对于大多数用户而言，【钢笔工具】提供了最佳的绘图控制和最高的绘图准确度。

1．使用【钢笔工具】绘制线段

　　下面将介绍钢笔工具的使用方法。

1 选择工具箱中的【钢笔工具】，如图 3—40 所示。

2 将【钢笔工具】定位到所需的直线起点并单击，以定义第一个锚点（不要拖动），如图 3—41 所示。

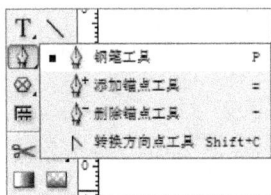

图3-40　工具箱中的【钢笔工具】　　　　　　　　图3-41　确定起点

3 指定第二个锚点，即单击线段结束的位置，如图 3—42 所示。

4 继续单击以便为其他直线设置锚点，如图 3—43 所示。

图3-42　确定终点　　　　　　　　　　图3-43　确定其他锚点

5 将鼠标指针放到第一个空心锚点上，当钢笔工具指针旁出现一个小圆圈时（见图 3—44），单击可绘制闭合路径，如图 3—45 所示。

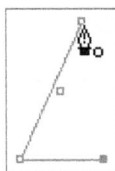

图3-44　空心锚点　　　　　　　　　　图3-45　闭合路径

提 示

绘制直线不用拖动鼠标，而是在线段的结束位置处直接单击。连续单击【钢笔工具】可以连续地绘制多条线段。同时，最后添加的锚点总是显示为实心方形，表示已为选中状态。当添加更多的锚点时，以前定义的锚点会变成空心并被取消选中。

2．使用【钢笔工具】绘制曲线

在图 3-46 中，在①处单击以指定起始点，然后移动鼠标，在②处单击并沿着箭头方向拖动鼠标，即可绘制出一条曲线。

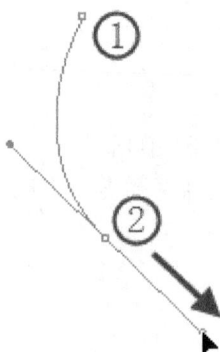

图 3-46　绘制曲线

3.2.5　案例 2——圆形转换为伞形

本案例通过介绍将圆形转换为伞形使用户进一步了解曲线的应用。下面是将圆形转换为伞形的操作过程详解。

1 选择工具箱中的【椭圆工具】，如图 3—47 所示；在页面上单击，弹出【椭圆】对话框，设置其【宽度】和【高度】均为 50mm，单击【确定】按钮，则在页面上可绘制一个圆形，如图 3—48 所示。

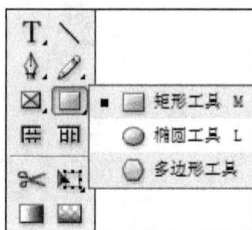

图3-47　工具箱中的【椭圆工具】

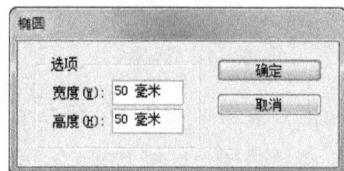

图3-48　【椭圆】对话框

2 选择工具箱中的【转换方向点工具】，在如图 3—49 所示圆形下方的控制点上单击，圆形将变为如图 3—50 所示的形状。

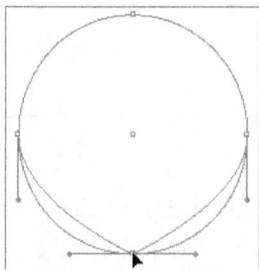

图3-49　选择控制点

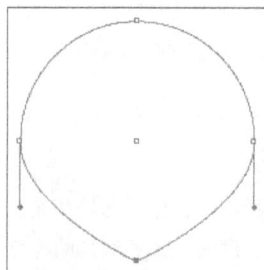

图3-50　单击控制点

3 沿图 3-51 所示方向拖动左下方的方向点，拖到合适的位置松开鼠标。用同样的方法，拖动右下方的方向点，拖到合适的位置松开鼠标，得到如图 3-52 所示的图形。

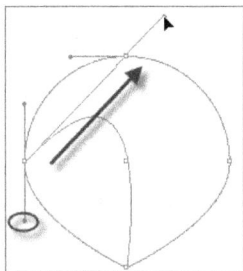

图3-51 转换方向

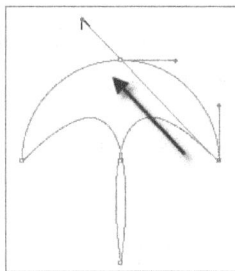

图3-52 圆形转换成伞形

3.2.6 绘制多边形

选择工具箱中的【多边形工具】，在页面上单击，弹出【多边形】对话框，从中设置在【多边形宽度】和【多边形高度】均为 60mm、【边数】为 9、【星形内陷】为 0%，如图 3-53 所示。随后即可绘制一个九边形，如图 3-54 所示。

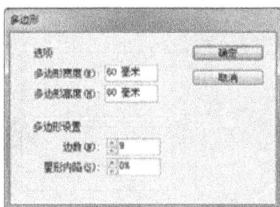

图3-53 【多边形】对话框

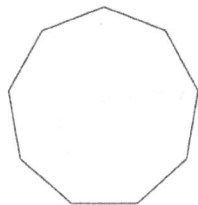

图3-54 绘制的九边形

若设置【星形内陷】为 25%，则可绘制如图 3-55 所示的图形；若设置【星形内陷】为 80%，则可绘制如图 3-56 所示的图形；若设置【星形内陷】为 100%，则可绘制如图 3-57 所示的图形。

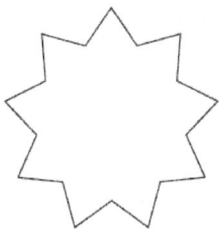

图 3-55 星形内陷效果（一）   图 3-56 星形内陷效果（二）   图 3-57 星形内陷效果（三）

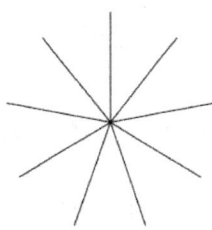

提 示

选中工具箱中的【多边形工具】，在页面上拖动鼠标到合适的高度和宽度，按住鼠标左键不放，然后用键盘上的【↑】键和【↓】键调节边数，按【↑】键增加多边形的边数，按【↓】键减少多边形的边数；按【←】键和【→】键调节星形内陷的百分比，按【←】键减少星形内陷，按【→】键增加星形内陷。

3.3 编辑对象

绘制对象后还要设置对象的描边效果，设置对象的填充颜色和角效果，使用相应的工具和面板对对象进行调整。

3.3.1 描边对象和角效果

InDesign CS5 可以快速地为对象添加描边，调整描边的粗细、颜色与样式；也可以方便地为对象设置角效果。

选择工具箱中的【椭圆工具】，在页面上拖动绘制一个椭圆，设置椭圆的属性 W 为 15mm、H 为 60mm。在【描边】面板中设置【粗细】为"1 点"，如图 3-58 所示。接着在【颜色】面板中设置填充颜色为"草绿色"(C73,M0,Y100,K0)，如图 3-59 所示。设置了描边和填充颜色后的椭圆如图 3-60 所示。

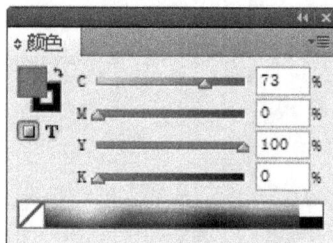

图3-58　【描边】面板	图3-59　【颜色】面板	图3-60　绘制的椭圆

提 示

若选择【窗口】>【描边】命令或按【F10】键，则可显示或隐藏【描边】面板。

3.3.2 案例 3——花式角效果

在编辑对象时，通过设置对象的角选项可将图形编辑为花式角效果。下面将对花式角效果的编辑过程进行详解。

1 选择工具箱中的【多边形工具】，在页面上单击，在弹出的【多边形】对话框中设置【多边形宽度】为 85mm、【多边形高度】为 70mm、【边数】为 6、【星形内陷】为 30%，如图 3-61 所示，绘制的六边形如图 3-62 所示。

2 选择【对象】>【角选项】命令，弹出如图 3-63 所示的【角选项】对话框，在该对话框中设置大小为 30mm、效果为"花式"，单击【确定】按钮，即可绘制出如图 3-64 所示的效果。

3 选择【窗口】>【渐变】命令，弹出【渐变】面板，在该面板中设置渐变颜色，如图 3-65 所示。渐变填充后的效果如图 3-66 所示。

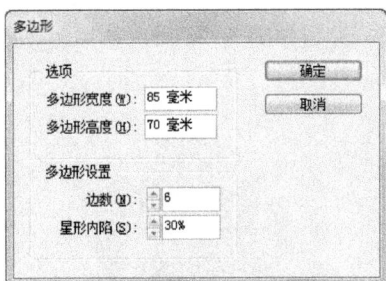

图3-61　【多边形】对话框

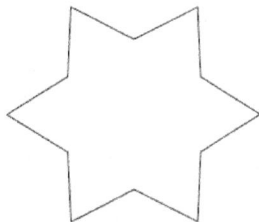

图3-62　星形内陷效果

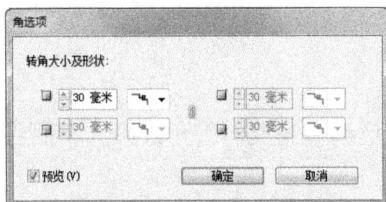

图3-63　【角选项】对话框

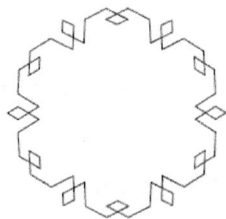

图3-64　角选项效果

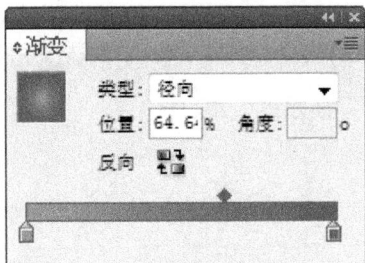

图3-65　【渐变】面板

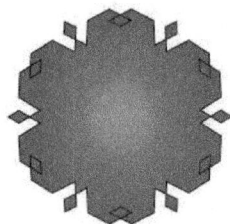

图3-66　渐变填充后的效果

3.3.3　案例4——内陷角效果

在编辑对象时，通过设置对象的角选项可将图形编辑为内陷角效果。下面将对内陷角效果的编辑过程进行详解。

1 绘制一个高度和宽度均为80mm的四边形，星形内陷为60%，如图3-67所示。

2 选择【对象】>【角选项】命令，在弹出的【角选项】对话框中设置大小为60mm、效果为"内陷"，单击【确定】按钮，即可绘制出如图3-68所示的效果。

3 选择【窗口】>【描边】命令，打开【描边】面板，设置描边【粗细】为7mm、【类型】为"空心菱形"，其效果如图3-69所示。

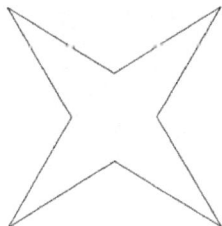

图 3-67　星形内陷效果

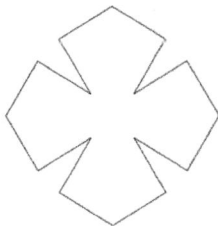

图 3-68　内陷效果

图 3-69　空心菱形效果

4 选择【窗口】>【颜色】命令，打开【颜色】面板，设置如图 3-70 所示的描边颜色和填充色，最终效果如图 3-71 所示。

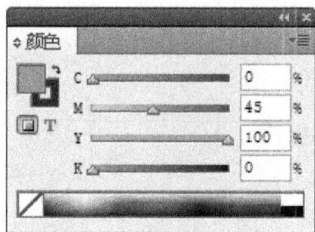

图3-70 【颜色】面板

图3-71 使用角效果和颜色后的效果

3.3.4 案例5——反向圆角效果

在编辑对象时，通过设置对象的角选项可将图形编辑为反向圆角效果。下面将对反向圆角效果的编辑过程进行详解。

1 选择工具箱中的【多边形工具】，绘制一个高度和宽度均为 60mm 的四边形，星形内陷为 70%，如图 3-72 所示。

2 选择【对象】>【角选项】命令，在弹出的【角选项】对话框中设置大小为 70mm、效果为 "反向圆角"，单击【确定】按钮，即可绘制出如图 3-73 所示的效果。

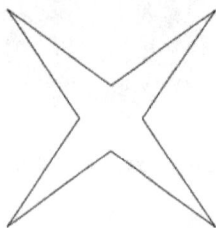

图3-72 星形内陷效果

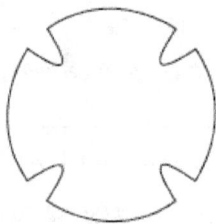

图3-73 反向圆角效果

3 选择【窗口】>【描边】命令，打开【描边】面板，设置描边【粗细】为 10mm、【类型】为 "垂直线"，效果如图 3-74 所示。

4 选择【窗口】>【颜色】命令，打开【颜色】面板，设置对象的描边颜色和填充色，描边颜色为 "深紫色" (C55,M100,Y0,K55)；填充颜色为 "粉红色" (C0,M50,Y5,K0)，最终效果如图 3-75 所示。

图3-74 描边后的效果

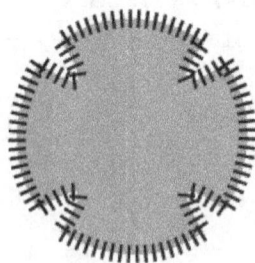

图3-75 设置颜色后的效果

3.3.5 案例6——多重复制对象

在编辑对象时，通过【直接复制对象】命令可复制一个相同的对象；通过【多重复制对象】命令可根据需要复制固定个数和固定位移的对象。下面将对多重复制对象的编辑过程进行详解。

1 选择工具箱中的【椭圆工具】，单击页面，弹出【椭圆】对话框，在其中设置椭圆的【宽度】和【高度】均为15mm，如图3-76所示。

2 选择【窗口】>【描边】命令，打开【描边】面板，在该面板中设置描边【粗细】为"1点"，如图3-77所示。

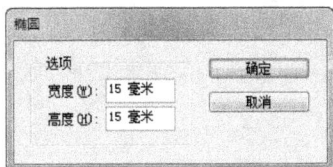

图3-76 【椭圆】对话框

图3-77 【描边】面板

3 选择【窗口】>【颜色】命令，打开【颜色】面板，设置描边的颜色为"蓝色"（R0,G0,B255）。

4 选择【窗口】>【渐变】命令，打开【渐变】面板，设置圆形的填充如图3-78所示，绘制的圆形如图3-79所示。

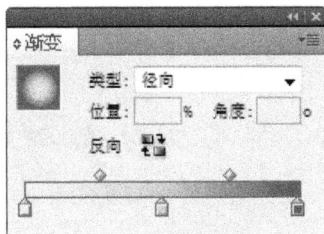

图3-78 【渐变】面板

图3-79 填充渐变后的效果

5 选择【编辑】>【直接复制对象】命令，则单击一次可复制一个圆形。选择【编辑】>【多重复制】命令，在弹出的【多重复制】对话框中设置重复计数为8、水平位移为6mm、垂直位移为3mm，单击【确定】按钮，如图3-80所示。多重复制后的效果如图3-81所示。

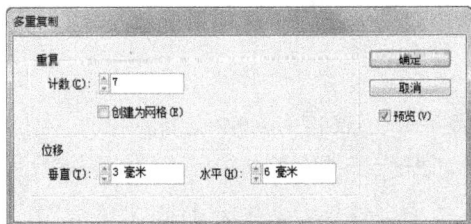

图3-80 【多重复制】对话框

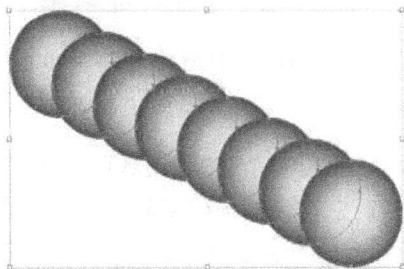

图3-81 多重复制后的效果

3.4 变换对象

对象的变换操作包括旋转、缩放、切变等，这些操作有些通过选择工具便可以完成，但有些必须通过专业的工具完成。InDesign CS5 中提供的【选择工具】、【自由变换工具】、【旋转工具】、【缩放工具】、【切变工具】以及【控制】面板和【变换】面板，都可以完成对象的变换操作。

3.4.1 旋转对象

选择工具箱中的【旋转工具】🔄，用户可以围绕某个指定点旋转操作对象，通常默认的旋转中心点是对象的中心点，但用户可以改变此点位置。

图 3-82 所示为利用【旋转工具】选中椭圆的状态，椭圆中部所显示的符号 ✛ 代表旋转中心点，单击并拖动鼠标，此符号即可改变旋转中心点相对于对象的位置，从而使旋转基准点发生变化。图 3-83 所示为旋转状态。松开鼠标后，即可看到旋转后的椭圆，如图 3-84 所示。

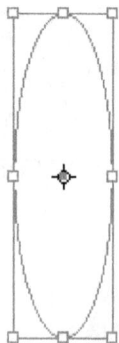
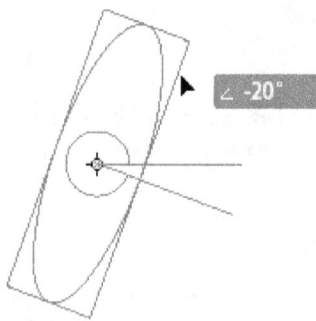
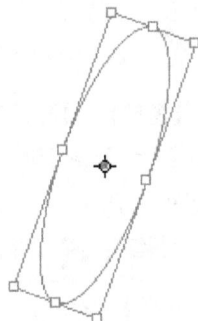

图 3-82 选中对象 　　　　 图 3-83 拖动鼠标旋转对象 　　　　 图 3-84 旋转后的效果

> 💡 **提 示**
>
> 在旋转对象时，如果用户在旋转的同时按住【Shift】键，则可以将旋转角度增量限定为 45° 的整数倍。

3.4.2 案例 7——制作花饰图案

本案例将通过对对象的旋转变换制作出花饰图案的效果。下面将对花饰图案的制作过程进行详解。

1 选择工具箱中的【椭圆工具】，绘制一个宽度为 15mm、高度为 50mm 的椭圆。

2 将控制栏中椭圆的参考点移至底边的中心点位置，以确定椭圆的旋转中心点，如图 3-85 所示。

3 选择【对象】>【变换】>【旋转】命令，在弹出的【旋转】对话框中为【角度】输入 20°；选中【预览】复选框，单击【复制】按钮，如图 3-86 所示。旋转并复制一次后的效果如图 3-87 所示。

图3-85　控制栏

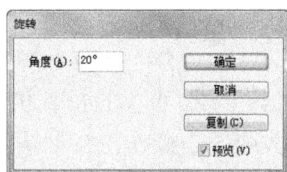

图3-86　【旋转】对话框

4 按【Ctrl+Alt+3】组合键，快速复制椭圆，效果如图 3-88 所示。

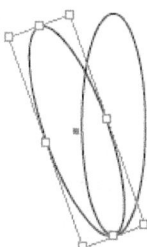

图3-87　旋转并复制一次后的效果

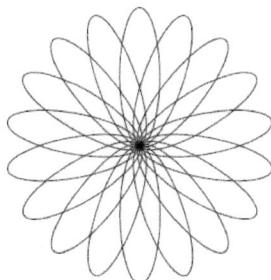

图3-88　旋转并复制16次后的效果

5 选中所有的椭圆对象，单击【路径查找器】面板中的【排除重叠】按钮，如图 3-89 所示。排除重叠后的效果如图 3-90 所示。

图3-89　【路径查找器】面板

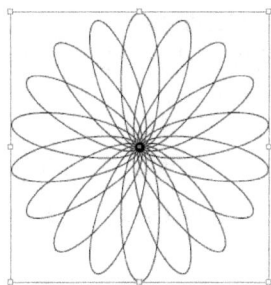

图3-90　排除重叠后的效果

6 打开【渐变】面板，选择的如图 3-91 所示的第一个颜色(C11,M0,Y75,K0)，以及第二个颜色为(C89,M0,Y100,K13)，最终效果如图 3-92 所示。

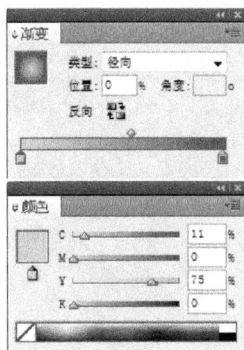

图3-91　【渐变】和【颜色】面板

图3-92　填充渐变颜色后的效果

51

3.4.3 缩放对象

【缩放工具】 ![icon] 可以在水平方向上、垂直方向上或者同时在水平和垂直方向上对操作对象进行放大或缩小操作，在默认情况下用户所做放大和缩小操作都相对于操作中心点。

最为简单的缩放操作是利用对象周围的边框进行的，用【选择工具】选择需要进行缩放的对象时，该对象的周围将出现边界框，利用鼠标拖动边界框上任意手柄即可对被选定对象做缩放操作。

提 示

如果在缩放时按住【Shift】键进行拖动，可保持原图像的大小比例。在未按住【Shift】键的情况下，左右移动鼠标可以在宽度方向上对操作对象进行缩放，上下移动鼠标可以在高度方向上对操作对象进行缩放；如果在拖动光标时按住【Shift】键，则可以同时在宽度及高度两个方向上对用户所选对象进行成比例缩放。如果用户操作时要得到缩放对象副本并对其进行缩放，可以在开始拖动的同时按【Alt】键。

3.4.4 案例 8——绘制树叶状背景图案

本案例通过绘制树叶状背景图案巩固各编辑工具的使用，且帮助用户熟悉缩放工具的操作。下面将对树叶状背景图案的绘制过程进行详解。

1 选择工具箱中的【钢笔工具】，绘制一条曲线，设置描边【粗细】为"3 点"、填充为无填充色、描边颜色(C66,M0,Y80,K0)，如图 3-93 所示。

2 选择工具箱中的【椭圆工具】，绘制一个椭圆，设置填充颜色(C66,M0,Y80,K0)、描边颜色为"无"，如图 3-94 所示。

3 利用多重复制操作复制 7 个椭圆。

4 利用【旋转工具】旋转对象，然后放在合适的位置，形成一个"树叶形状"的图案，如图 3-95 所示。

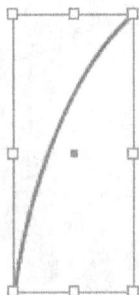

图 3-93　绘制的曲线　　　图 3-94　绘制的椭圆　　　图 3-95　树叶形状的图案

5 选中所有对象，选择【对象】>【编组】命令，把整个"树叶形状"图形编为一组，接着

复制对象 5 次，如图 3-96 所示。

6 选中图形，单击工具箱中的【缩放工具】，缩放图形，如图 3-97 所示。

7 选中图形，单击工具箱中的【旋转工具】，旋转图形，旋转后的最终效果如图 3-98 所示。

图 3-96　复制树叶形状　　　　图 3-97　缩放树叶形状　　　　图 3-98　旋转树叶形状

3.4.5　切变工具

使用【切变工具】可在任意对象上对其进行切变操作，其原理是用平行于平面的力作用于平面，使对象发生变化。使用该工具可以直接在对象上进行旋转拉伸，也可以在【控制】面板中输入角度，使对象达到所需的效果。

下面将简单介绍【切变工具】对对象的切变操作及其产生的效果。

1 选择【文件】>【置入】命令，在弹出的【置入】对话框中选择"素材\Chapter 03\小狗.png"，单击【打开】按钮，然后单击页面，即可置入图片。选择需要倾斜的图形，如图 3-99 所示。

2 当如图 3-100 所示设置旋转角度为 27°、切变角度为-30° 时，切变后的效果如图 3-101 所示。

3 当旋转角度为 0°、切变角度为 30° 时，效果如图 3-102 所示。

图3-99　原始图形

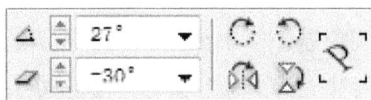

图3-100　设置旋转和切变属性

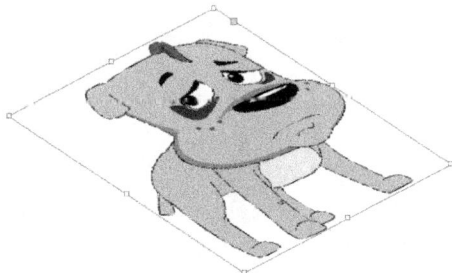

图3-101　27°旋转和切变效果

图3-102　0°旋转和切变效果

3.4.6 自由变换工具

【自由变换工具】的作用范围包括文本框、图文框以及各种多边形。该工具通过文本框、图文框以及多边形四周的控制句柄对各种对象进行变形操作，可以将对象拉长、拉宽以及反转等。

【自由变换工具】对对象的拉伸变形具体操作方法如下。

1 选择对象的一个控制句柄，如图 3-103 所示。

2 在页面上拖动鼠标实现缩放操作，松开鼠标后，即可看到缩放后的效果。

3 同时，自由变换工具还可以使对象的围绕对象中心点做 360°旋转。如图 3-104 所示，任意地拖动鼠标即可自由旋转对象。

图3-103　选择控制句柄

图3-104　自由变换对象

> **提 示**
>
> 在使用【自由变换工具】改变对象大小时，如果按住键盘上的【Shift】键，则可以等比例放大或缩小对象。

3.5　综合案例——绘制棋盘

本例将制作一个如图 3-105 所示的棋盘。

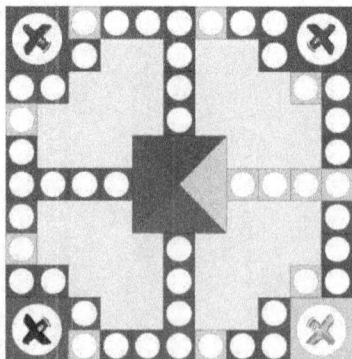

图 3-105　棋盘最终效果

⇨ **上机目的:**

　　能够利用参考线、矩形、椭圆、吸管等工具绘制棋盘。通过对本案例的学习，用户将制作出排列有序且色彩绚丽的棋盘。

⇨ **重点难点:**

❖ 　绘制参考线
❖ 　使用矩形工具
❖ 　使用椭圆工具
❖ 　填充颜色
❖ 　复制对象

操作步骤

1. 绘制参考线

1 选择【文件】>【新建】>【文档】命令，在弹出的【新建文档】对话框中设置【页面大小】为"自定"、【宽度】和【高度】均为 315mm，如图 3–106 所示，单击【边距和分栏】按钮，在弹出的【边距和分栏】对话框中使用默认的设置，单击【确定】按钮即可。

2 绘制垂直参考线。从垂直标尺处拖动参考线，设置 X 值为 45mm，如图 3–107 所示。

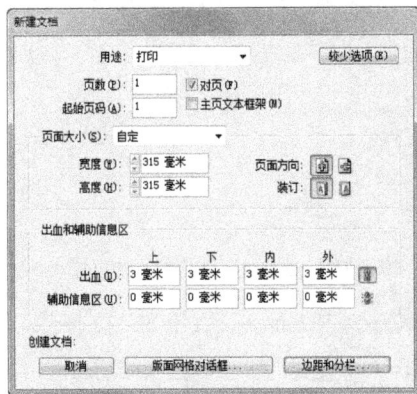

图3-106　【新建文档】对话框　　　　　　　　　图3-107　【属性】面板

3 复制垂直参考线。选择【编辑】>【多重复制】命令，在弹出的【多重复制】对话框中设置重复计数为 9、水平位移为 25mm，选中【预览】复选框，单击【确定】按钮，如图 3–108 所示。页面效果如图 3–109 所示。

4 绘制水平参考线。从水平标尺上拖动一条参考线，设置参考线的属性 Y 值为 45mm，如图 3–110 所示。

5 复制水平参考线。选择【编辑】>【多重复制】命令，在弹出的【多重复制】对话框中设置重复计数为 9、垂直位移为 25mm，选中【预览】复选框，单击【确定】按钮，如图 3–111 所示。页面效果如图 3–112 所示。

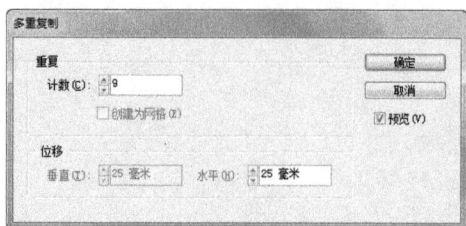

图3-108　【多重复制】对话框

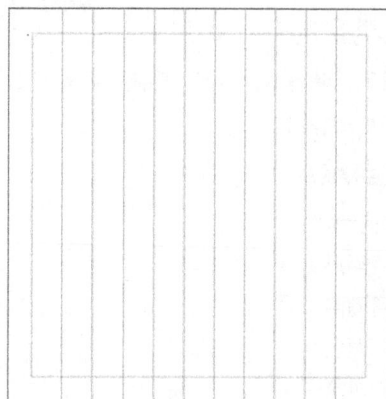

图3-109　设置垂直参考线后的页面效果

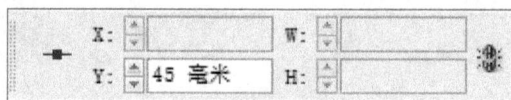

图 3-110　【属性】面板

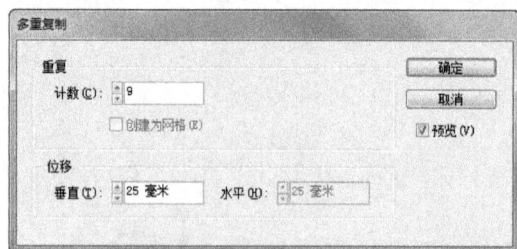

图3-111　【多重复制】对话框

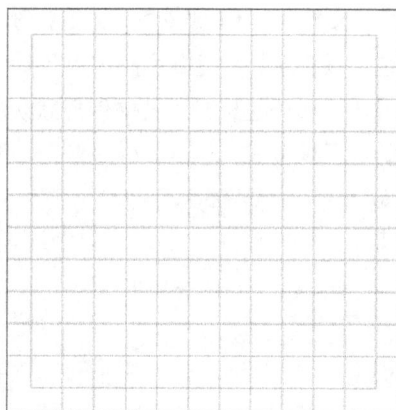

图3-112　设置水平参考线后的页面效果

6 从垂直标尺上拖动一条参考线，设置参考线的属性 X 值为 157.5mm，如图 3-113 所示；从水平标尺上拖动一条参考线，设置参考线的属性 Y 值为 157.5mm。设置后的页面效果如图 3-114 所示。

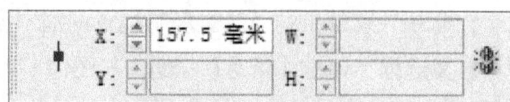

图3-113　【属性】面板

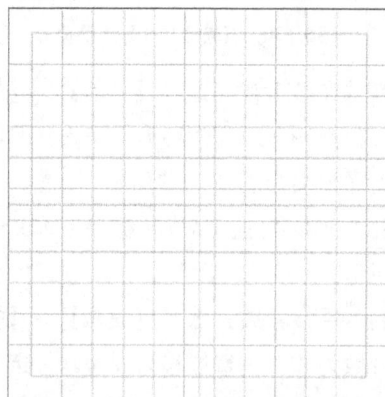

图3-114　绘制参考线后的页面效果

2. 绘制棋盘背景

1 选择工具箱中的【矩形工具】，在页面上单击，弹出【矩形】对话框，设置矩形的【宽度】和【高度】均为 275mm，单击【确定】按钮，如图 3-115 所示。将【属性】面板中的参考点位置移至左上角，并设置矩形的属性 X 值和 Y 值均为 20mm，如图 3-116 所示。

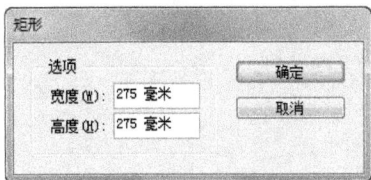

图3-115 【矩形】对话框

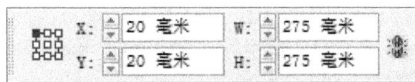

图3-116 【属性】面板

2 使用【选择工具】选中矩形，在【颜色】面板中设置矩形的填充色为〝淡黄色〞(C0,M0,Y50,K0)，矩形的描边设置使用默认值，如图 3-117 所示。填充颜色后的矩形效果如图 3-118 所示。

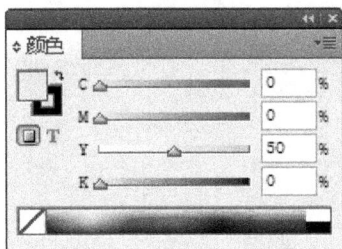

图3-117 【颜色】面板

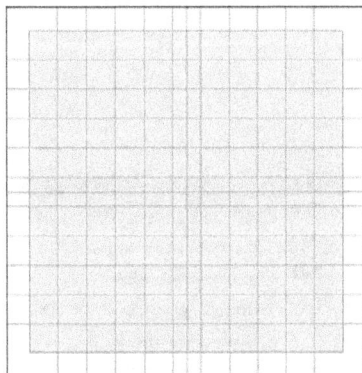

图3-118 填充颜色后的矩形效果

3. 绘制矩形

1 选择工具箱中的【矩形工具】，在页面上单击，弹出【矩形】对话框，设置矩形的【宽度】和【高度】均为 50mm，单击【确定】按钮，如图 3-119 所示。将【属性】面板中的参考点位置移至左上角，并设置矩形的属性 X 值和 Y 值均为 20mm，如图 3-120 所示。

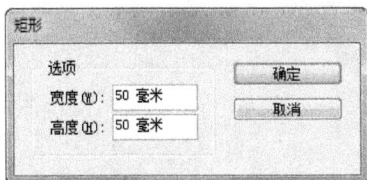

图3-119 【矩形】对话框

图3-120 【属性】面板

2 同样的方法，再绘制一个矩形，其【宽度】和【高度】值均为 25mm，调整参考点位于左上角，设置属性 X 值为 20mm、属性 Y 值为 70mm，如图 3-121 所示。其页面效果如图 3-122 所示。

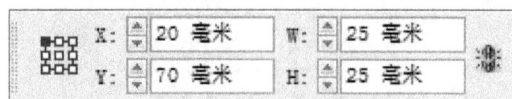

图3-121 【属性】面板

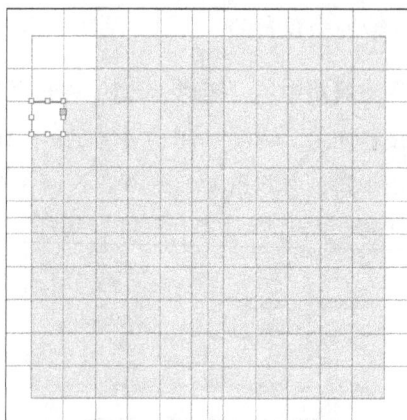

图3-122 绘制矩形后的效果

3 使用【选择工具】选中 50mm×50mm 的矩形，在【颜色】面板中设置其填充色为"绿色"(C100,M0,Y100,K0)，其页面效果如图 3-123 所示。

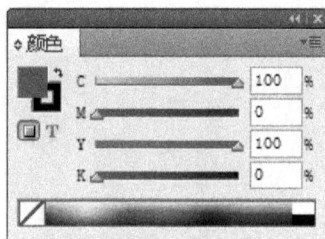

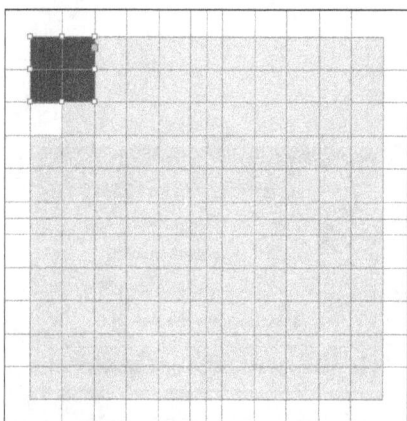

图 3-123 【颜色】面板和矩形填充颜色后的效果（一）

4 使用【选择工具】选中 25mm×25mm 的矩形，在【颜色】面板中设置其填充色为"蓝色"(R0,G125,B255)，其页面效果如图 3-124 所示。

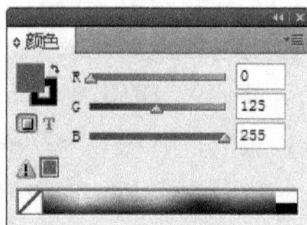

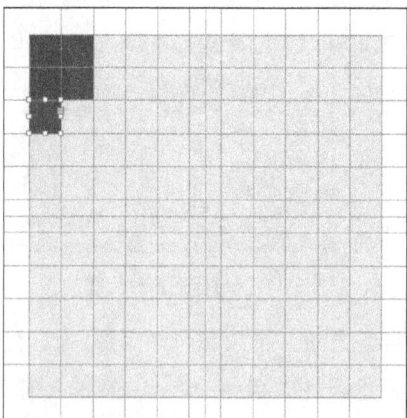

图 3-124 【颜色】面板和矩形填充颜色后的效果（二）

5 选择【编辑】>【多重复制】命令，在弹出的【多重复制】对话框中设置重复计数为 3、垂直位移为 25mm，选中【预览】复选框，单击【确定】按钮，如图 3-125 所示。页面效果如图 3-126 所示。

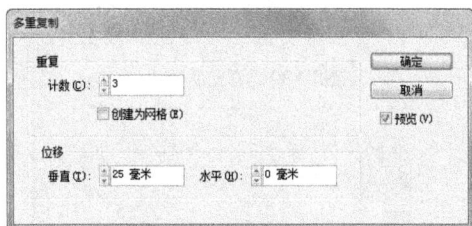

<table>
<tr><td>图3-125 【多重复制】对话框</td><td>图3-126 多重复制后的效果</td></tr>
</table>

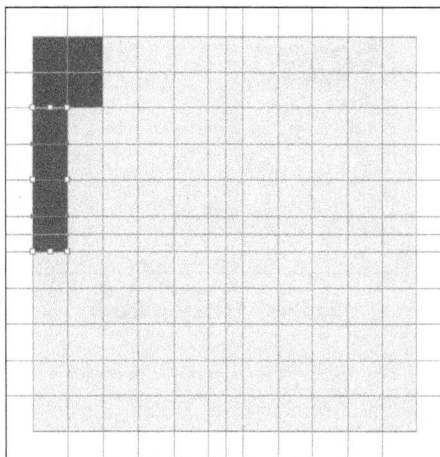

6 选择最下面的矩形，选择【编辑】>【多重复制】命令，在弹出的【多重复制】对话框中设置重复计数为 3、水平位移为 25mm，选中【预览】复选框，单击【确定】按钮，如图 3-127 所示。页面效果如图 3-128 所示。

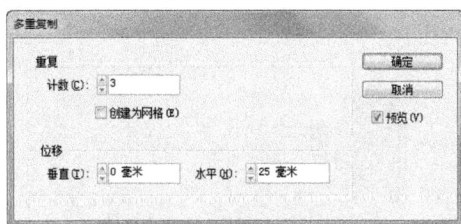

图3-127 【多重复制】对话框　　　　　　图3-128 多重复制后的效果

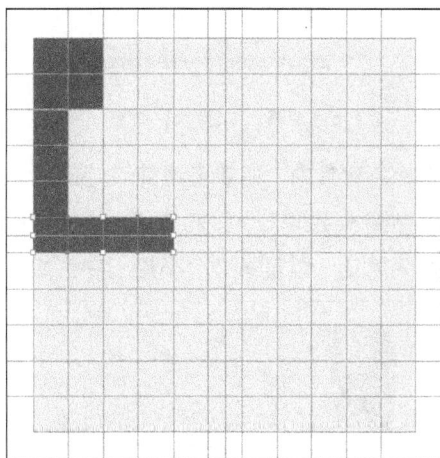

7 选择【吸管工具】，在绿色矩形上吸取其颜色样式，则在水平方向排列的矩形的填充色全部转换为绿色，其页面效果如图 3-129 所示。

8 从最上面的蓝色小矩形数起，选择第 2 个小矩形，在【颜色】面板中设置其颜色为"黄色"(C0,M0,Y100,K0)，如图 3-130 所示。

9 选择第 3 个蓝色小矩形，在【颜色】面板中设置其颜色为"红色"(R255,G0,B0)，如图 3-131 所示。其页面效果如图 3-132 所示。

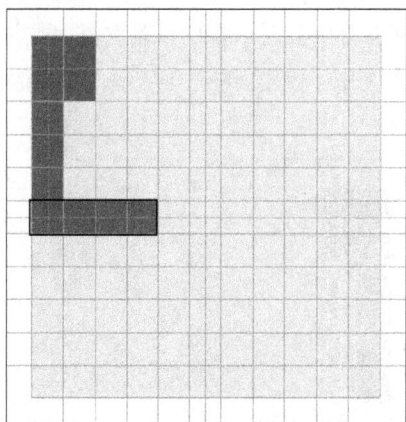

图3-129　转换绿色后的效果

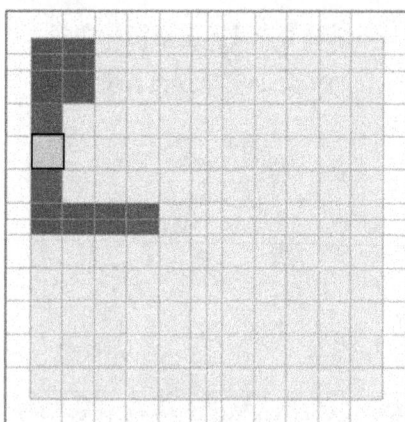

图3-130　填充后的效果

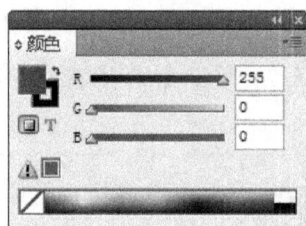

图3-131　【颜色】面板

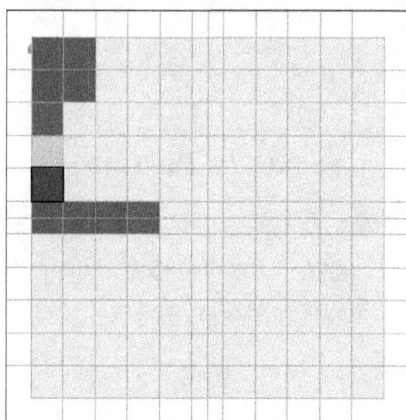

图3-132　填充后的效果

10 在黄色背景内，以参考线交叉分出的小格子（25mm×25mm）为准，复制一个绿色小矩形，将其粘贴到水平第 2 个垂直第 3 个小格子中，如图 3–133 所示。复制一个红色小矩形，将其粘贴到水平第 3 个垂直第 2 个小格子中，如图 3–134 所示。

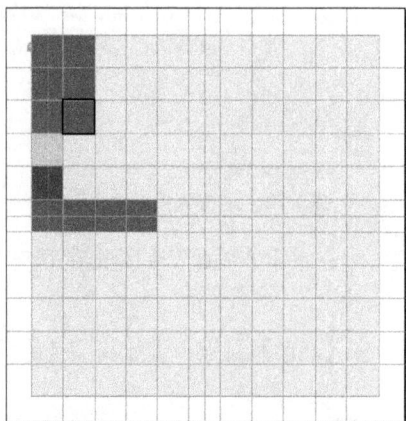

图3-133　复制矩形后的效果（一）

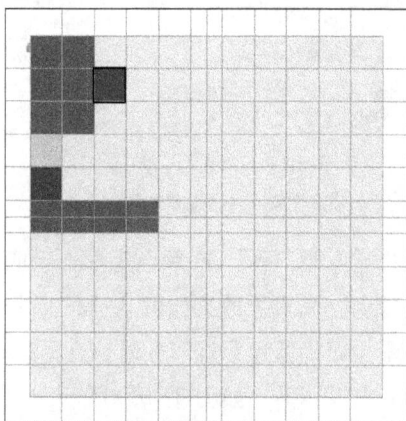

图3-134　复制矩形后的效果（二）

11 同样的方法，分别复制黄色、蓝色、绿色的小矩形，并分别将其粘贴到水平第 3、第 4、第

5 个小格子中，如图 3-135 所示。

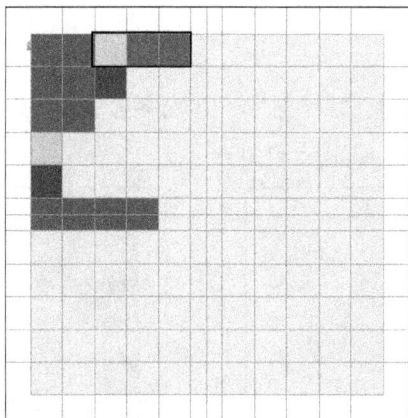

图 3-135 复制矩形后的效果（三）

4．绘制椭圆形

1 选择工具箱中的【椭圆工具】，在页面上单击，弹出【椭圆】对话框，设置椭圆的【宽度】和【高度】均为 40mm，单击【确定】按钮，如图 3-136 所示。将【属性】面板中的参考点移至中心位置，并设置椭圆的属性 X 值和 Y 值均为 45mm，如图 3-137 所示。

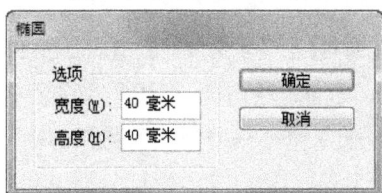

图3-136 【椭圆】对话框

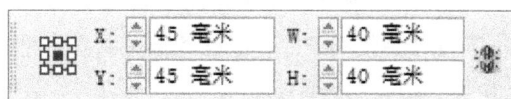

图3-137 【属性】面板

2 使用【选择工具】选中椭圆，在【颜色】面板中设置其填充色为"白色"、描边颜色为"黑色"，如图 3-138 所示。设置颜色后的椭圆效果如图 3-139 所示。

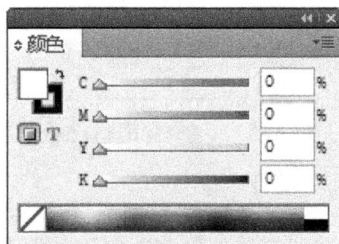

图3-138 【颜色】面板

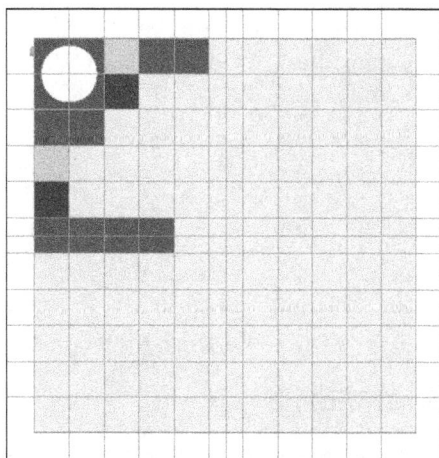

图3-139 绘制大椭圆效果

3 继续绘制一个【宽度】和【高度】均为 20mm 的椭圆,设置其颜色样式与前面椭圆一致。选择椭圆,将其移至水平第 1 个垂直第 3 个小格子的矩形上,使椭圆与小矩形的中心点重合,如图 3—140 所示。

4 选择【编辑】>【多重复制】命令,在弹出的【多重复制】对话框中设置重复计数为 3、垂直位移为 25mm、水平位移为 0,如图 3—141 所示。

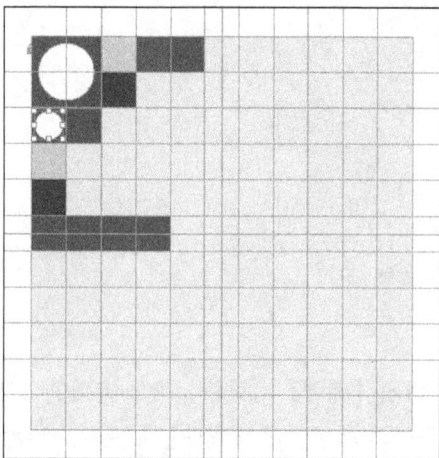

图3-140　绘制小椭圆效果　　　　　　　　图3-141　多重复制椭圆效果

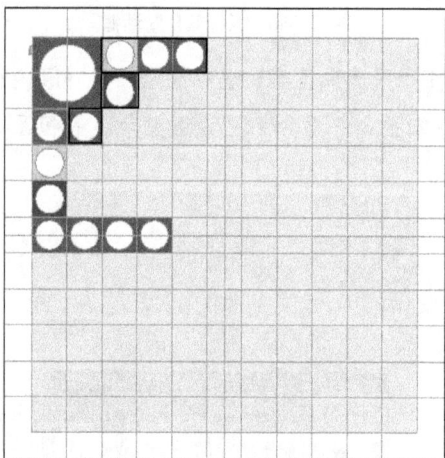

5 选择水平第 1 个垂直第 6 个小格子中的椭圆,选择【编辑】>【多重复制】命令,在弹出的【多重复制】对话框中设置重复计数为 3、水平位移为 25mm、垂直位移为 0,如图 3—142 所示。

6 重复使用复制命令,将椭圆粘贴到其余小矩形上,使每个小格子内的椭圆和小矩形的中心点重合,如图 3—143 所示。

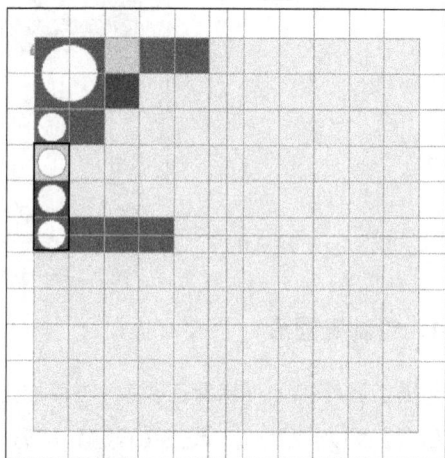

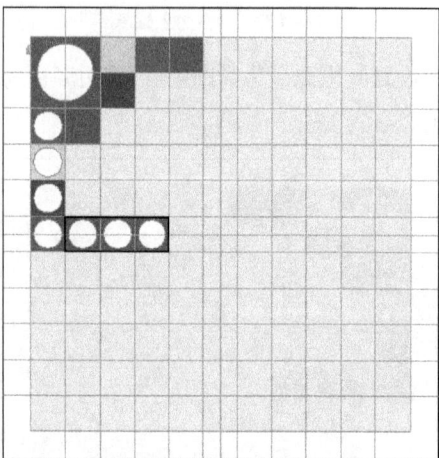

图3-142　多重复制椭圆效果　　　　　　　　图3-143　多重复制其他椭圆效果

5. 绘制三角形

1 选择工具箱中的【多边形工具】,在页面上单击,弹出【多边形】对话框,设置【多边形宽度】为 75mm、【多边形高度】为 37.5mm、【边数】为 3,如图 3—144 所示。

2 选择工具箱中的【吸管工具】，吸取绿色矩形的颜色样式，设置颜色后的三角形效果如图 3-145 所示。

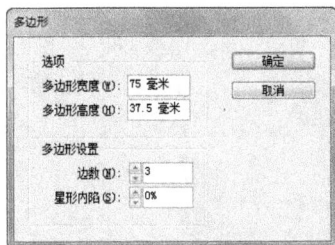

图3-144 【多边形】对话框

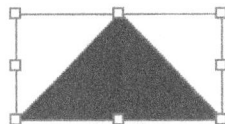

图3-145 三角形效果

3 选择【对象】>【变换】>【旋转】命令，在弹出的【旋转】对话框中设置其旋转角度为 -90°，单击【确定】按钮，如图 3-146 所示。

4 在【属性】面板中将三角形的参考点移至右边线的中心点位置，并设置 X 值和 Y 值均为 157.5mm。页面效果如图 3-147 所示。

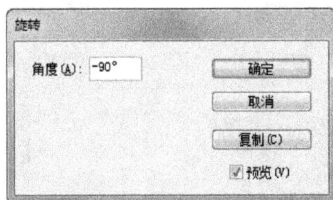

图3-146 【旋转】对话框

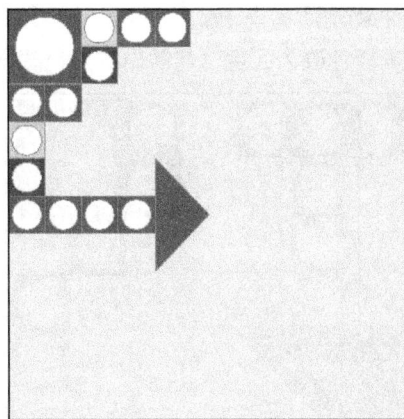

图3-147 页面效果

6．编辑对象

1 将背景图像锁定，选择页面中的所有对象，按【Ctrl+G】组合键将对象编组。选择【对象】> 【变换】>【旋转】命令，在弹出的【旋转】对话框中设置其旋转角度为-90°，单击【复制】 按钮，如图 3-148 所示。选择复制后的图像效果如图 3-149 所示。

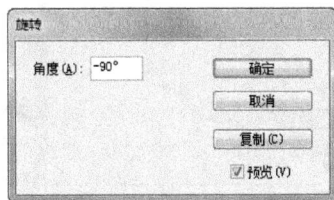

图3-148 【旋转】对话框

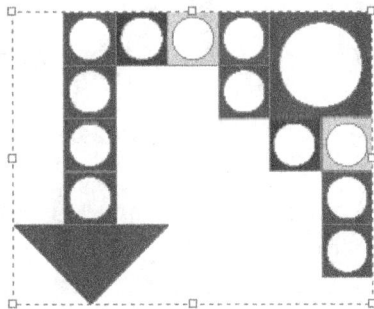

图3-149 图像效果

2 在【属性】面板中将参考点移至右上角的顶点处，设置 X 值为 295mm、Y 值为 20mm，如图 3-150 所示。调整后的页面效果如图 3-151 所示。

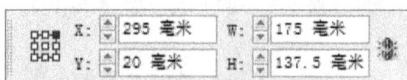

图3-150 【属性】面板

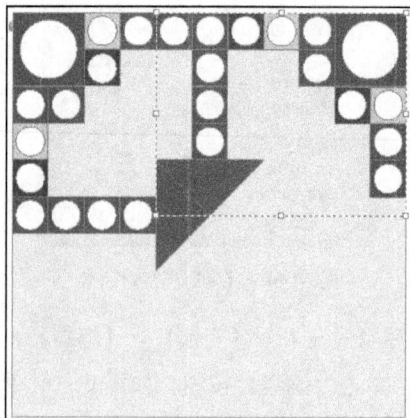

图3-151 页面效果

3 选择复制的编组，按【Ctrl+Shift+G】组合键将其取消编组，选择图 3-152 中的所有绿色矩形，将其颜色改为红色（与前面的红色相同）。其效果如图 3-153 所示。

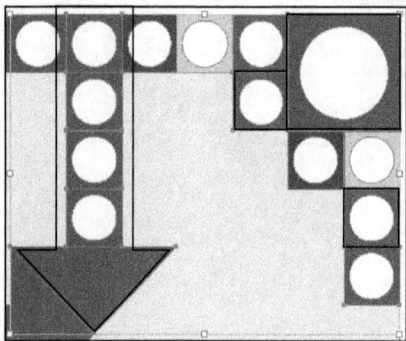

图3-152 选择矩形区域（一）

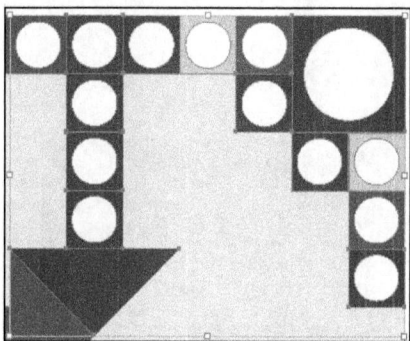

图3-153 将颜色变为红色

4 选择如图 3-154 所示的矩形（由 1、2 所标记），将其颜色改为黄色（与前面的黄色相同）。其效果如图 3-155 所示。

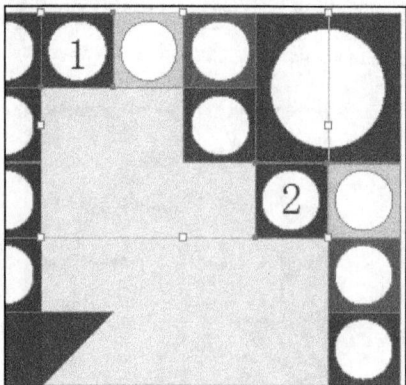

图3-154 选择矩形

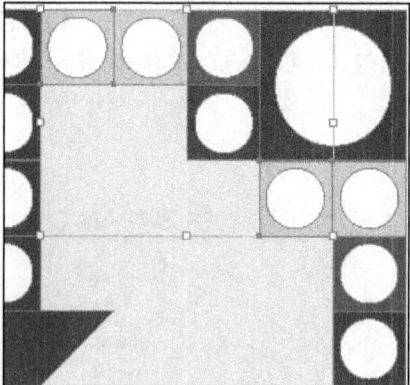

图3-155 将颜色变为黄色

5 选择如图 3-156 所示的矩形 (由 1、2 所标记)，将其颜色改为蓝色 (与前面的蓝色相同)。其效果如图 3-157 所示。

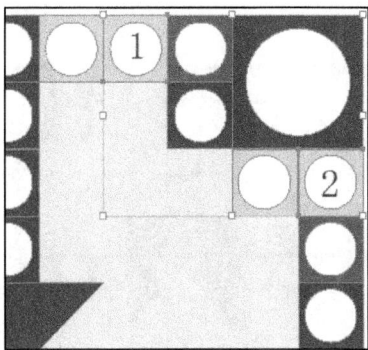

图3-156 选择矩形

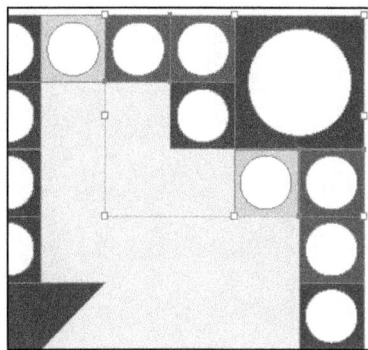

图3-157 将颜色变为蓝色

6 选择如图 3-158 所示的矩形 (由 1、2 所标记)，将其颜色改为绿色 (与前面的绿色相同)。其效果如图 3-159 所示。

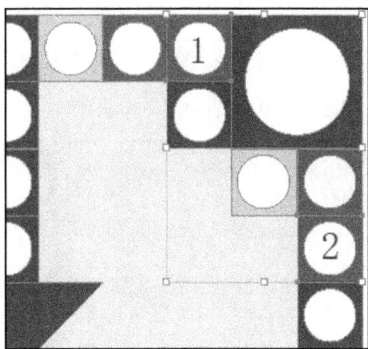

图3-158 选择矩形

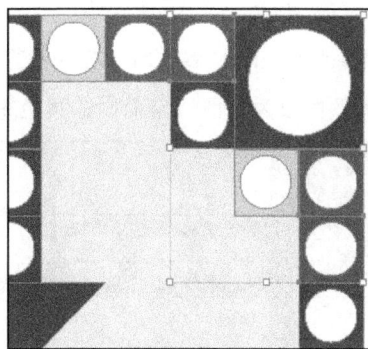

图3-159 将颜色变为绿色

7 选择红色区域中的所有对象，按【Ctrl+G】组合键将其编组。选择【对象】>【变换】>【旋转】命令，在弹出的【旋转】对话框中设置其旋转角度为-90°，单击【复制】按钮，如图 3-160 所示。选择复制后的图像效果如图 3-161 所示。

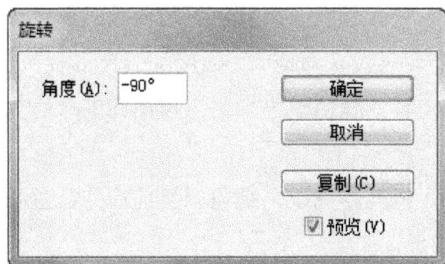

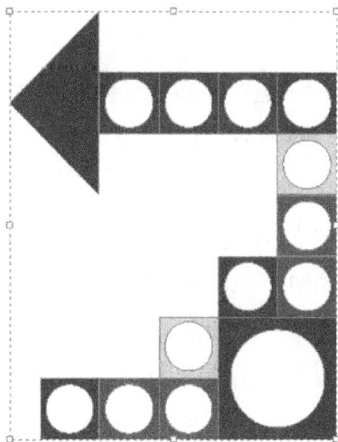

图3-160 【旋转】对话框 　　　　　　　　　　　图3-161 图像效果

8 在【属性】面板中将参考点移至右上角的顶点处,设置 X 值和 Y 值均为 295mm, 如图 3-162 所示。调整后的页面效果如图 3-163 所示。

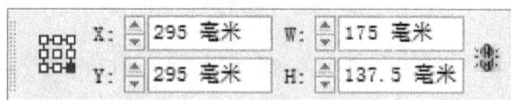

X: 295 毫米　W: 175 毫米

Y: 295 毫米　H: 137.5 毫米

图3-162 【属性】面板 　　　　　　　　　　图3-163 页面效果

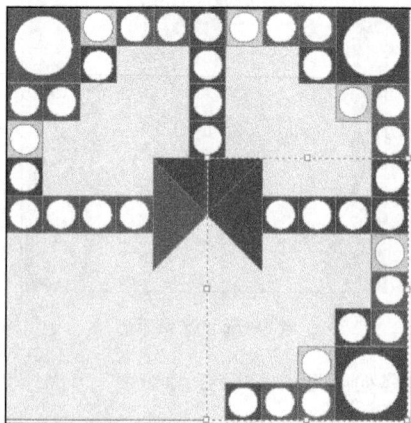

9 选择复制的编组,按【Ctrl+Shift+G】组合键将其取消编组,选择图 3-164 中的所有红色矩形,将其颜色改为黄色(与前面的黄色相同)。其效果如图 3-165 所示。

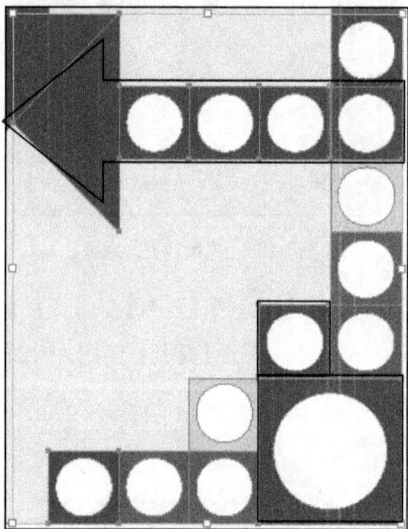

图3-164 选择矩形区域(二) 　　　　　　　图3-165 将颜色变为黄色

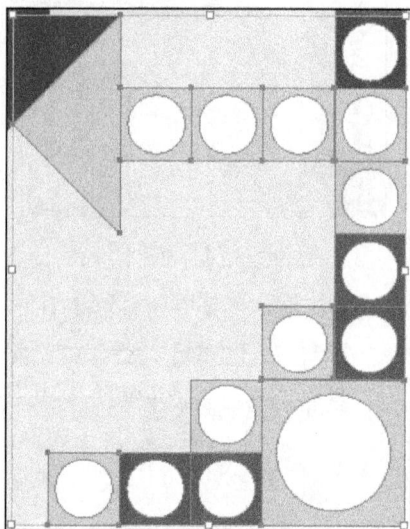

10 选择如图 3-166 所示的矩形(由 1、2 所标记),将其颜色改为蓝色(与前面的蓝色相同)。其效果如图 3-167 所示。

11 选择如图 3-168 所示的矩形(由 1、2 所标记),将其颜色改为绿色(与前面的绿色相同)。其效果如图 3-169 所示。

12 选择如图 3-170 所示的矩形(由 1、2 所标记),将其颜色改为红色(与前面的红色相同)。其效果如图 3-171 所示。

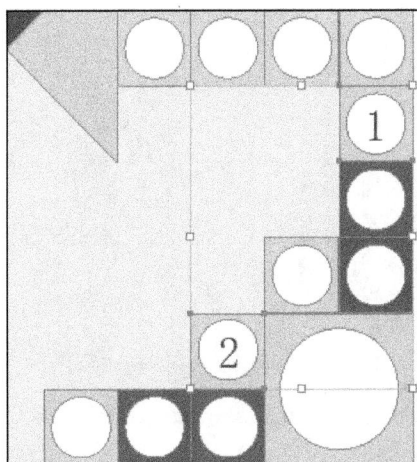

图3-166　选择矩形

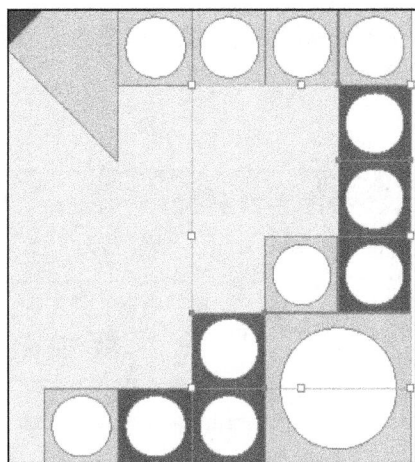

图3-167　将颜色变为蓝色

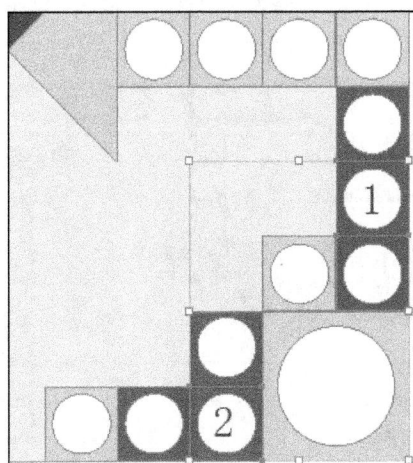

图3-168　选择矩形

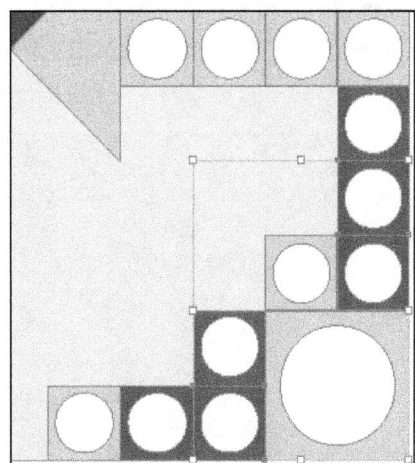

图3-169　将颜色变为绿色

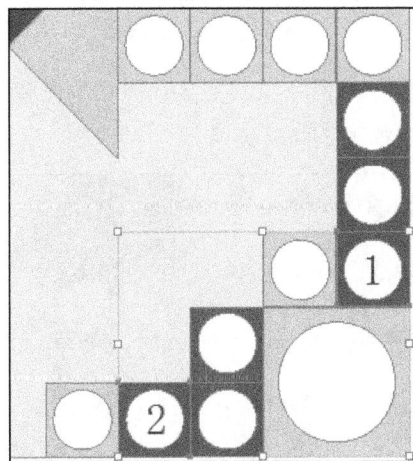

图3-170　选择矩形

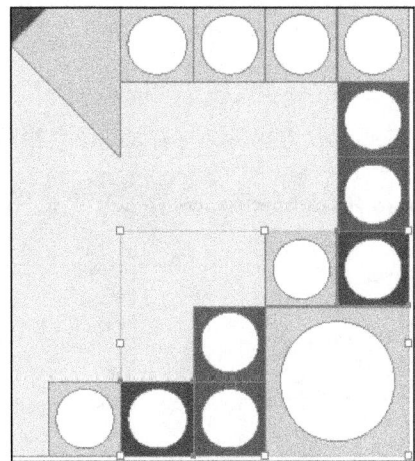

图3-171　将颜色变为红色

13 选择黄色区域中的所有对象，按【Ctrl+G】组合键将其编组。选择【对象】>【变换】>【旋转】命令，在弹出的【旋转】对话框中设置其旋转角度为−90°，单击【复制】按钮，如图3−172

所示。选择复制后的图像效果如图 3-173 所示。

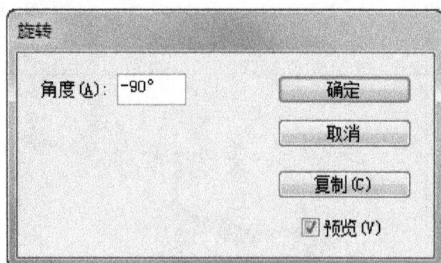

图3-172 【旋转】对话框

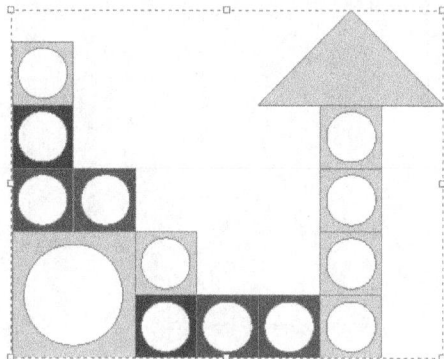

图3-173 图像效果

14 在【属性】面板中将参考点移至右上角的顶点处,设置 X 值为 20mm、Y 值为 295mm,如图 3-174 所示。调整后的页面效果如图 3-175 所示。

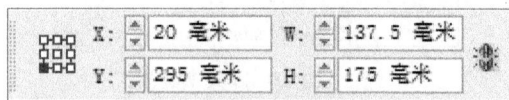

图3-174 【属性】面板

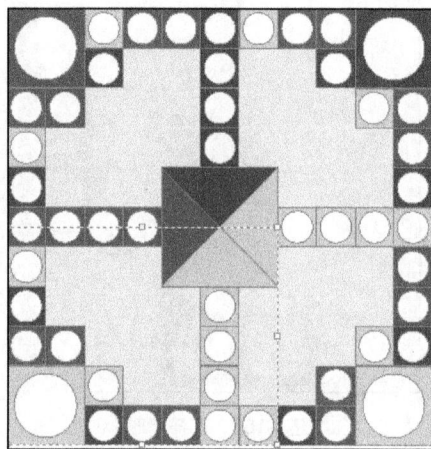

图3-175 页面效果

15 选择复制的编组,按【Ctrl+Shift+G】组合键将其取消编组,选择图 3-176 中的所有黄色矩形,将其颜色改为蓝色(与前面的蓝色相同)。其效果如图 3-177 所示。

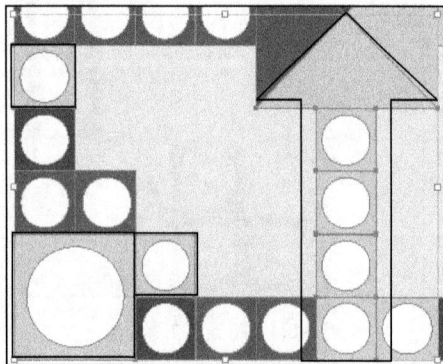

图3-176 选择矩形区域(三)

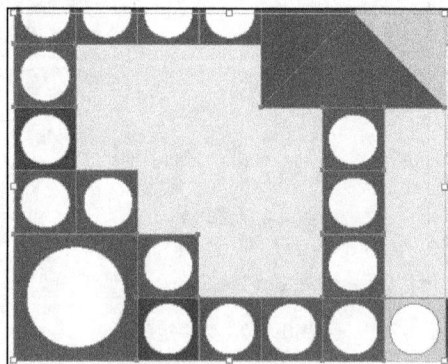

图3-177 将颜色变蓝色

16 选择如图 3-178 所示的矩形（由 1、2 所标记），将其颜色改为绿色（与前面的绿色相同）。其效果如图 3-179 所示。

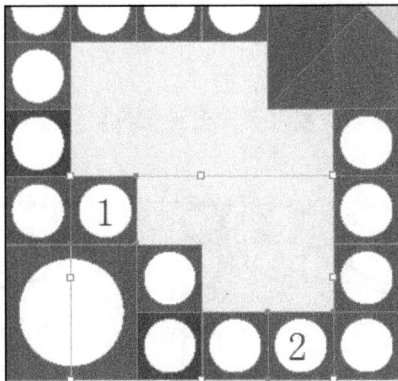

图3-178　选择矩形

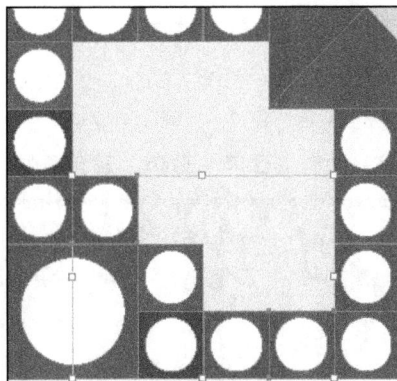

图3-179　将颜色变为绿色

17 选择如图 3-180 所示的矩形（由 1、2 所标记），将其颜色改为红色（与前面的红色相同）。其效果如图 3-181 所示。

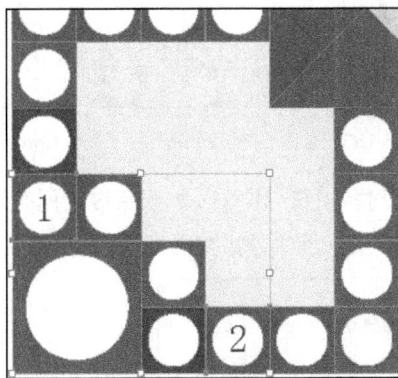

图3-180　选择矩形

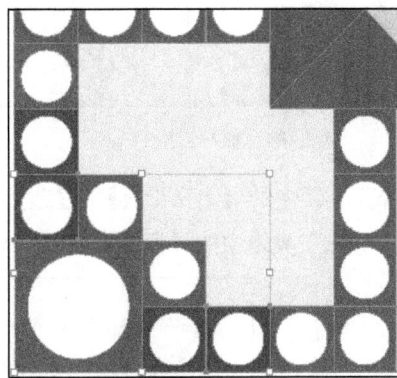

图3-181　将颜色变为红色

18 选择如图 3-182 所示的矩形（由 1、2 所标记），将其颜色改为黄色（与前面的黄色相同）。其效果如图 3-183 所示。

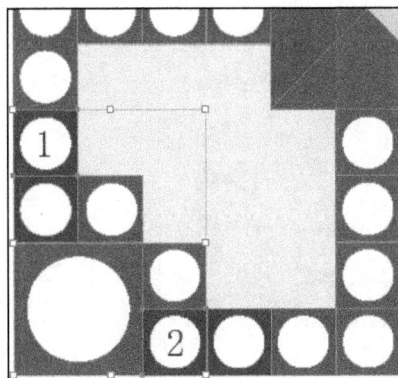

图3-182　选择矩形

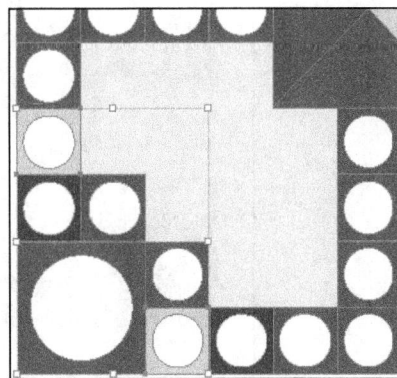

图3-183　将颜色变为黄色

7. 置入素材

1 选择【文件】>【置入】命令，在弹出的【置入】对话框中选择"素材\Chapter 03\飞机1.png"图片，单击【打开】按钮。在页面上单击，置入图片后调整其大小和位置，将其放置在红色区域中，如图 3-184 所示。

2 同样的方法，置入"飞机 2.png"～"飞机 4.png"，使用【自由变换工具】调整其大小，并分别将其放置在绿色、蓝色、黄色区域，如图 3-185 所示。

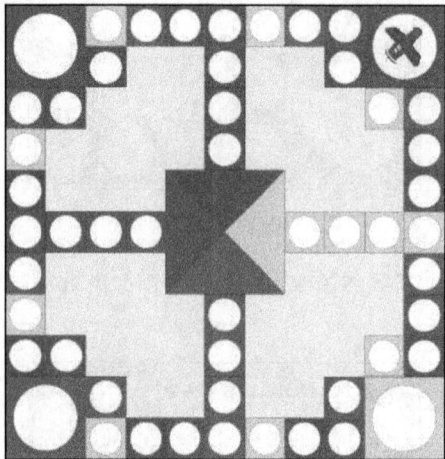

图3-184　置入"飞机1.png"

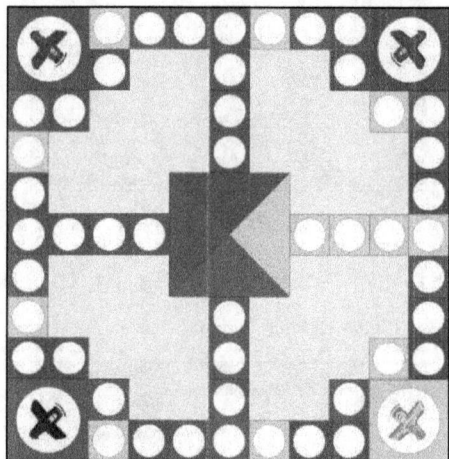

图3-185　置入"飞机2.png"～"飞机4.png"

3 选择工具箱中的【选择工具】，框选页面上的所有对象，按【Ctrl+G】组合键把所有对象进行编组。选择工具箱中的【预览】按钮，可看到预览效果，最终效果如图 3-186 所示。

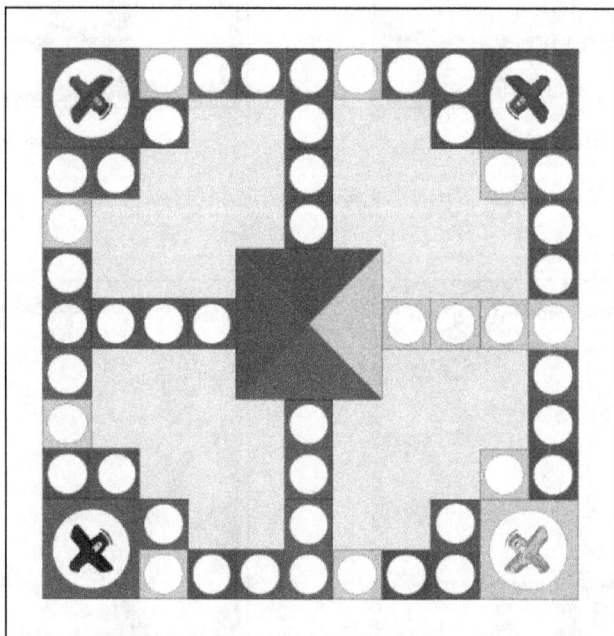

图 3-186　制作完成的棋盘

3.6 习题与上机

一、选择题

（1）（　　）由两个或多个相互交叉、相互截断的简单路径组成。

A．简单路径　　　B．复合路径　　　C．交叉路径　　　D．平行路径

（2）（　　）工具可以创建比手绘工具更为精确的直线和对称流畅的曲线。

A．铅笔　　　　　B．直线　　　　　C．钢笔　　　　　D．矩形

（3）使用（　　）工具可以在任意对象上对其进行切变操作，其原理是用平行于平面的力作用于平面，使对象发生变化。

A．旋转　　　　　B．缩放　　　　　C．自由变换　　　D．切变

二、填空题

（1）在 InDesign 中，不包含任何文本或图形的线框或色块框称为_____，图形可以通过在其中添加文本或图像而变为_____。

（2）在旋转对象时，如果用户在旋转的同时按住_____键，则可以将旋转角度增量限定为 45°的整数倍。

（3）【自由变换工具】的作用范围包括_____、_____以及_____。

三、上机操作题

（1）绘制如图 3-187 所示的多边形。

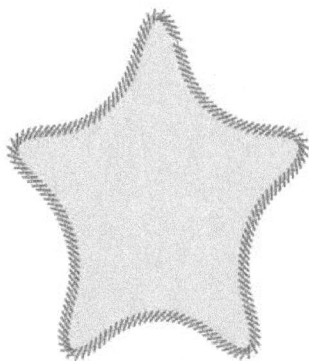

图 3-187　多边形效果

💡 **知识要点提示**

先选择工具箱中的【多边形工具】，绘制多边形，设置多边形的边数和星形内陷角度，设置对象的角效果、描边属性，为对象进行颜色的填充。

（2）绘制如图 3-188 所示的图案，并填充成如图 3-189 所示的颜色。

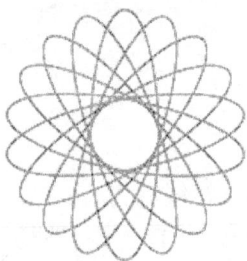

图3-188　旋转并复制后的效果

图3-189　排除重叠及填充渐变后的效果

知识要点提示

先选择工具箱中的【椭圆工具】，绘制椭圆，再对椭圆进行旋转并复制，对复制后的图形进行路径查找器中的排除重叠操作，使用渐变对图形进行颜色的填充。

Chapter

04

框架和对象

框架可以作为文本或其他对象的容器，在版面设计中省去较为复杂的操作过程，设计出较为满意的图像效果。

学习目标

- 了解框架运用的基础知识
- 掌握运用框架制作页面的方法
- 掌握图层及对象效果的使用方法

4.1 框架的基本概述

在 InDesign CS5 中，框架是文档版面的基本构造块，可以包含文本或图形。文本框架确定了文本要占用的区域以及文本在版面中的排列方式；图形框架可以充当边框和背景，并对图形进行裁切或蒙版。

4.1.1 几何框架

单击工具箱中的【框架工具】，可以看到 3 种形状框架工具：【矩形框架工具】、【椭圆框架工具】和【多边形框架工具】，如图 4-1 所示。用户可根据自己的设计需要选择框架工具，利用各种框架工具所创建的几何框架如图 4-2 所示。

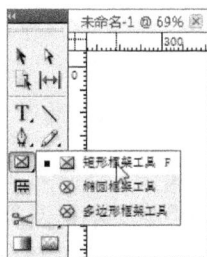

图 4-1 框架工具

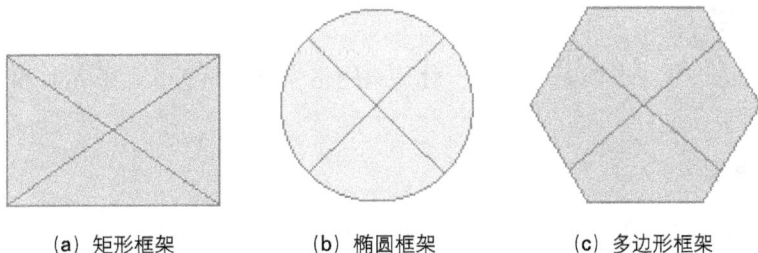

(a) 矩形框架   (b) 椭圆框架   (c) 多边形框架

图 4-2 创建几何框架

4.1.2 文本框架和路径

框架与路径一样，唯一的区别是框架可以作为文本或其他对象的容器，还可作为占位符。在 InDesign 中提供了两种类型的文本框架，即纯文本框架和框架网格。

1. 路径

用户可以使用工具箱中的工具绘制路径和框架，还可以通过将内容直接置入或者粘贴到路径中创建框架。路径是矢量图形，类似于在绘图程序中创建的图形。可以使用工具箱中的【钢笔工具】直接绘制路径，如图 4-3 所示。

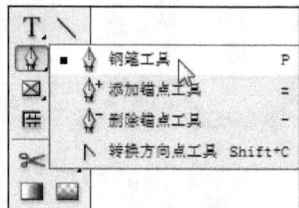

图 4-3 选择【钢笔工具】

2. 框架

使用【钢笔工具】以及图形工具绘制的框架图形，可以容纳图片或文本，在没有指定内容或置入内容时对这种对象的总称为框架或图文框。用户除了可以沿路径放置文本以外，还可以将路径图形作为文本框架，这时图形就像一个容器，框架内输入的文本将按照框架的形状进行摆放。

将内容直接置入或者粘贴到路径内部，路径可以转换为框架。由于框架只是路径的容器版本，因此，任何对路径执行的操作都可以对框架执行，如为其填充色、描边，或者使用【钢笔工具】编辑框架本身的形状，如图 4-4 所示。路径和框架相互转换的灵活性使用户可轻松更改自己的设计，并为用户提供了多种设计选择。

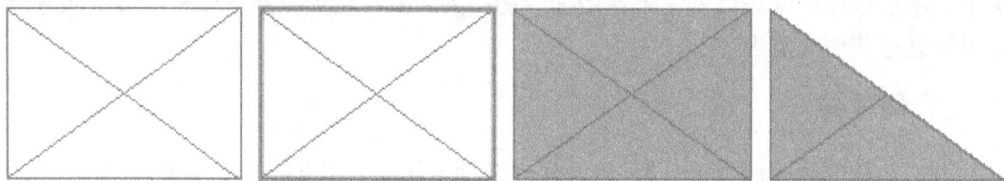

图 4-4 绘制和编辑框架

3. 文本框架

指定了内容为文本的框架或者已经填入了文本的对象称为文本框架。它分为普通文本框和网格文本框两类，网格文本框可设置网格属性并应用到文本上。文本框架确定了文本要占用的区域以及文本在版面中排列的方式，用户可以通过各文本框架左上角和右下角中的文本入口和出口来识别文本框架。

4. 框架网格

框架网格是一种文本框架，它以一套基本网格来确定字符大小和附加框架内的间距，如图 4-5 所示。

5. 图形框架

图形框架用来容纳图片的图文框，或者指定内容为图片的图文框。在 InDesign 中，置入的外部图形图像都将包含在一个矩形框内，通常将这个矩形框称为图形框架。利用矩形、椭圆和多边形框架工具或者绘图工具（矩形、多边形、钢笔等工具绘制封闭图形或路径）绘制一个框架或图形，然后利用【置入】命令或者【复制/贴入内部】命令将图形图像放置到框架内即可创建图形框。图形框架裁切图片通过用户更改框的大小来裁切，框是可见的，如图 4-6 所示。

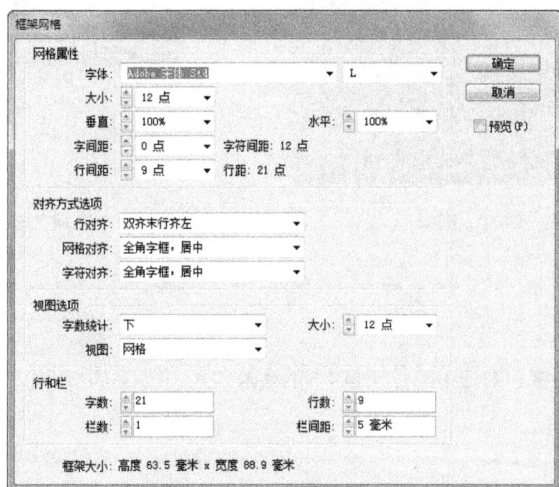

图 4-5　【框架网格】对话框

图 4-6　图片框

4.2　编辑框架内容

在 InDesign 中，可以对选定的框架进行不同形式的编辑，如删除框架内容、移动图形框架及其内容、设置框架适合选项、创建边框和背景以及裁剪对象等。

4.2.1　选择、删除或剪切框架内容

1. 选择框架内容

使用工具栏中的【直接选择工具】 ![]可选取框架中的内容，选择框架内容的方法有以下几种。

- 若要选择一个图形或文本框架，则可使用【直接选择工具】，如图 4-7 所示。
- 若要选择文本字符，则可使用【文字工具】，如图 4-8 所示。

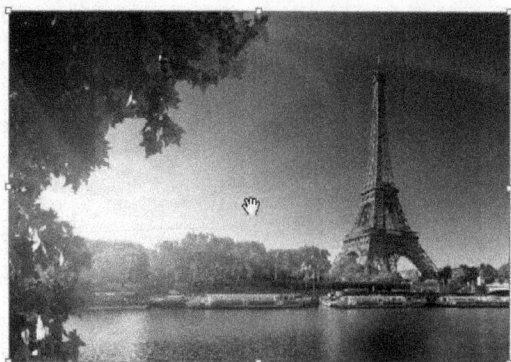

图4-7　选择图形或文本框架

图4-8　选择文本框架中的文本

提 示

按【Ctrl+Alt+>】组合键，则选中的框架按 5%的增量放大；按【Ctrl+Alt+<】组合键则选中的框架按 5%的增量缩小。

2．删除框架内容

使用【直接选择工具】选择要删除的框架内容，然后按【Delete】键或【Backspace】键，或者将项目拖到删除图标即可。

3．剪切框架内容

使用工具箱中的【直接选择工具】选择要剪切的框架内容，选择【编辑】>【剪切】命令，在要放置内容的版面上选择【编辑】>【粘贴】命令，如图 4-9 所示。

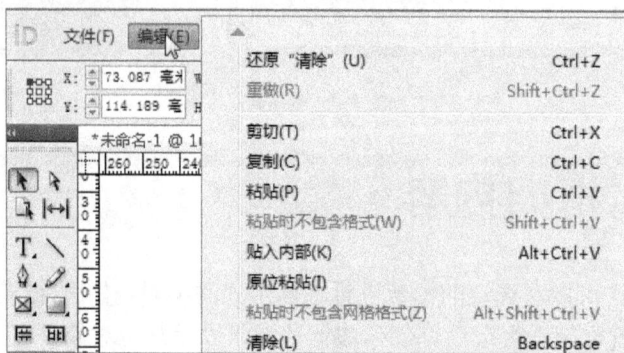

图 4-9　【编辑】菜单项

4.2.2　替换框架内容

替换框架中原有内容的操作步骤如下。

1 选择工具箱中的【直接选择工具】，如图 4-10 所示。

2 利用【直接选择工具】在框架上单击，选中框架中原有的内容，如图 4-11 所示。

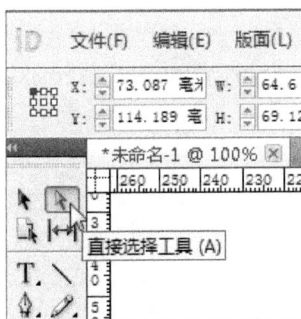

图4-10　选择【直接选择工具】

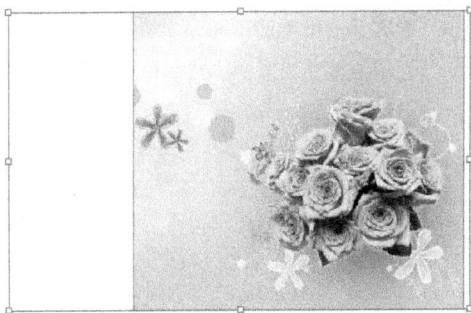

图4-11　选中框架内容

3 选择【文件】>【置入】命令，打开【置入】
对话框，从中选择"素材\Chapter 04\zhizi.gif"
文件，单击【确定】按钮，即可替换原来的内容，
如图4-12所示。

4.2.3　移动框架或框架内容

当选择工具箱中的【选择工具】移动框架
时，框架的内容也会一起移动。移动框架或移
动其内容的方法有如下几种。

图 4-12　替换框架内容

- 若要将框架和内容一起移动，则可以选择【选择工具】。
- 若要移动导入内容而不移动框架，则可以选择【直接选择工具】。将【直接选择工具】放置
  到导入图形上时，它会自动变为【抓手工具】，随后进行拖动即可移动所导入的内容，如图 4-13
  所示。

图 4-13　移动内容，但不移动框架

提 示

如果移动前在图形上按住鼠标左键，将会出现框架外部的动态图形预览（后面的不可见图像），但是
移动到框架内的图像预览是可见的。这样，更容易查看整个图像在框架内的位置。

- 若要移动框架而不移动内容，则可以选择【直接选择工具】，单击该框架，单击其中心点以使所有锚点都变为实心，然后拖动该框架。在此，不要拖动框架的任一锚点；这样做将会改变框架的形状，如图 4-14 所示。

图 4-14　移动框架，但不移动内容

技 巧

要移动多个框架，可以使用工具箱中的【选择工具】选择对象，然后拖动对象。若利用【直接选择工具】选择多个对象，则只有拖动的项目受到影响。

4.2.4　调整框架或框架内容

默认情况下，将一个对象放置或粘贴到框架中时，它会出现在框架的左上角。若框架和其内容的大小不同，则在框架上右击，在弹出的快捷菜单中选择【适合】>【使内容适合框架】命令（见图 4-15），以实现框架和图片的自动吻合，如图 4-16 所示。

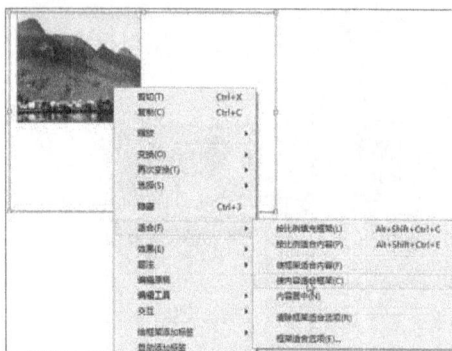

图4-15　【适合】菜单项

图4-16　【使内容适合框架】效果

【适合】命令会调整内容的外边缘以适合框架描边的中心。如果框架的描边较粗，内容的外边缘将被遮盖。用户可以将框架的描边对齐方式调整为与框架边缘的中心、内边或外边对齐。

此外，使用【文本框架选项】对话框和【段落】、【段落样式】及【文章】面板，可以控制文本自身的对齐方式和定位。只需选择对象的框架后，选择【对象】>【适合】级联菜单中的命令即可，如图 4-17 所示。

【适合】菜单项下的各选项含义如下。

- 按比例填充框架：调整内容大小以填充整个框架，同时保持内容的比例，框架的尺寸不会更改。如果内容和框架的比例不同，框架的外框将会裁剪部分内容，效果如图 4-18 所示。

技 巧

用工具箱中的【直接选择工具】选择框架，通过查看控制板中的"X 水平缩放百分比"和"Y 垂直缩放百分比"的数值可以判别框架中图像的缩放，大于 100% 是放大，小于 100% 则是缩小。

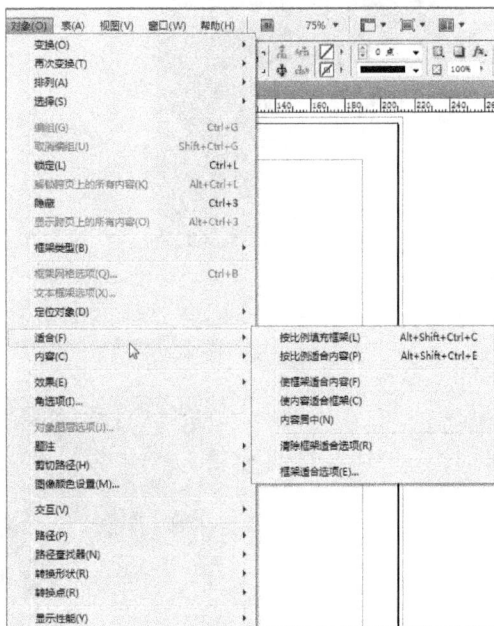

图 4-17　【对象】>【适合】菜单项

- 按比例适合内容：调整内容大小以适合框架，同时保持内容的比例，框架的尺寸不会更改。如果内容和框架的比例不同，将会导致一些空白区，效果如图 4-19 所示。

图4 18　【按比例填充框架】效果

图4-19　【按比例适合内容】效果

- 使框架适合内容：调整框架大小以适合其内容。如果有必要，可改变框架的比例以匹配内容的比例。要使框架快速适合其内容，可双击框架上的任一角手柄，框架将向远离单击点的方向调整大小。如果单击边手柄，则框架仅在该维空间调整大小。
- 使内容适合框架：调整内容大小以适合框架并允许更改内容比例。框架不会更改，但是如果内容和框架具有不同比例，则内容可能显示为拉伸状态。图 4-20 所示为原始状态，图 4-21 所示为【使内容适合框架】后的效果。
- 内容居中：将内容放置在框架的中心，框架及其内容的比例会被保留，内容和框架的大小不会改变，效果如图 4-22 所示。

图4-20　原始状态

图4-21　【使内容适合框架】效果

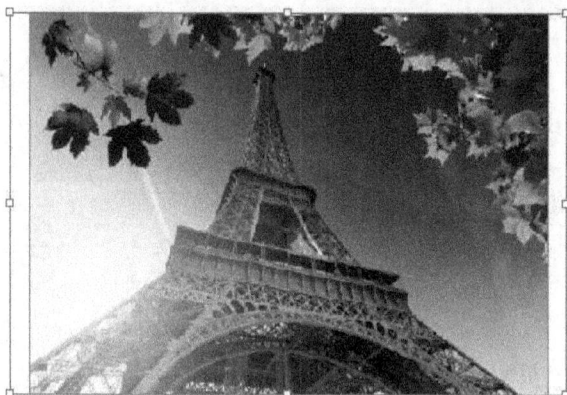

图 4-22　【内容居中】效果

- 清除框架适合选项：用于清除框架适合选项中的设置，将其中的参数恢复为默认状态。若要将对象还原为设置【框架适合选项】前的状态，须先选择【清除框架适合选项】命令，再选择【框架适合选项】命令。需要注意的是，在选择【清除框架适合选项】命令之前，必须利用【选择工具】，而非【直接选择工具】选中对象。

4.2.5　创建边框或背景

图形框架非常适合作为其内容的边框或背景，可以改变框架的描边以及独立于内容进行填充。向图形框架添加边框后的效果如图 4-23 所示。

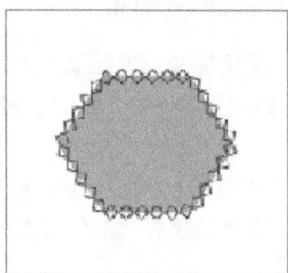

（a）图形框架中的照片　　　（b）应用了描边的框架　　　（c）应用描边和填充的放大框架

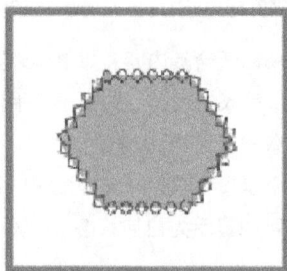

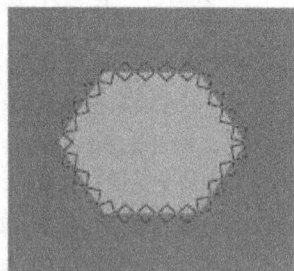

图 4-23　向图形框架添加边框

向图形框架添加边框的操作步骤如下。

1 选择工具箱中的【选择工具】，单击导入图形以选择框架。随后放大框架而不调整图形大小，拖动任意外框手柄。

2 双击工具箱中【描边/填充】组的【描边】工具（见图 4-24），弹出【拾色器】对话框，选择描边的颜色如图 4-25 所示。

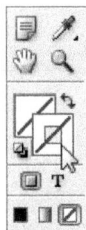

图4-24 【描边/填充】工具   图4-25 【拾色器】对话框

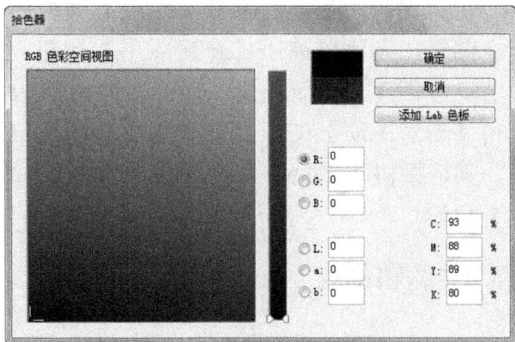

3 打开【描边】面板，调整框架的描边粗细、样式和对齐方式，如图 4-26 所示。

4 打开【颜色】面板，选择工具箱中的【描边/填充】工具，可以设置框架的填充颜色。

> **提 示**
>
> 选择【直接选择工具】选择框架，将面板参考点定位器设置到中心点 ，然后输入新的宽度和高度值，即可改变框架和内容的大小。

图 4-26 【描边】面板

4.3 使用图层

每个文档都至少包含一个已命名的图层，通过使用多个图层，可以创建和编辑文档中的特定区域或各种内容，而不会影响其他区域或其他种类的内容。还可以使用图层来为同一个版面显示不同的设计思路，或者为不同的区域显示不同版本的广告。

4.3.1 【图层】面板

在【图层】面板中，可根据面板选项设置图层的各项参数。在熟练掌握运用【图层】面板的过程中，可展示统一设计的多个版本，例如页面背景是由复杂的路径构成的，在处理其他对象时，为避免意外的选择背景，可运用【图层】面板中的新建图层，然后锁定或隐藏该层。还可根据个人喜好随意调整图层的顺序，从而改变版面顺序。

4.3.2 创建图层

选择【窗口】>【图层】命令，打开如图 4-27 所示的【图层】面板。使用【图层】面板下拉菜单上的【新建图层】命令，或【图层】面板底部的【创建新图层】按钮来添加图层。

在此说明的是，若要在【图层】面板的顶部创建一个新图层，则可以单击【新建图层】按钮。若要在选定图层上方创建一个新图层，则可在按住【Ctrl】键的同时单击【新建图层】按钮。若要在所选图层下方创建新图层，则可在按住【Ctrl+Alt】组合键的同时单击【新建图层】按钮。

图 4-27　【图层】面板

4.3.3 编辑图层

InDesign CS5 拥有强大的图层功能，可以将页面中不同类型的对象置于不同的图层中，便于用户进行编辑和管理。此外，对于图层中不同类型的对象还可以设置透明、投影、羽化等多种特殊效果，使出版物的页面效果更加丰富、完美。

1. 图层选项

单击【图层】面板中的【创建新图层】按钮或双击现有的图层，如图 4-28 所示；弹出【图层选项】对话框，如图 4-29 所示。

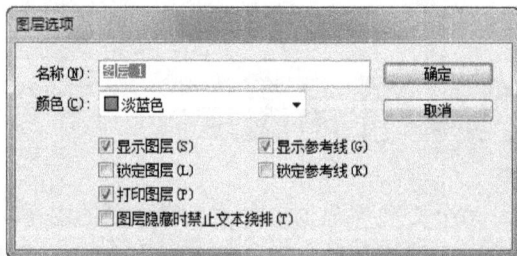

图4-28　【图层】面板　　　　图4-29　【图层选项】对话框

【图层选项】对话框中各选项的含义如下。

- 颜色：指定颜色以标识该图层上的对象。打开【图层选项】对话框中的【颜色】下拉列表，可以为图层指定一种颜色，如图 4-30 所示。
- 显示图层：选中此复选框，可以使图层可见，如图 4-31 所示。选中此复选框与在【图层】面板中使眼睛图标可见的效果相同，如图 4-32 所示。

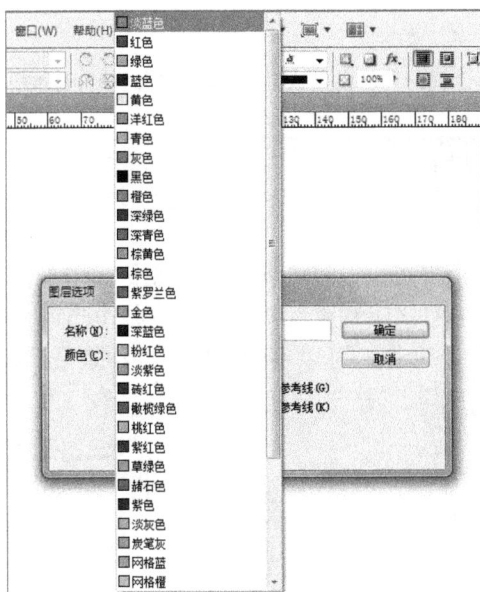

图 4-30 【颜色】下拉列表

- 锁定图层：选中此复选框，可以防止对图层上的任何对象进行更改。选中此复选框与在【图层】面板中使交叉铅笔图标可见的效果相同，如图 4-33 所示。

图4-31 【显示图层】复选框　　　图4-32 【图层】面板中的图层　　　图4-33 【图层】面板

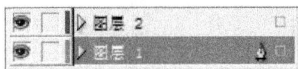

- 打印图层：选中此复选框，可允许图层被打印。当打印或导出至 PDF 时，可以决定是否打印隐藏图层和非打印图层。
- 图层隐藏时禁止文本绕排：在图层处于隐藏状态且该图层包含应用了文本绕排的文本时，如果要使其他图层上的文本正常排列，则选中此复选框。
- 显示参考线：选中此复选框，可以使图层上的参考线可见。若没有为图层选中此复选框，即使选择【视图】>【显示参考线】命令，参考线也不可见。
- 锁定参考线：选中此复选框，可以防止对图层上的所有标尺参考线进行更改。

2．图层颜色

　　指定图层颜色，便于区分不同选定对象的图层。对于包含选定对象的每个图层，【图层】面板都将以该图层的颜色显示一个方块，如图 4-34 所示。

　　在页面上，每个对象的选择手柄、外框、文本绕排边界（如果使用）、框架边缘（包括空图形框架所显示的 X）和隐藏字符中都将显示其图层的颜色。如果取消选择的框架边缘是隐藏的，则该框架不显示图层的颜色。设置图层颜色的方法如下。

- 在【图层】面板中，双击一个图层或者选择一个图层并在图层上单击鼠标右键，在弹出的快捷菜单中选择【"图层 n"的图层

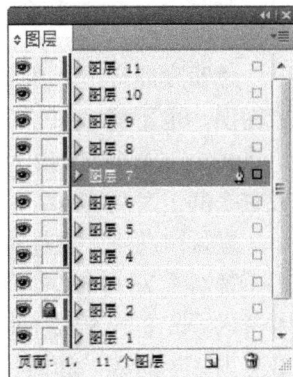

图 4-34 【图层】面板

选项】(n 为图层号，如 "图层 1")。

- 在【颜色】面板中，选择一种颜色，或选择【自定】命令，在系统拾色器中指定一种颜色。

4.4 对象效果

在 InDesign CS5 中，用户可以通过不同的方式在作品中加入透明效果。除此以外，还可以对对象添加投影，边缘羽化或者置入其他软件中制作的带有透明属性的原始文件。

选择【对象】>【效果】命令，可以看到对象的各种效果，如图 4-35 所示。

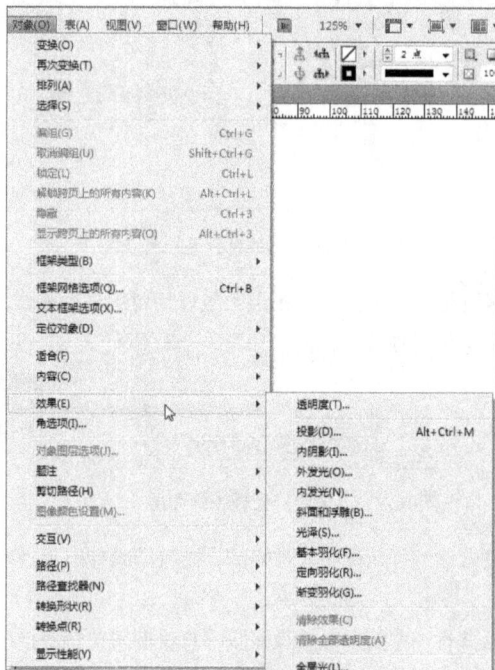

图 4-35 【对象】菜单项

4.4.1 透明度效果

使用【透明度】面板，可以指定对象的不透明度以及与其下方对象的混合方式，既可以选择对特定对象执行分离混合，也可以选择让对象挖空某个组中的对象，而不是与其混合。

透明度能应用于选定的若干对象和组（包括图形和文本框架），但不能应用于单个字符或图层，也不能对同一对象的填充色和描边运用不同的透明度值。不过，在默认情况下，选择其中一个对象或组，然后应用透明度设置，将会导致整个对象（包括描边和填充色）或整个群组发生变化。

默认情况下，创建对象或描边、应用填充色或输入文本时，这些项目显示为实底状态，即不透明度为 100%，可以通过多种方式使项目透明化。例如，将不透明度从 100%（完全不透明）改变到 50%（半透明），降低不透明度后，就可以透过对象、描边、填充色或文本看见下方的图稿，如图 4-36 所示。

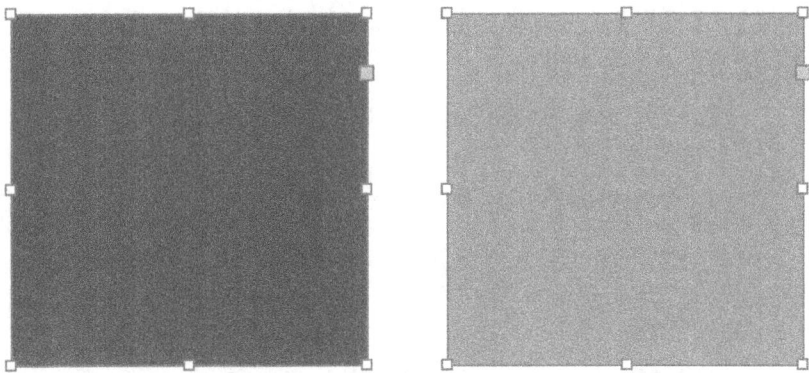

图 4-36　透明度效果

　　InDesign CS5 提供了 9 种对象效果，依次为投影、内阴影、外发光、内发光、斜面和浮雕、光泽、基本羽化、定向羽化、渐变羽化，效果如图 4-37 所示。

图 4-37　对象效果

1．投影

　　【投影】即在对象、描边、填充色或文本的后面添加阴影。使用投影效果可以创建三维阴影，可以让投影沿 X 轴或 Y 轴偏离，还可以改变混合模式、颜色、不透明度、距离、角度以及投影的大小。使用以下选项可以确定投影是如何与对象和透明效果相互作用的。

- 对象挖空阴影：对象显示在它所投射阴影的前面。
- 阴影接受其他效果：投影中包含其他透明效果。例如，如果对象的一侧被羽化，则可以使投影忽略羽化，以便阴影不会淡出，或者使阴影看上去已经羽化，就像对象被羽化一样。

　　单击控制面板中的【投影】按钮，可以将投影快速应用于对象、描边、填充色、文本或将其中的投影删除。

　　选择【对象】>【效果】>【投影】命令，或在对象上单击鼠标右键，在弹出的快捷菜单上选择【效果】>【投影】命令，弹出如图 4-38 所示的【效果】对话框，设置【X 位移】、【Y 位移】等，设置效果如图 4-39 所示。

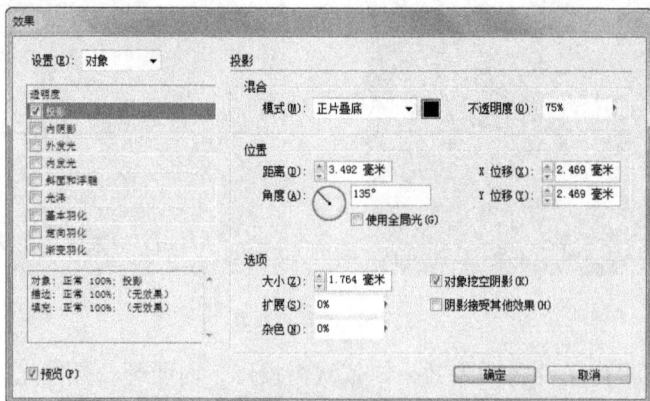

图 4-38　【效果】对话框

(a) X 轴调整　　　　　(b) Y 轴调整　　　　　(c) 全局光

图 4-39　投影效果

2．内阴影

在【效果】对话框中，选中左侧的【内阴影】复选框，右侧显示出【内阴影】的属性选项，如图 4-40 所示，可以为紧靠在对象、描边、填充色或文本的边缘内添加阴影，使其具有凹陷外观。

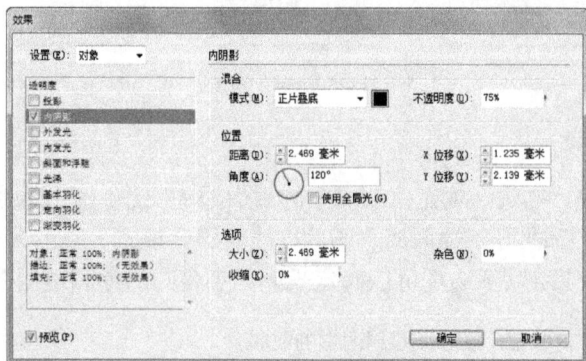

图 4-40　【内阴影】选项

内阴影效果将阴影置于对象内部，给人以对象凹陷的印象。此外，还可以让内阴影沿不同轴偏离，并可以改变混合模式、不透明度、距离、角度、大小、杂色和阴影的收缩量，效果如图 4-41 所示。

| (a) X 轴调整 | (b) Y 轴调整 | (c) 全局光 | (d) 杂色 |

图 4-41　内阴影效果

3. 外发光

【外发光】用于添加从对象、描边、填充色或文本的边缘外发射出来的光，外发光效果使光从对象下面发射出来。在【效果】对话框中，选中左侧的【外发光】复选框，右侧显示出【外发光】的属性选项，可以设置混合模式、不透明度、方法、杂色、大小和扩展，单击【确定】按钮，如图 4-42 所示。设置效果如图 4-43 所示。

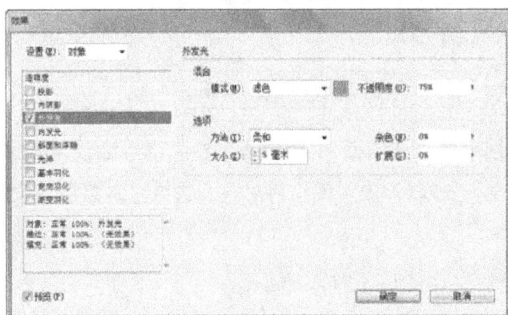

图4-42　【外发光】选项

图4-43　外发光效果

4. 内发光

【内发光】用于添加从对象、描边、填充色或文本的边缘内发射出来的光。选中【效果】对话框左侧的【内发光】复选框，在右侧显示出【内发光】的属性选项，可以选择混合模式、不透明度、方法、大小、杂色、收缩以及源设置。

在【选项】组的【源】下拉列表中指定发光源，选择"中"，使光从中间位置放射出来；选择"边缘"，使光从对象边界放射出来。当【内发光】（见图 4-44）时，对象效果如图 4-45 所示。

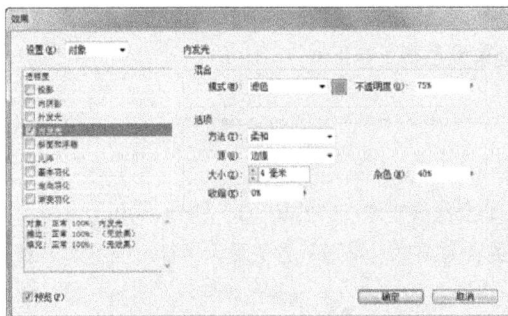

图4-44　【内发光】选项

图4-45　内发光效果

5. 斜面和浮雕

【斜面和浮雕】用于添加各种高亮和阴影的组合以使文本和图像具有三维外观，使用斜面和浮雕效果可以赋予对象逼真的三维外观。选中【效果】对话框左侧的【斜面和浮雕】复选框，右侧显示出【斜面和浮雕】的属性选项，如图 4-46 所示。

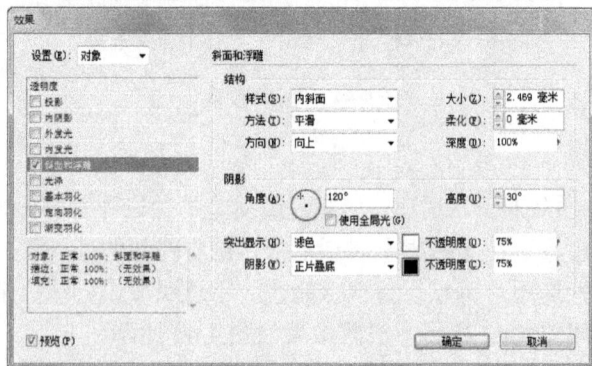

图 4-46　【斜面和浮雕】选项

【结构】选项组用于确定对象的大小和形状，其中各选项的含义如下。

- 样式：指定斜面样式。"外斜面"在对象的外部边缘创建斜面；"内斜面"在内部边缘创建斜面；"浮雕"模拟在底层对象上凸出另一对象的效果；"枕状浮雕"模拟将对象的边缘压入底层对象的效果，如图 4-47 所示。

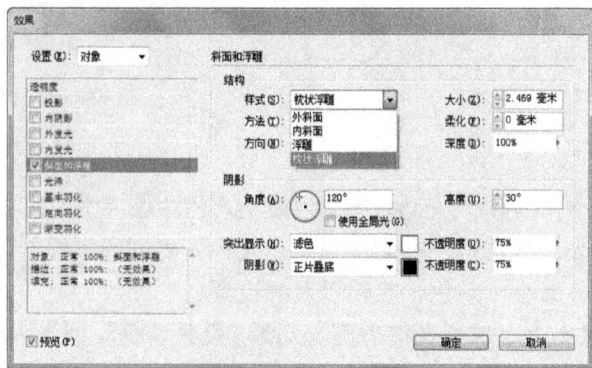

图 4-47　【样式】选项

- 大小：确定斜面或浮雕效果的大小。
- 方法：确定斜面或浮雕效果的边缘是如何与背景颜色相互作用的。

> **提 示**
>
> "平滑"方法稍微模糊边缘（对于较大尺寸的效果，不会保留非常详细的特写）；"雕刻柔和"方法也可模糊边缘，但与"平滑"方法不尽相同（它保留的特写要比"平滑"方法更为详细，但不如"雕刻清晰"方法）；"雕刻清晰"方法可以保留更清晰、更明显的边缘（它保留的特写比"平滑"或"雕刻柔和"方法更为详细）。

- 柔化：除了使用方法设置外，还可以使用柔化来模糊效果，以此减少不必要的人工效果和粗糙边缘。
- 方向：通过选择"向上"或"向下"，可将效果显示的位置上下移动。
- 深度：指定斜面或浮雕效果的深度。

【阴影】选项组用于确定光线与对象相互作用的方式。

- 角度和高度：设置光源的高度。值为 0°表示等同于底边；值为 90°表示在对象的正上方。
- 使用全局光：应用全局光源，是为所有透明效果指定的光源。选中此复选框将覆盖任何角度和高度设置。
- 阴影：指定斜面或浮雕高光和阴影的混合模式。

6. 光泽

【光泽】用于添加形成光滑光泽的内部阴影，使用光泽效果可以使对象具有流畅且光滑的光泽。在【效果】对话框的左侧选中【光泽】复选框，右侧显示出【光泽】的属性选项，可以选择混合模式、不透明度、角度、距离、大小以及是否反转颜色和透明度，如图 4-48 所示。

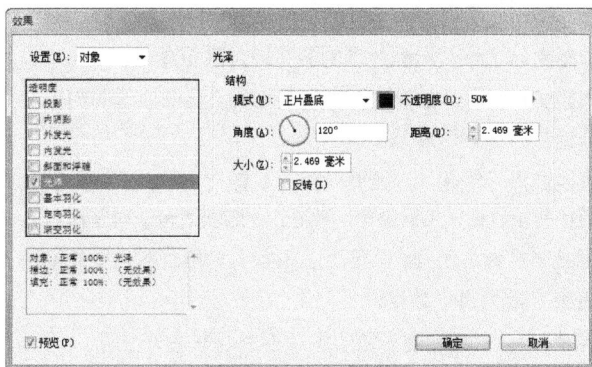

图 4-48 【光泽】选项

【反转】复选框可以反转对象的彩色区域与透明区域，反转效果如图 4-49 所示。

(a) 未反转 (b) 已反转

图 4-49 反转效果

7．基本羽化

使用【基本羽化】效果可按照用户指定的距离柔化（渐隐）对象的边缘。在【效果】对话框的左侧选中【基本羽化】复选框，右侧将显示出【基本羽化】的属性选项，如图4-50所示。

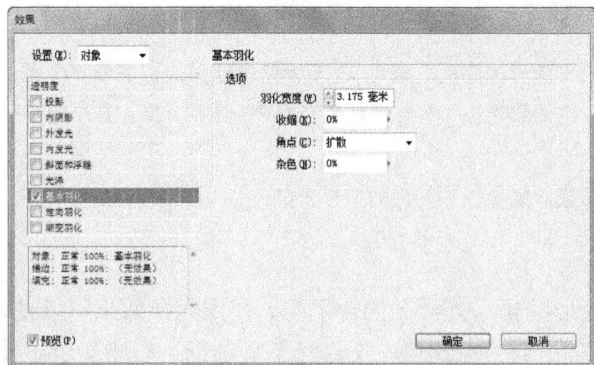

图 4-50　【基本羽化】选项

【基本羽化】选项组中各选项的含义如下。

- 羽化宽度：设置对象从不透明渐隐为透明需要经过的距离。
- 收缩：与【羽化宽度】设置一起确定将发光柔化为不透明或透明的程度；设置的值越大，不透明度越高；设置的值越小，透明度越高。
- 角点：在其中可以选择"锐化"、"圆角"或"扩散"，具体各项的功能如下。
  - ❖　锐化：沿形状的外边缘（包括尖角）渐变。此选项适合于对星形对象以及对矩形应用特殊效果。
  - ❖　圆角：按羽化半径修成圆角；实际上，形状先内陷，然后向外隆起，形成两个轮廓。此选项应用于矩形时可取得良好效果。
  - ❖　扩散：使用 Illustrator 方法使对象边缘从不透明渐隐为透明。
- 杂色：指定柔化发光中随机元素的数量。使用此项可以柔化发光，效果如图4-51所示。

（a）普通羽化　　　　　　　　　　　　　（b）运用杂色

图 4-51　杂色效果

8．定向羽化

【定向羽化】效果可使对象的边缘沿指定的方向渐隐为透明，从而实现边缘柔化。例如，可以将羽化应用于对象的上方或下方，而不是左侧或右侧。

在【效果】对话框的左侧选中【定向羽化】复选框，则在右侧显示出【定向羽化】的属性选项（见图 4-52），设置完成后单击【确定】按钮即可，其效果如图 4-53 所示。

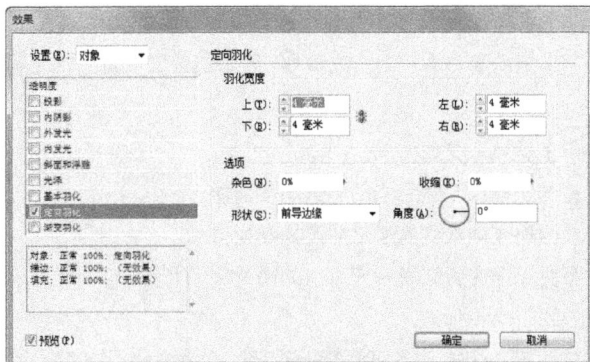

图4-52 【定向羽化】选项   图4-53 定向羽化效果

【定向羽化】选项组中各选项的含义如下。

- 羽化宽度：设置对象的上方、下方、左侧和右侧渐隐为透明的距离。单击【将所有设置设为相同】按钮，可以将对象的每一侧渐隐设置成相同的距离。
- 杂色：指定柔化发光中随机元素的数量。使用此选项可以创建柔和发光。
- 收缩：与【羽化宽度】设置一起确定发光不透明或透明的程度；设置的值越大，不透明度越高；设置的值越小，透明度越高。
- 形状：通过选择一个选项（"仅第一个边缘"、"前导边缘"或"所有边缘"）可以确定对象原始形状的界限。
- 角度：旋转羽化效果的参考框架，只要输入的值不是 90°的倍数，羽化的边缘就将倾斜，而不是与对象平行。

9．渐变羽化

使用【渐变羽化】效果可以使对象所在区域渐隐为透明，从而实现此区域的柔化。在【效果】对话框的左侧选中【渐变羽化】复选框，右侧显示出【渐变羽化】的属性选项，如图 4-54 所示。

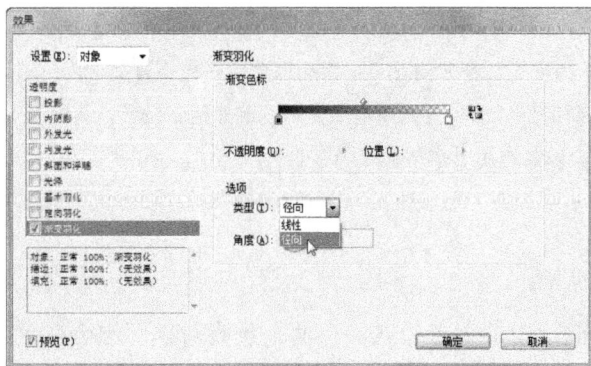

图 4-54 【渐变羽化】选项

其中，各选项的含义如下。

- 渐变色标：为每个要用于对象的透明度渐变创建一个渐变色标。
  - ❖ 要创建渐变色标，在渐变滑块下方单击（将渐变色标拖离滑块可以删除色标）。
  - ❖ 要调整色标的位置，将其向左或向右拖动，或者先选定色标，然后拖动位置滑块。
  - ❖ 要调整两个不透明度色标之间的中点，拖动渐变滑块上方的菱形。菱形的位置决定色标之间过渡的剧烈或渐进程度。
- 反向渐变：此项位于渐变滑块的右侧，用于反转渐变的方向。
- 不透明度：指定渐变点之间的透明度。先选定一点，然后拖动不透明度滑块。
- 位置：调整渐变色标的位置，用于在拖动滑块或输入测量值之前选择渐变色标。
- 类型：线性类型表示以直线方式从起始渐变点渐变到结束渐变点，如图4-55所示；径向类型表示以环绕方式的起始点渐变到结束点，如图4-56所示。
- 角度：对于线性渐变，用于确定渐变线的角度。例如，当取值为 90° 时，直线为水平走向；当取值为180° 时，直线为垂直走向。

图4-55　线性类型效果　　　　图4-56　径向类型效果

提 示

在不同效果中，许多透明效果设置和选项是相同的。【角度】和【高度】设置适用于投影、内阴影、斜面和浮雕、光泽和羽化效果；【混合模式】设置适用于投影、内阴影、外发光、内发光和光泽效果；【收缩】设置适用于内阴影、内发光和羽化效果；【距离】设置指定投影、内阴影或光泽效果的位移距离；【杂色】设置适用于投影、内阴影、外发光、内发光和羽化效果；【不透明度】设置适用于投影、内阴影、外发光、内发光、渐变羽化、斜面和浮雕以及光泽效果；【大小】设置适用于投影、内阴影、外发光、内发光和光泽效果；【使用全局光】设置适用于投影、斜面和浮雕以及内阴影效果；【X位移】和【Y位移】设置适用于投影和内阴影效果。

4.4.2　混合模式

使用【透明度】面板中的混合模式，在两个重叠对象间混合颜色。利用混合模式，可以更改上层对象与底层对象间颜色的混合方式。选择【对象】>【效果】>【透明度】命令，弹出【效果】对话框，选中左侧的【透明度】复选框，则右侧显示出【透明度】的属性选项，如图 4-57 所示。使用各种模式后的效果如图 4-58 所示。

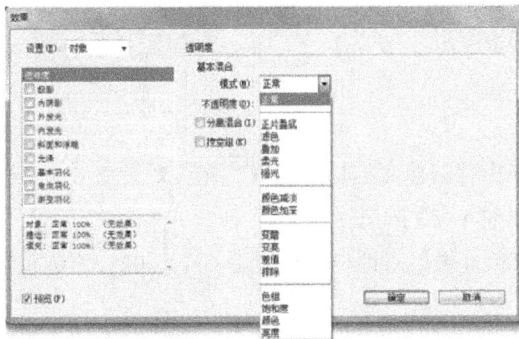

图4-57 【透明度】选项

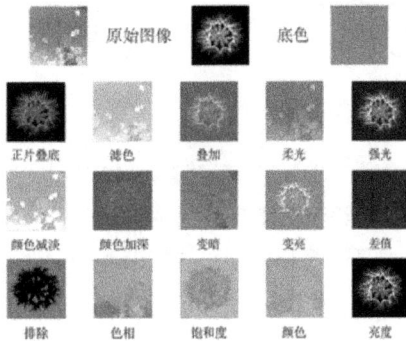

图4-58 各种模式效果

4.5 综合案例——制作养生小百科

本例将制作一个如图 4-59 所示的养生小百科版面。

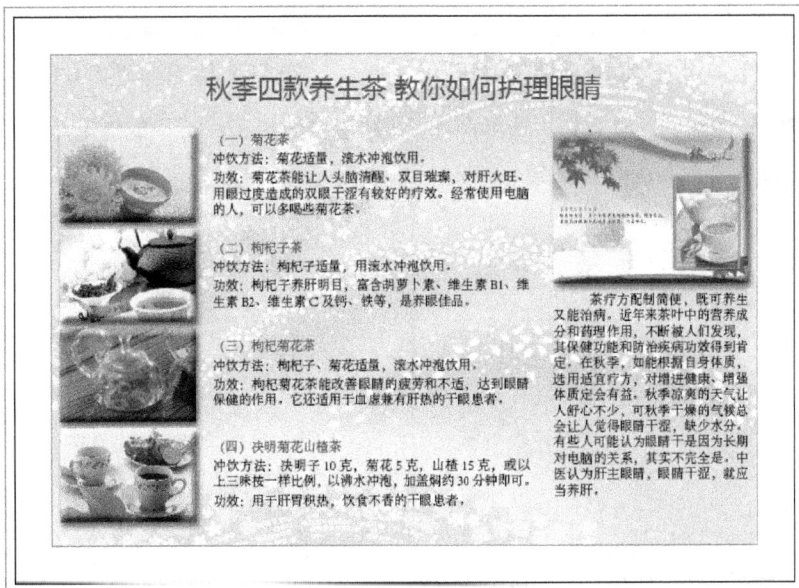

图 4-59 养生小百科最终效果

上机目的：

通过对本例的学习，用户将制作出内容丰富且具有投影效果的养生小百科版面，并对 InDesign 中的框架有更深一步的认识。

重点难点：

❖ 调整图片与框架之间的大小

❖ 运用【对齐】选项，调整框架间的距离

❖ 设置素材的投影等透明度效果

操作步骤

1. 基本设置

1 选择【文档】>【新建】>【文档】命令，弹出【新建文档】对话框，在该对话框中为【页面大小】选择 B5，【页面方向】选择"横向"，如图 4-60 所示。

2 单击【边距和分栏】按钮，弹出【新建边距和分栏】对话框，设置上、下、内、外边距均为 12mm，如图 4-61 所示。

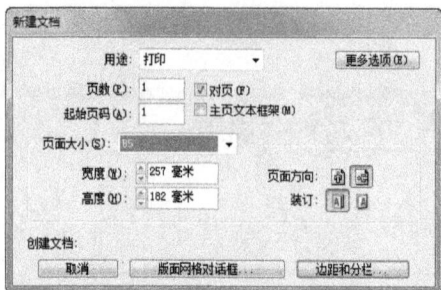

图4-60 【新建文档】对话框

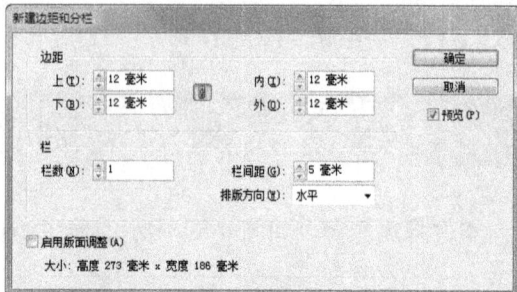

图4-61 【新建边距和分栏】对话框

3 单击【确定】按钮，此时文档页面如图 4-62 所示。选择工具箱中的【矩形框架工具】⊠，绘制一个与背景大小相同的矩形框架，如图 4-63 所示。

图4-62 文档页面

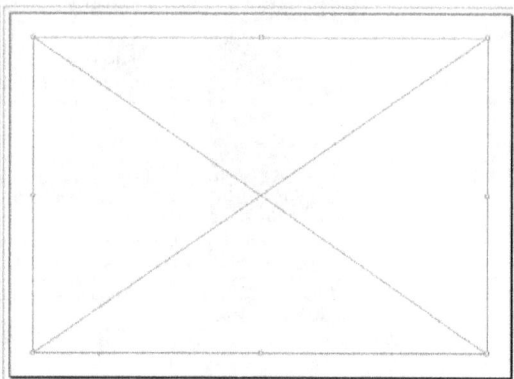

图4-63 矩形框架

2. 置入背景

1 选中文档页面上的矩形框架，选择【文件】>【置入】命令，置入"素材\Chapter 04\背景.jpg"文件，如图 4-64 所示。

2 选择工具箱中的【直接选择工具】，在置入的背景图片上单击右键，在弹出的快捷菜单中选择【适合】>【使内容适合框架】命令，效果如图 4-65 所示。

3 选择工具箱中的【直接选择工具】，在置入的背景图片上单击右键，在弹出的快捷菜单中选择【效果】>【透明度】命令，在打开的对话框中调整透明度值，将【不透明度】值调整为 40%（见图 4-66），效果如图 4-67 所示。

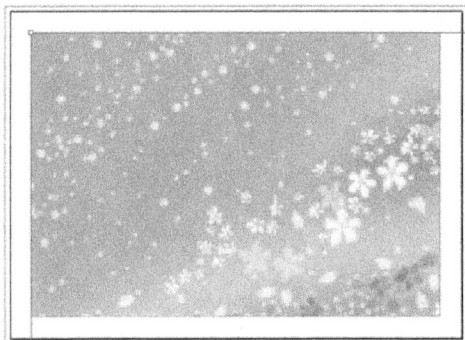

图4-64　置入图片

图4-65　【使内容适合框架】效果

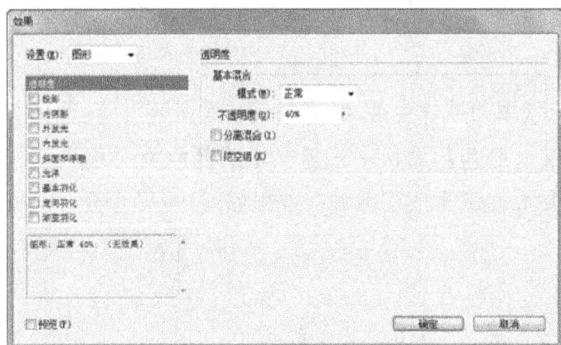

图4-66　【透明度】选项

图4-67　透明度效果

3．绘制框架

1 选择工具箱中的【矩形框架工具】⊠，在文档中绘制一个框架，在【属性】面板中设置其宽度和高度分别为 45mm 和 30mm，并设置其 X 值和 Y 值分别为 15mm 和 36mm，如图 4-68 所示。

2 选择工具箱中的【选择工具】，选中框架，在按住【Alt】键的同时拖动框架，复制 3 个同样大小的矩形框架。在【对齐】面板中单击【左对齐】按钮和【垂直分布间距】按钮，将其进行对齐调整，如图 4-69 所示。

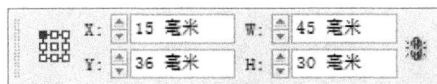

图4-68　【属性】面板

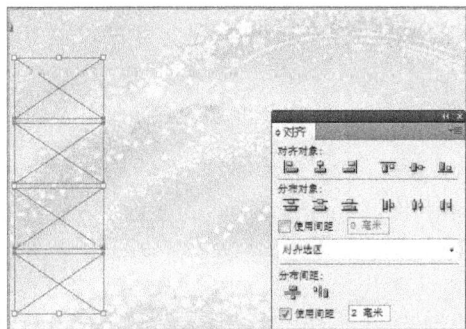

图4-69　【对齐】选项

3 选择工具箱中的【矩形框架工具】⊠，在文档的右侧绘制一个矩形框架，在【属性】面板中设置其宽度和高度分别为 64.6mm 和 48.45 mm，并设置其 X 值和 Y 值分别为 177.4mm 和

37.5mm，如图 4-70 所示。

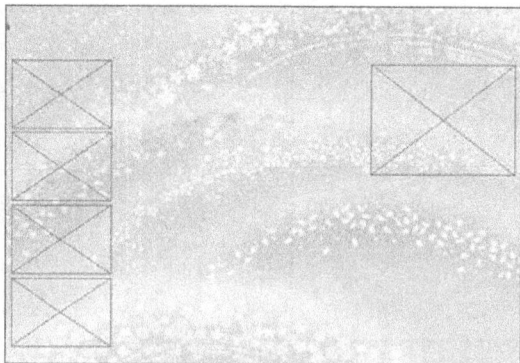

图 4-70　绘制右侧的矩形框架

4．输入文字

1 选择工具箱中的【文字工具】，输入文本"秋季四款养生茶 教你如何护理眼睛"，设置其字体为"微软雅黑"、字号为 24。选中文本，在【颜色】面板中设置文本的颜色为"玫瑰红"（C25，M100，Y26，K0），如图 4-71 所示；调整文本在页面顶部位置，效果如图 4-72 所示。

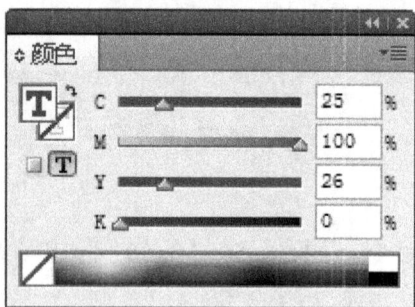

图4-71　【颜色】面板

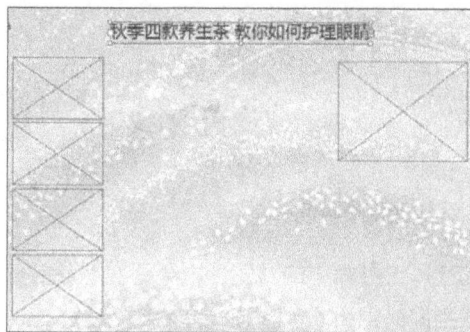

图4-72　添加文本后的效果

2 选择工具箱中的【文本框架】，选择【文件】>【置入】命令，分别置入"素材\Chapter 04\菊花茶.txt、枸杞子茶.txt、枸杞菊花茶.txt、决明菊花山楂茶.txt、秋季养生.txt"5 个文档，将置入的文本放置在如图 4-73 所示的位置上。

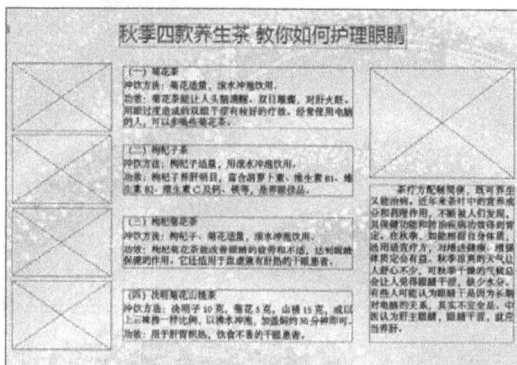

图 4-73　置入文本后的效果

3 设置各段文字的字体为"宋体"、字号为 12、颜色为"黑色"。分别选中文字"(一)菊花茶"、"(二)枸杞子茶"、"(三)枸杞菊花茶"、"(四)决明菊花山楂茶",在【颜色】面板中设置文字颜色为"红色"(C20,M100,Y100,K0),如图 4-74 所示。设置文本后的效果如图 4-75 所示。

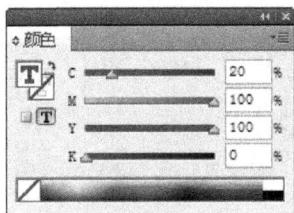

图4-74 【颜色】面板

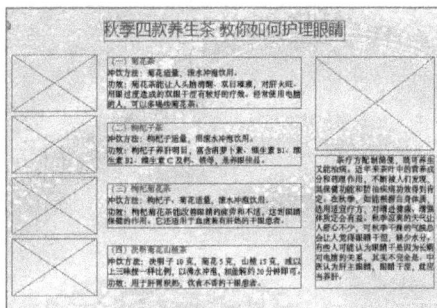

图4-75 设置文本后的效果

5. 置入图片

1 依次选择矩形框架,选择【文件】>【置入】命令,分别置入"素材\Chapter 04\菊花茶.jpg、枸杞子茶.jpg、枸杞菊花茶.jpg、决明菊花山楂茶.jpg、秋季养生.jpg"。

2 使用【直接选择工具】 选中所有图片,单击鼠标右键,在弹出的快捷菜单选择【适合】>【使内容适合框架】命令,如图 4-76 所示。为使图片更显清晰,选中图片,单击鼠标右键,在快捷菜单中选择【显示性能】>【高品质显示】命令,如图 4-77 所示。

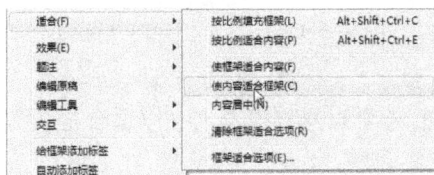

图4-76 【使内容适合框架】命令

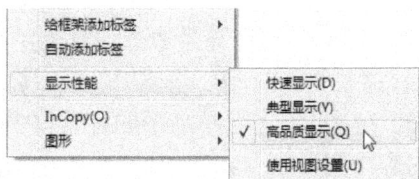

图4-77 【显示性能】选项

3 选中所有图片,单击鼠标右键,在弹出的快捷菜单中选择【效果】>【投影】命令,弹出【效果】对话框,在该对话框的左侧选中【投影】复选框,在右侧设置【投影】各选项的参数,如图 4-78 所示。

4 在【效果】对话框的左侧选中【斜面和浮雕】复选框,在右侧设置【斜面和浮雕】选项的参数,如图 4-79 所示。设置投影及斜面和浮雕后的效果如图 4-80 所示。

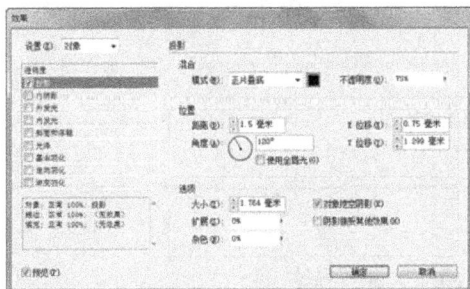

图4-78 【投影】选项

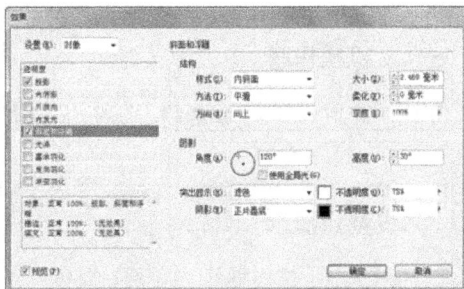

图4-79 【斜面和浮雕】选项

97

5 至此，完成养生小百科的版面制作。按【Ctrl+S】组合键保存该文档，并选中【预览】复选框，预览其效果，如图 4-81 所示。

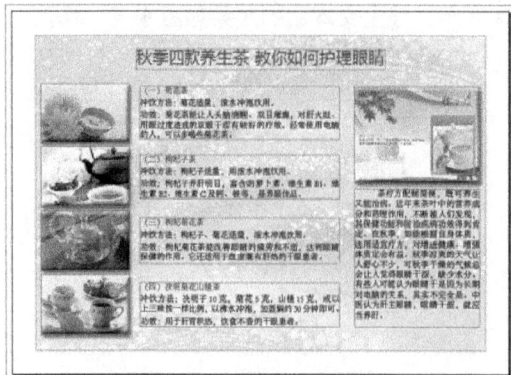

图4-80 设置图片效果   图4-81 预览效果

4.6 习题与上机

一、选择题

（1）指定了内容为文本的框架或者已经填入了文本的对象称为（   ）。

A．路径   B．框架   C．文本框架   D．图形框架

（2）（   ）可以充当边框和背景，并对图形进行裁切或蒙版。

A．路径   B．框架   C．文本框架   D．图形框架

（3）在【适合】菜单项下的各选项中，（   ）选项为调整内容大小以适合框架并允许更改内容比例。

A．按比例填充框架   B．按比例适合内容

C．使框架适合内容   D．使内容适合框架

二、填空题

（1）在 InDesign CS5 中提供了两种类型的文本框架，即_____和_____。

（2）使用_____面板，可以指定对象的不透明度以及与其下方对象的混合方式。

（3）在 InDesign CS5 中提供了 9 种对象效果，依次为_____、_____、_____、_____、_____、_____、_____、_____和_____。

三、上机操作题

（1）在互联网上搜集素材，设计一张广告宣传海报。

知识要点提示

本海报涉及图形、文本框架、【图层】面板、透明度效果、对象效果等。

（2）绘制如图 4-82 所示的报纸版面效果。

图 4-82　报纸版面

Chapter 05 使用文本

文字是版面设计中的一个核心部分，辅助步骤均是为衬托文字，让其更好地展现而服务的，因此在版面设计过程中要把文字的视觉传达放在首位。本章将主要对【文字工具】的使用方法与使用技巧等内容进行介绍。

学习目标

- 熟练掌握【文字工具】的使用
- 理解文字在版面设计中表达的含义
- 掌握排版技巧以突出版面的特点

5.1 创建文本

文字是一本书籍设计中的核心部分。本节介绍如何把文字放置到版面中，如何调整文字的分布并使其与其他版面中的素材协调一致。

5.1.1 使用文字工具

文字是构成书籍版面的核心元素。由于文字字体的视觉差别，因此就产生了多种不同的表现手法和形象。下面通过文字工具的框架来把文字放置到版面中。

首先单击工具栏中的【文字工具】，在弹出的工具组中可选择【文字工具】、【直排文字工具】、【路径文字工具】、【垂直路径文字工具】，如图 5-1 所示。当鼠标指针变为文字工具形状后，按住鼠标左键不放并拖动，便可创建出一个文本框，如图 5-2 所示。

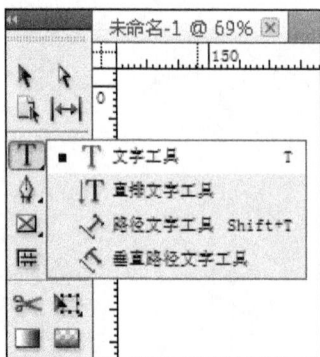

图5-1 【文字工具】选项

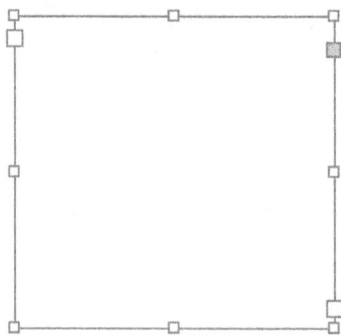

图5-2 文本框

要更改文本框的各项属性，可以选择【对象】>【文本框架选项】命令，随后在打开的对话框中设置文本框架的"分栏"、"栏间距"、"内边距"、"文本绕排"等，如图 5-3 所示。选择【基线选项】选项卡，可以对"首行基线"与"基线网格"进行相应的设置，如图 5-4 所示。

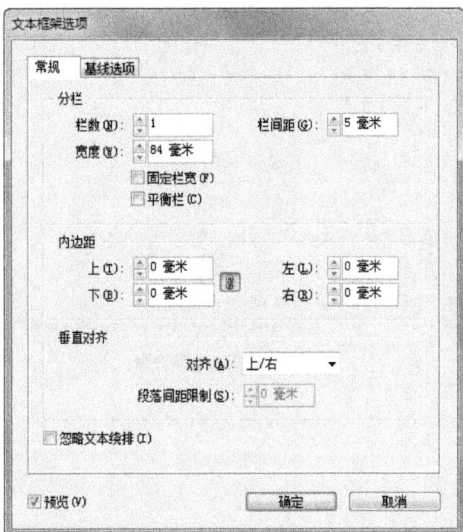

图5-3　文本框架常规属性

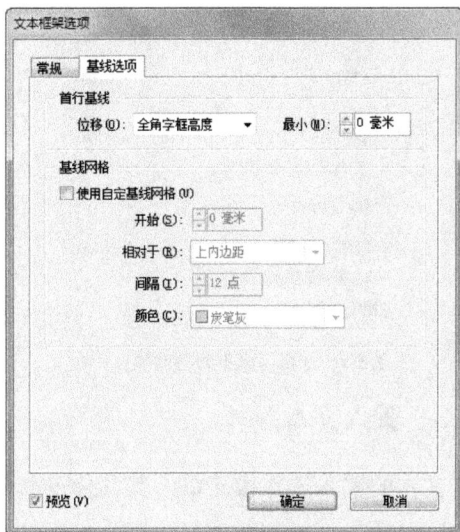

图5-4　【基线选项】选项卡属性

5.1.2　使用网格工具

由于汉字的特点因而在排版中出现了【网格工具】，使用它可以很方便地确定字符的大小及其内间距。其使用方法和纯文本工具大体相同，具体介绍如下。

首先单击【水平网格工具】或【垂直网格工具】，如图 5-5 所示。待鼠标光标发生变化后，在编辑区中单击并拖出文本框即可，如图 5-6 所示。

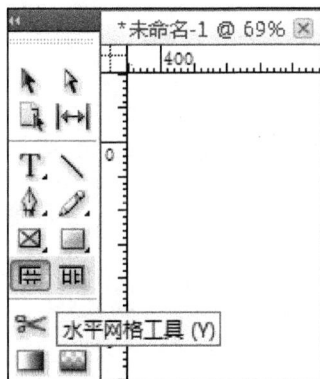

图5-5　网格工具

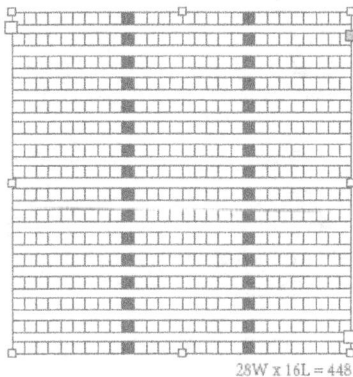

图5-6　用网格工具绘制文本框

若要调整网格工具的各项属性，可以参照纯文本工具的属性更改方法，选择【对象】>【框架网格选项】命令，如图 5-7 所示；在弹出的对话框中可以对所要置入文字的字体、字号、字间距、对齐方式、视图选项、行与栏数进行相应的设置，如图 5-8 所示。

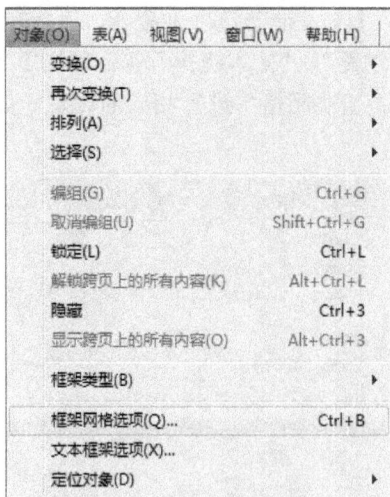

<table>
<tr><td>图5-7 选择【框架网格选项】命令</td><td>图5-8 框架网格设置</td></tr>
</table>

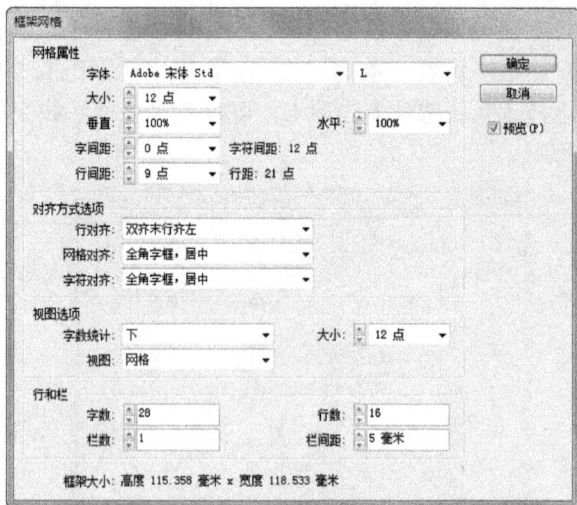

5.1.3 置入文本

文本的置入操作很简单，其具体操作步骤如下。

1 选择【文件】>【置入】命令（快捷键为【Ctrl+D】），如图 5-9 所示。打开【置入】对话框，从中选择"素材\Chapter 05\文字 1.txt"文档，单击【打开】按钮，如图 5-10 所示。

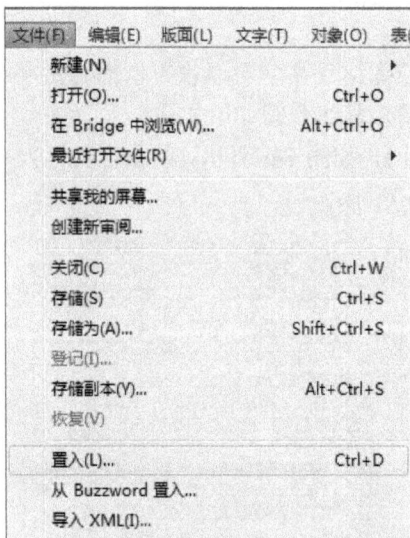

图5-9 选择【置入】命令　　图5-10 打开文档

2 在页面中按住鼠标左键不放，并拖动鼠标绘制文本框，在字符中设置文字各项参数，如图 5-11 所示。

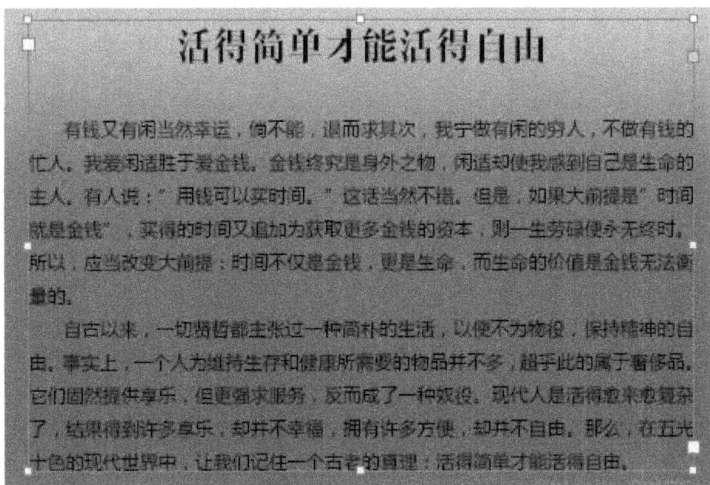

图 5-11　置入文字

5.2　设置文本格式

文本格式包括字号、字体、字间距、行距、文本缩进、段首大字等文字与段落之间的各项属性。通过调整文字之间的距离、行与行之间的距离，可以达到整体的美观。通过调整文本格式，可以实现文字段落的搭配与构图，以满足排版需要。

5.2.1　设置文字

在 InDesign CS5 中，用户可以根据需要设置文本的字体、字色、行距、垂直缩放、水平缩放、对齐方式、缩进距离等各项参数。

在置入文本后，使用【文字工具】选中置入文本，如图 5-12 所示。将鼠标指针移动到顶部控制栏，可以对字体与字号进行直接输入设置，如图 5-13 所示；还可以在字体与字号后面分别单击下三角按钮，在弹出的下拉列表中选择字体与字号。

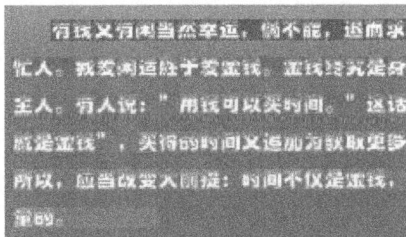

图5-12　选中文本

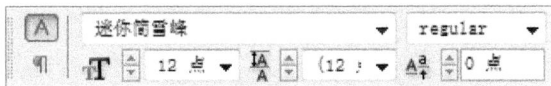

图5-13　设置字体与字号

在工具栏中双击【文字填充工具】，可对字体颜色做相应的调整，如图 5-14 所示。单击【描边颜色工具】，再次双击可对描边的颜色进行设置，如图 5-15 所示。用户还可以利用【描边】或【颜色】面板设置文本描边与填充颜色，如图 5-16 所示。

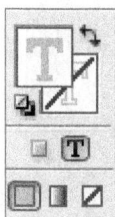

图 5-14 填充色

图 5-15 描边色

图 5-16 【描边】面板

5.2.2 设置段落文本

设置段落属性是文字排版的基础工作，正文中的段首缩进、文本的对齐方式、标题的控制均需在设置段落文本中实现。使用工具栏中的工具进行自由设置，也可在【文字】菜单中进行段落格式的设置。

1 使用【文字工具】选中文字，在顶部菜单栏中单击 按钮，切换到段落文本设置窗口，从中进行相应的设置，如图 5-17 所示。

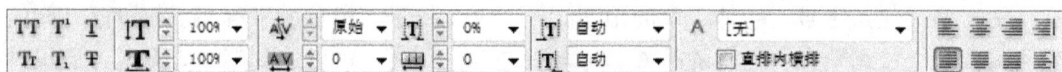

图 5-17 段落文本设置

2 选择【窗口】>【文字和表】>【段落】命令（见图 5-18），调出【段落】面板，对段落的各选项进行设置，如图 5-19 所示。

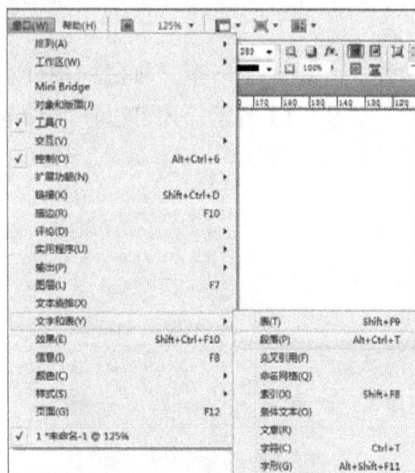

图5-18 选择【段落】命令

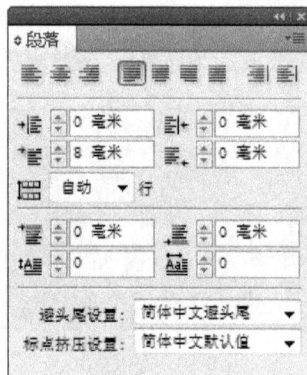

图5-19 【段落】面板

3 设置文本的对齐方式，包括【左对齐】、【居中对齐】、【右对齐】、【双齐末行齐左】、【双齐末行居中】、【双齐末行齐右】、【全部强制双齐】、【朝向书脊对齐】、【背向书脊对齐】，如图 5-20 所示。

4 设置文本段落缩进，包括【左缩进】、【右缩进】、【首行左缩进】、【末行右缩进】、【强制行数】，缩进长度均以"毫米"为单位，如图 5-21 所示。

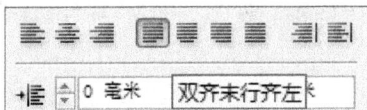

图5-20　文本对齐方式

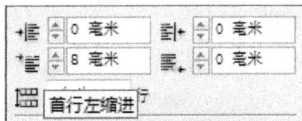

图5-21　文本段落缩进

5 设置文本的段前与段后间距、段首字下沉行数、段首字下沉字数。使用鼠标单击上下箭头调整段落样式，如图 5-22 所示；段前后间距的调整影响段与段之间的距离，效果如图 5-23 所示。

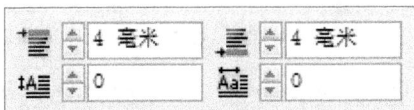

图5-22　段落样式设置

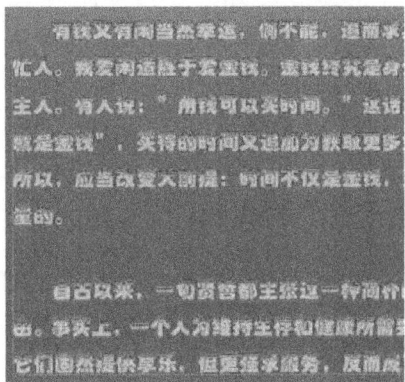

图5-23　段前间距调整效果

6 段首字下沉是使一段文字开头比第一行的基线低一行或多行，使用【文字工具】单击文本框，对段落进行设置，如图 5-24 所示。单击上下箭头按钮，调整下沉的行数及下沉的字数，效果如图 5-25 所示。

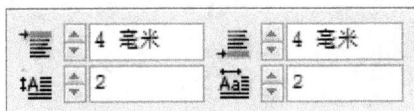

图5-24　段首下沉设置

图5-25　段首字下沉效果

7 使用项目符号和编号会使文本的阅读与理解更明了、清晰。项目符号列表中的开头会出现一个项目符号的字符；在编号列表中项目的各项内容开头均会出现编号。在【段落】面板中单击按钮（见图 5-26），在弹出的下拉菜单中选择【项目符号和编号】命令，如图 5-27 所示。

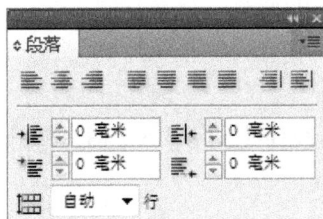

图5-26　【段落】面板

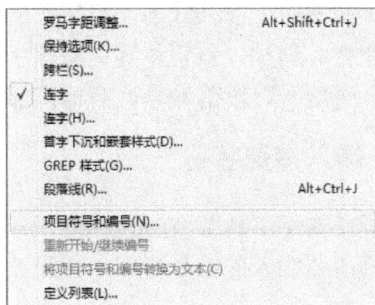

图5-27　选择【项目符号和编号】命令

8 在弹出的对话框中打开【列表类型】下拉列表，选择"项目符号"，对项目符号的各项参数进行设置，如图 5-28 所示。在【列表类型】下拉列表中选择"编号"，可对编号的各项参数进行设置，如图 5-29 所示。

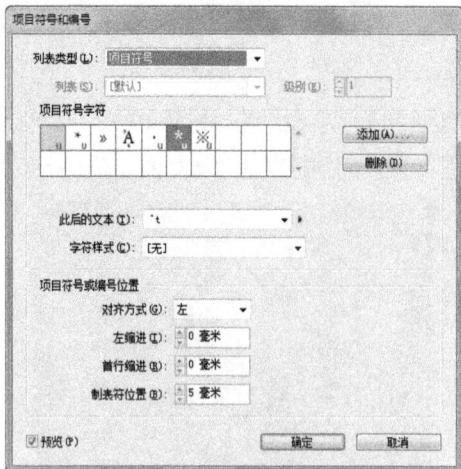

图5-28 项目符号设置　　　　　　　　　　　图5-29 编号设置

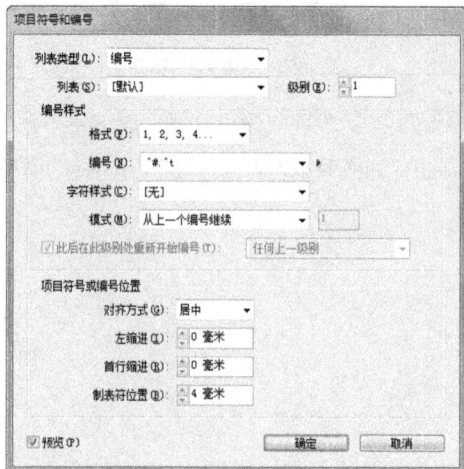

9 设置项目符号与编号的各项参数后，使用【文字工具】选中文本，在【属性】面板中单击【项目符号列表】或【编号列表】按钮（见图 5-30），文本便会根据每行的换行符自行编号，如图 5-31 所示。

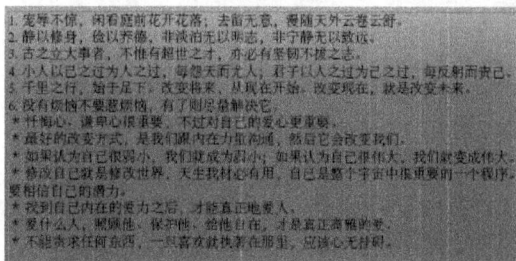

图5-30 列表按钮　　　　　　　　　　　图5-31 设置编号后的效果

5.3　字形和特殊字符

字体是具有变换样式的一组字符的完整集合；字形就是字体集合中的字符变体，包括常规、粗体、斜体、斜粗体等；特殊字符就是在平时文字编辑中不常使用的字符，包括版权符号、省略号、段落符号、商标符号等。

5.3.1　插入特殊字符

选择【文字工具】，在所要插入字符的位置单击，选择【文字】>【插入特殊字符】命令，选择所要插入的符号即可，如图 5-32 所示。

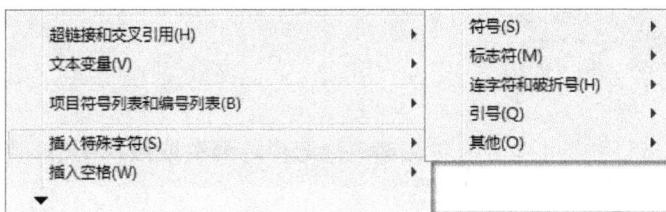

图 5-32 【插入特殊字符】下拉菜单

5.3.2 插入空格字符

在文本中插入不同的空格字符可以达到不同的效果。选择【文字工具】，将光标定位在要插入的位置，选择【文字】>【插入空格】命令，在下拉菜单中选择所需的空格字符，如图 5-33 所示。

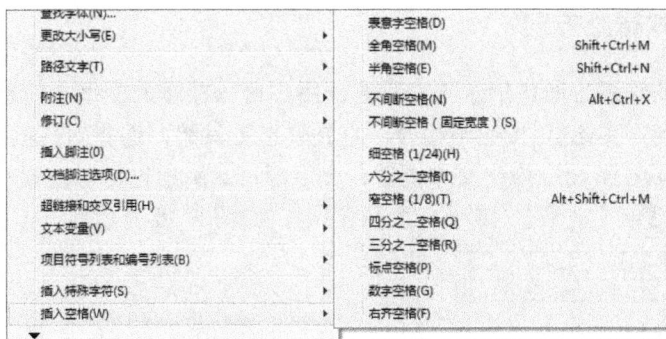

图 5-33 空格字符

5.3.3 插入分隔符

在文本中插入分隔符，可对分栏、框架、页面进行分隔。选择【文字工具】，将光标定位在所要插入分隔符的位置，选择【文字】>【插入分隔符】命令，随后在下拉菜单中选择所要插入的分隔符即可，如图 5-34 所示。

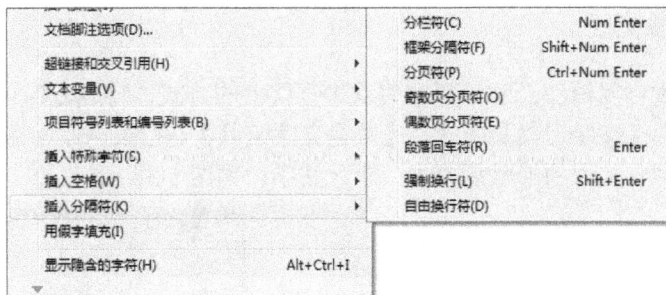

图 5-34 插入分隔符

【分栏符】可以将文本排入到下一栏中；【框架分隔符】可以使文本排入到串联的下一个文本框架中；【分页符】可以使文本排入到串联的下一个页面中；所谓奇、偶页分页符，是奇数页对应奇数页，偶数页对应偶数页的排入；【段落回车符】可以使文本隔段排入；【强制换行】可以在任意位置强制字符换行。

5.4　编辑文本

在 InDesign CS5 中，可以自由对文本进行选择，编辑或插入空格、特殊字符、分隔符号、占位符文本，使用文本编辑器设置等。

5.4.1　选择文本

首先选择【文字工具】，当光标变形后，在文本框中拖动鼠标，鼠标经过位置的字符、单词或文本块就会被选中。

在文字中，双击鼠标，将会选中同一字符中相邻的汉字；单击 3 次，将会选中文字所在的整个段落；单击 5 次则会全选整个文本。

5.4.2　设置文本排版方向

通常，文本的排版方向包括水平和垂直。用户可以在排入文字之前选用对应的排版工具来确定排版方向，单击按钮不松开，直到弹出工具组，选择对应的【文字工具】，如图 5-35 所示，随后在页面中拖出文本框置入文字即可。用户也可以在置入文本后选择【文字】>【排版方向】>【水平】（或【垂直】）命令，如图 5-36 所示。

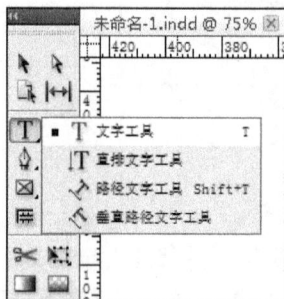

图5-35　文字工具

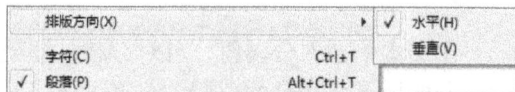

图5-36　排版方向

5.4.3　调整路径文字

路径文字即指可以沿着任意形状的边缘进行排列的方式，排版方向可以是水平的，也可以是垂直的。在【文字工具】中选择【路径文字工具】（见图 5-37），移动鼠标到图形边缘，待光标变为带有加号的形状后单击，输入文字，如图 5-38 所示。

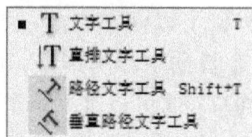

图5-37　路径文字工具

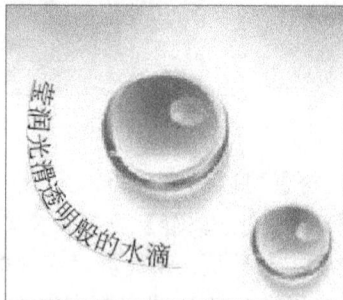

图5-38　路径文字效果

调整路径文字的参数，选择【文字】>【路径文字】>【选项】命令，如图 5-39 所示。在弹出的对话框中可以调整路径文字的效果、对齐方式等属性，设置好各项效果后，单击【确定】按钮，如图 5-40 所示。

图5-39 选择【路径文字】命令

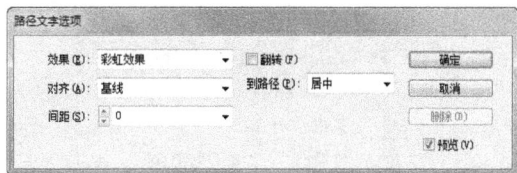

图5-40 【路径文字选项】对话框

5.4.4 文本转换为路径

使用【文字工具】选中文字，选择【文字】>【创建轮廓】命令，如图 5-41 所示。在工具箱中选择【直接选择工具】，单击文本便可看到文字的路径外框，如图 5-42 所示。此时，可以使用【钢笔工具】对文字的各个锚点进行自由调整。

图5-41 选择【创建轮廓】命令

图5-42 文本路径

5.4.5 设置文字颜色或渐变

在 InDesign 中，可以通过【颜色】面板设置文字的颜色，并通过【渐变】面板设置文字的渐变色。

1．设置纯色文本

首先使用【文字工具】选中所要变换颜色的文字，然后选择工具箱中的【填充色工具】，如图 5-43 所示。双击进入到【拾色器】对话框，对字体颜色进行设置。或选择【窗口】>【颜色】命令，调出【颜色】面板进行设置，如图 5-44 所示。

图5-43 选择【填充色工具】

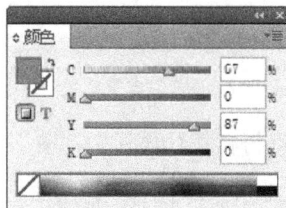

图5-44 【颜色】面板

2．对字符添加渐变色

选择【窗口】>【渐变】命令，调出【渐变】面板，如图 5-45 所示。单击打开【类型】下拉列表可选择"线性"渐变或"径向"渐变，也可以对渐变色的角度做调整。单击【渐变】面板中的按钮，在【颜色】面板中进行调整，如图 5-46 所示。单击某色标，拖动到面板之外可删除此颜色，在色条下方的两个 █ 色标之间任何位置单击，均可添加一个新的颜色数值，从而为渐变色添加新的过渡。

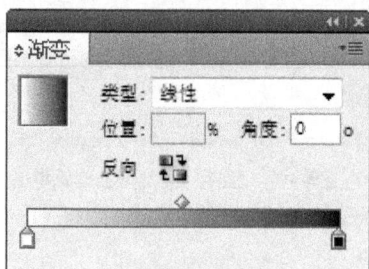

图5-45 【渐变】面板

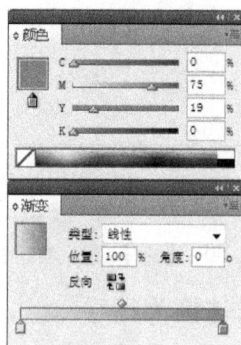

图5-46 渐变色彩调整

5.4.6 复制文本属性

在 InDesign CS5 中，可以很方便地为已经设置好的文字创建样式，复制其所带有的属性，在后面的文字设置中可以直接使用已保存好的样式，不必再逐一设置，这样便节省了很多时间。尤其在书籍的排版中，这一操作尤为重要。

下面将介绍创建字符样式和段落样式的具体操作步骤。

1 使用【文字工具】选中一段预先设置好属性的文字，选择【文字】>【字符样式】命令，如图 5-47 所示。或选择【窗口】>【文字和表】>【字符样式】命令，调出【字符样式】面板，如图 5-48 所示。

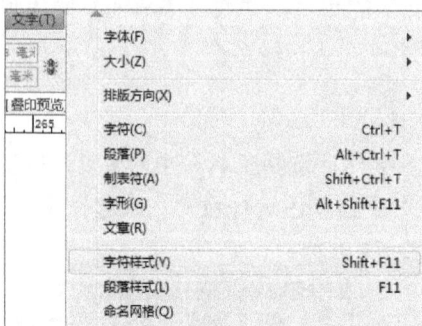

图5-47 选择【字符样式】命令

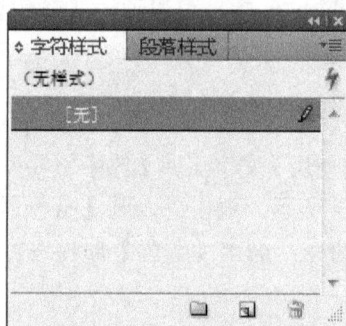

图5-48 【字符样式】面板

2 单击【字符样式】面板中的 █ 按钮，创建一个新的样式，如图 5-49 所示。双击"字符样式1"，进入【字符样式选项】对话框，其中基本整合了全部的文字属性，用户可以对文本的各个方面进行相应的设置，如图 5-50 所示。设置各选项参数后，单击【确定】按钮完成修改。

3 使用文字属性的时候，先要选中需要应用样式的字符，在【字符样式】面板中单击所需样式的标题，即可将预设属性应用到文本上，如图 5-51 所示。

4 复制保存文本段落的属性，基本操作步骤和字符样式的操作步骤大同小异。选择【文字】>【段落样式】命令，或选择【窗口】>【文字和表】>【段落样式】命令，调出【段落样式】面板，如图 5-52 所示。

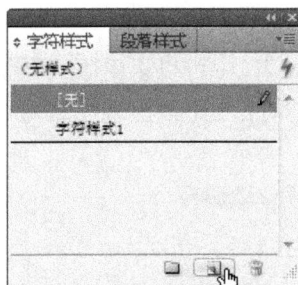

图5-49　创建新样式

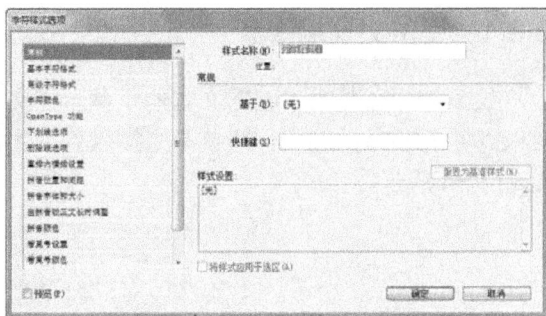

图5-50　字符样式设置

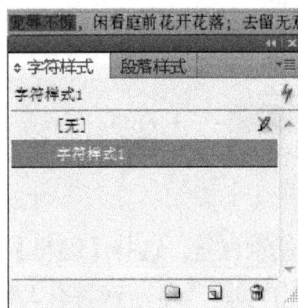

图5-51　应用字符样式

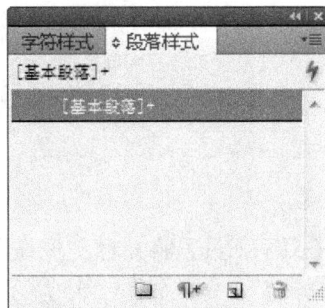

图5-52　【段落样式】面板

5 新建样式后，双击标题进行属性设置，段落样式选项中也整合了全部文本段落的属性，可逐一进行调整设置，设置好后单击【确定】按钮，如图 5-53 所示。应用属性的时候，只需用【文字工具】单击所要调整的文本段落，然后在【段落样式】面板中选中样式。

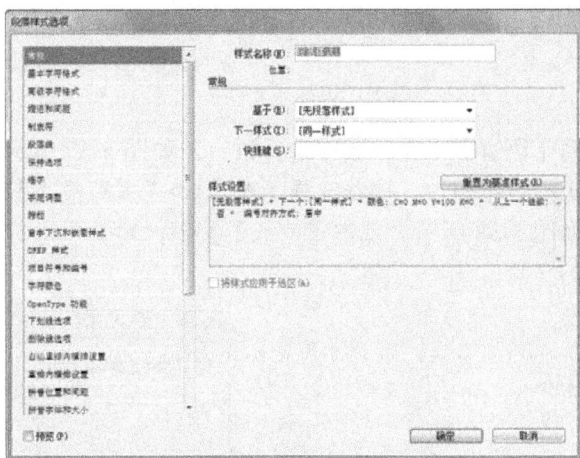

图 5-53　【段落样式选项】对话框

5.5　文章编辑和检查

在 InDesign CS5 中，用户对文章可以自由地进行选择、修改、编辑、插入特殊字符等，进行拼写检查等。

5.5.1 使用文章编辑器

文章编辑器是用来编辑文本的工具。在文章编辑器窗口中可以不受版式框架的影响而对文本进行整体的编辑，即使是未排入到文本框内的文字依然可以出现在编辑器窗口内，如图 5-54 所示。

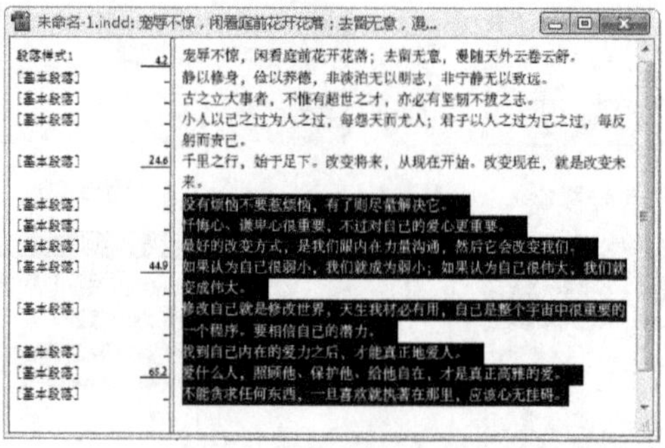

图 5-54 文章编辑器

使用【文字工具】将光标定位在所要编辑文本中的任意位置，选择【编辑】>【在文章编辑器中编辑】命令，如图 5-55 所示。在【视图】菜单中选择【文章编辑器】命令，可以设置文章编辑器的窗口样式，如图 5-56 所示。

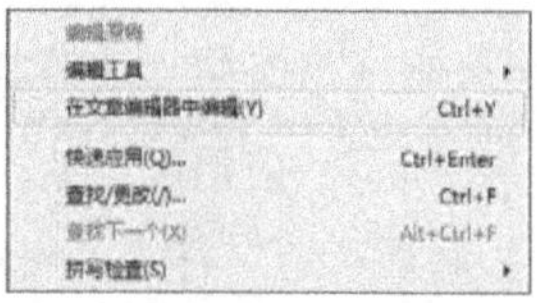

图5-55 切换文章编辑器

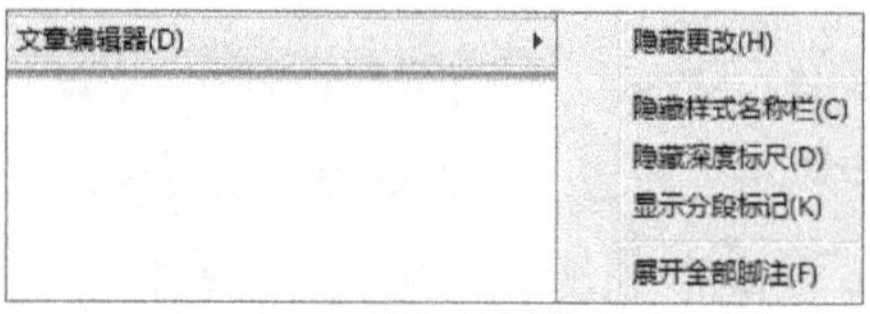

图5-56 选择【文章编辑器】命令

5.5.2 拼写检查

在【字符】面板的【语言】下拉列表中选择语言，如图 5-57 所示。使用【文字工具】在所要检查的文本开头处单击定位，接着选择【编辑】>【拼写检查】>【拼写检查】命令，进行文本拼写检查，如图 5-58 所示。单击【开始】按钮，对文本进行检查，在【校正为】对话框中选择要更改的字符。

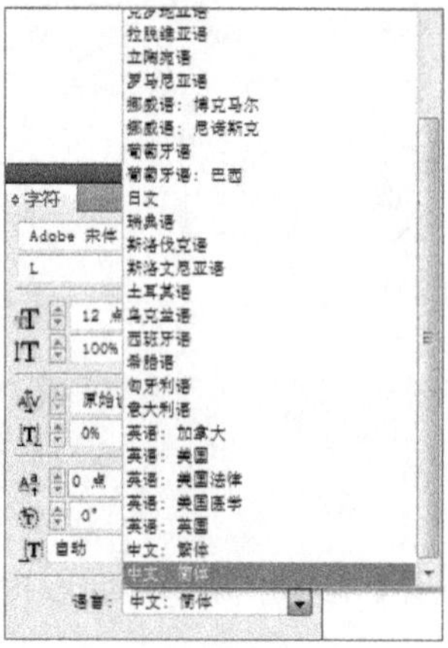

图5-57 选择文本语言

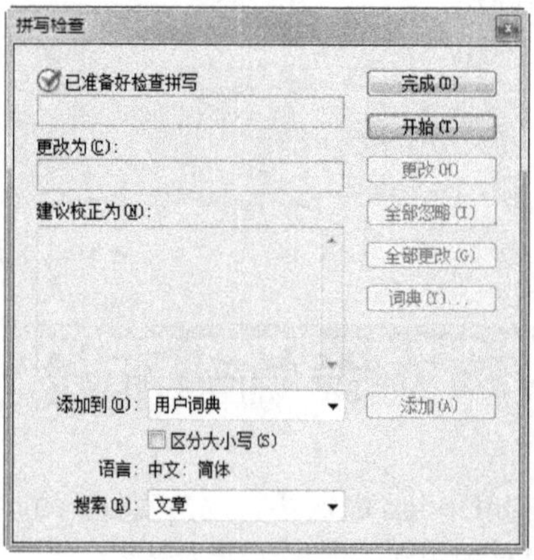

图5-58 【拼写检查】对话框

5.5.3　查找和更改

查找和更改文本在编辑过程中是常见的操作，使用【查找】可以快速地在文本中定位字符，而【更改】则可以使文档中的相同字符同时被替换，在大篇幅的文章修改中使用这项操作可以提高效率并确保精准。

选择【编辑】>【查找/更改】命令，弹出【查找/更改】对话框，如图 5-59 所示。在【查找内容】文本框内输入需要查找的字符；在【更改为】文本框中输入需要替换后的字符；在【搜索】下拉列表中选择查找的范围。

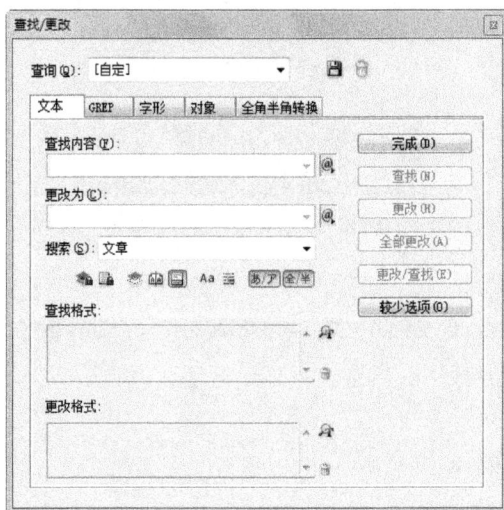

图 5-59　【查找/更改】对话框

设置好范围后，输入查找字符与更改字符，单击【查找】按钮，然后单击【全部更改】按钮，最后单击【完成】按钮即可。在【查找格式】文本框右侧单击 ，选择字符与段落的各种格式，均可进行查找/更改操作。

提 示

【搜索】下拉列表下方的按钮均是确定范围的各种选项，从左到右依次为：查找包括锁定图层中的内容（不可更改）、查找包括锁定文章中的内容（不可更改）、查找/更改包括隐藏图层中的内容、查找/更改包括脚注中的内容、查找/更改包括主页中的内容、查找/更改将区分大/小写字符、查找/更改将区分罗马单词的组成部分、查找/更改将区分日文中的假名、查找/更改将区分全角/半角字符。鼠标滑过时，在按钮下方会出现按钮名称，可以很明了地看清按钮所起的作用。

5.6　综合案例——制作宣传板报二折页

本例将制作一张如图 5-60 所示的宣传板报。

图 5-60　宣传板报最终效果

⟳ 上机目的：

　　能够利用不同的文字属性设置及色块与文字块的搭配制作一个宣传板报。通过对本例的学习，用户将制作出以"节能减排"为宣传目的的二折页。

⟳ 重点难点：

❖　【文字工具】各项参数的使用

❖　文字排版中的版面架构

❖　文字排版中的对齐协调

操作步骤

1．绘制背景

1 选择【文件】>【新建】>【文档】命令（快捷键为【Ctrl+N】），弹出【新建文档】对话框，设置【宽度】为 130mm、【高度】为 360mm、页数为 2，选中【对页】复选框，单击【边距和分栏】按钮，如图 5-61 所示。

2 设置边距为 20mm，单击 ⑧ 按钮，使上、下、内、外边距联动，如要单独设置边距，则需要再次单击此按钮。设置【栏数】为 1、【栏间距】为 5mm，单击【确定】按钮，如图 5-62 所示。

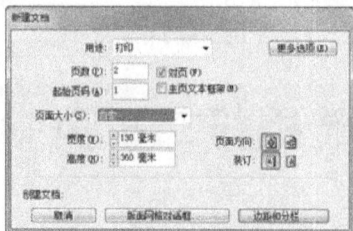

图5-61　【新建文档】对话框

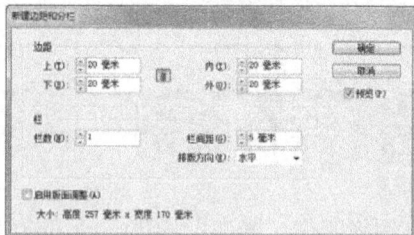

图5-62　【新建边距和分栏】对话框

3 单击右边栏中的【页面】按钮，弹出【页面】面板，可以看到此时页面分布情况，如图 5-63 所示。

4 右击"页面 2"，弹出页面属性菜单，可以看到页面随机排布的选项为选中状态，如图 5-64 所示。

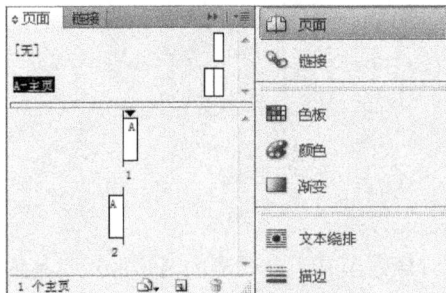

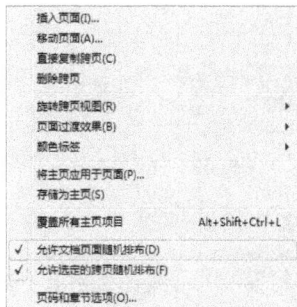

图5-63　【页面】面板　　　　　　　　　　　图5-64　页面属性菜单

5 将【允许文档页面随机排布】和【允许选定的跨页随机排布】两项的勾选状态取消，如图 5-65 所示。

6 单击"页面 2"，并拖动到"页面 1"的左侧，使两页面横向并列排布，如图 5-66 所示。

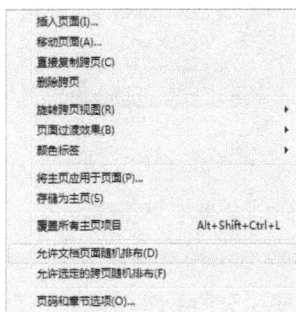

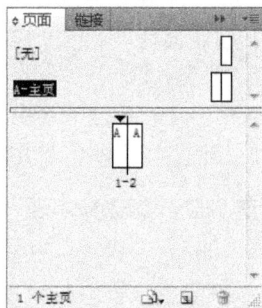

图5-65　取消选中　　　　　　　　　　　图5-66　调整后的页面排布情况

7 选择工具箱中的【矩形工具】(快捷键为【M】)，单击画布，在弹出的【矩形】对话框中设置【宽度】为 260mm、【高度】为 360mm，单击【确定】按钮，如图 5-67 所示。

8 选择【颜色】面板，将矩形的填充色设置为"淡蓝色"(C30,M0,Y10,K0)，描边颜色设置为无，如图 5-68 所示。

图5-67　【矩形】对话框　　　　　　　　　　图5-68　【颜色】面板

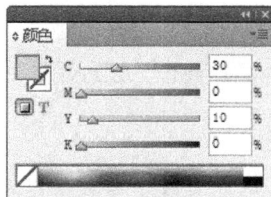

9 利用【选择工具】选择矩形，在【属性】面板中将矩形的参考点移至左上角，然后设置 X 值和 Y 值均为 0mm，让绘制的矩形与画布吻合，如图 5-69 所示。页面效果如图 5-70 所示。

图5-69 【属性】面板

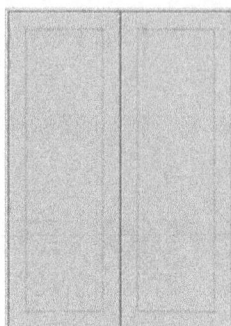

图5-70 页面效果

2．页面 1 内部排版

1 选择工具箱中的【矩形工具】（快捷键为【M】），单击画布，在弹出的【矩形】对话框中设置【宽度】为 260mm 和【高度】为 20mm，单击【确定】按钮，如图 5-71 所示。

2 选择【颜色】面板，将矩形的填充色设置为"淡青色"（C50,M0,Y50,K0），描边颜色设置为无，如图 5-72 所示。

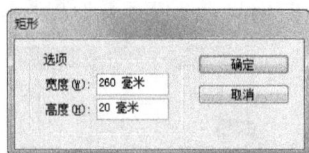

图5-71 【矩形】对话框

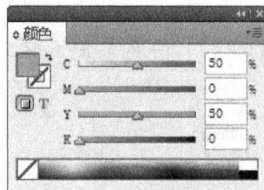

图5-72 【颜色】面板

3 利用【选择工具】选择矩形，在【属性】面板中将矩形的参考点移至左上角，然后设置 X 值和 Y 值均为 0mm，如图 5-73 所示。

4 复制绘制的矩形，粘贴在页面中，在【属性】面板中将矩形的参考点移至左下角，然后设置 X 值为 0mm、Y 值为 360mm，让绘制的矩形居于页面底端，如图 5-74 所示。

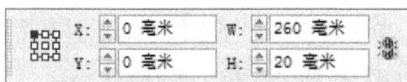

图5-73 【属性】面板

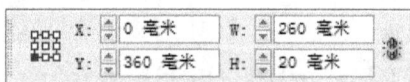

图5-74 【属性】面板

5 选择工具箱中的【矩形工具】（快捷键为【M】），单击画布，在弹出的【矩形】对话框中设置【宽度】为 20mm 和【高度】为 320mm，单击【确定】按钮，如图 5-75 所示。

6 选择【颜色】面板，设置矩形的填充色为"蓝灰色"（C50,M20,Y30,K0）、描边颜色为无，如图 5-76 所示。

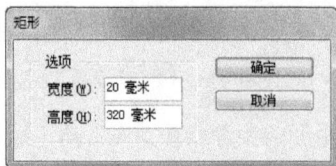

图5-75 【矩形】对话框

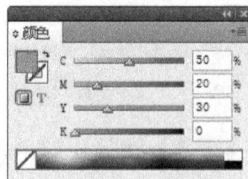

图5-76 【颜色】面板

7 利用【选择工具】选择矩形，在【属性】面板中将矩形的参考点移至上边线的中点位置，然后设置 X 值为 130mm、Y 值为 20mm（见图 5-77），让绘制的矩形处于两个页面的中央，页面效果如图 5-78 所示。

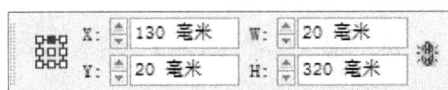

| X: 130 毫米 | W: 20 毫米 |
| Y: 20 毫米 | H: 320 毫米 |

图5-77 【属性】面板

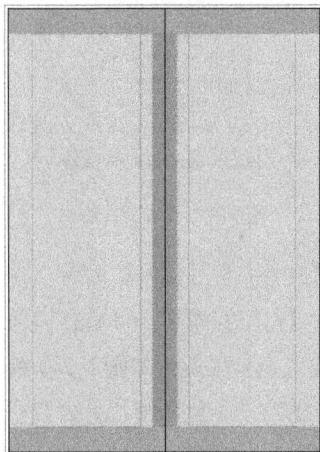

图5-78 页面效果

8 利用【钢笔工具】在页面上绘制一条向上弓起的弧线，然后选择【路径文字工具】（快捷键为【Shift+T】），将鼠标指针移至弧线上，当鼠标指针形状变成 ꓶ 时单击页面，并输入文字"宣传板报"，如图 5-79 所示。

9 利用【路径文字工具】选中文字，在【字符】面板中设置其字体为"迷你简卡通"、字体大小为"42 点"，如图 5-80 所示；在【颜色】面板中设置其填充色为"深绿色"（C100,M50,Y100,K0），如图 5-81 所示。

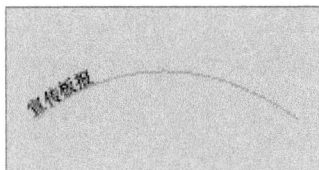

字符

迷你简卡通
Regular

| TT | 42 点 | IA/A | (50.4 |
| IT | 100% | T | 100% |

| AV | (0) | AV | 0 |
| T | 0% | 畺 | 0 |

Aᵃ	0 点
🔄	0°	T	0°
T̲		T̲	

语言: 中文: 简体

图5-79 输入路径文字

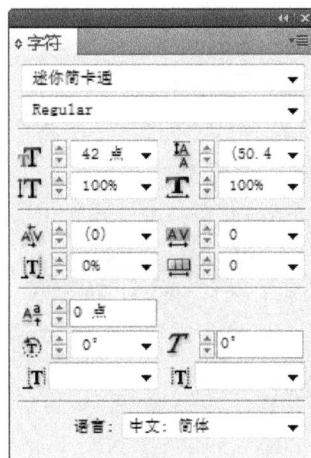

图5-80 【字符】面板

10 利用【钢笔工具】在页面上绘制一条下弓弧线，然后选择【路径文字工具】，以弧线作为路径，输入文字"节能减排"；选中文字，利用【吸管工具】吸取文字"宣传板报"的样式，如图 5-82 所示。

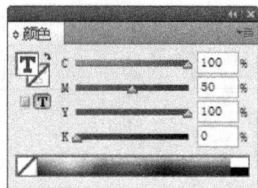

图5-81　【颜色】面板

图5-82　路径文字效果

11 选择【文件】>【置入】命令（快捷键为【Ctrl+D】），选择"素材\Chapter 05\地球.png"文件，单击【打开】按钮，接着在页面上单击将图片置入到页面上，然后利用【自由变换工具】调整图片的大小和位置，如图 5-83 所示。

12 用同样的方法，置入图片"公告栏"，并调整其大小和位置。选择【文件】>【置入】命令，选择"素材\Chapter 05\文字1.txt"文件，将其置入到文档中，如图 5-84 所示。

图5-83　置入"地球"

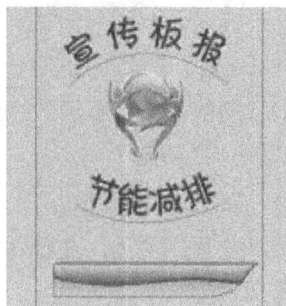

图5-84　置入"文字1"

13 利用【文字工具】选中"文字1"中的所有文字，在【字符】面板中设置其字体大小为"18点"、字符间距为50，如图 5-85 所示。

14 在【段落】面板中单击 ≡ 按钮，在弹出的下拉菜单中选择【项目符号和编号】命令，打开【项目符号和编号】对话框，在其中设置需要的项目符号，如图 5-86 所示。

图5-85　【字符】面板

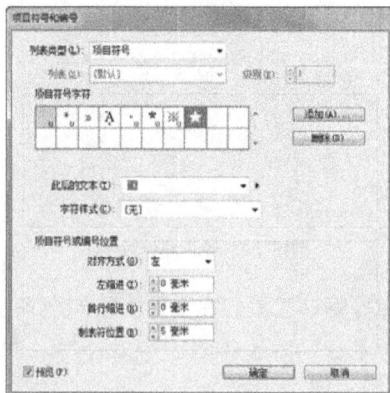

图5-86　【项目符号和编号】对话框

15 利用【选择工具】选择"文字2",在【文字绕排】面板中单击【沿定界框绕排】按钮,如图5-87所示。选择【文件】>【置入】命令,选择"素材\Chapter 05\树.png"文件,将其置入到"文字2"中。

16 利用【选择工具】选择"树",在【文字绕排】面板中单击【沿对象形状绕排】按钮,并在【类型】下拉列表中选择【检测边缘】选项,如图5-88所示。

图5-87 【文字绕排】面板(一)

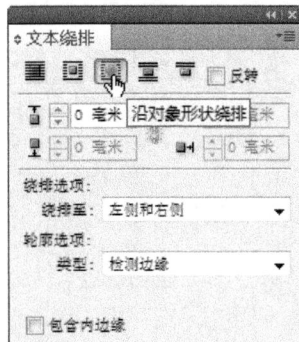

图5-88 【文字绕排】面板(二)

17 选择【文件】>【置入】命令,选择"素材\Chapter 05\房子.png"文件,将其置入到文档中,调整其大小,再将其放置在页面的左下角,如图5-89所示。

18 利用【选择工具】选择"树",按住【Alt】键并拖动"树"图片,将其复制,然后单击鼠标右键,选择【变换】>【水平翻转】命令,并在【属性】面板中设置其不透明度为80%,如图5-90所示。

19 将复制的"树"图片放置在房子旁边,并按【Ctrl+Alt+<】组合键将其等比缩小,用复制"树"的方法将其复制,并向右移动,如图5-91所示。

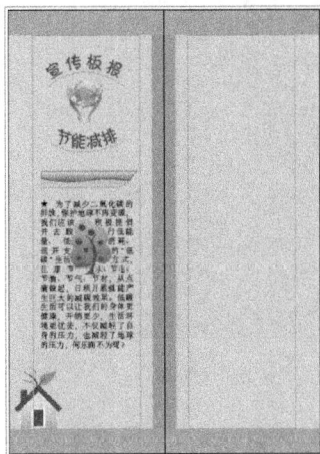

图5-89 置入"房子"文件

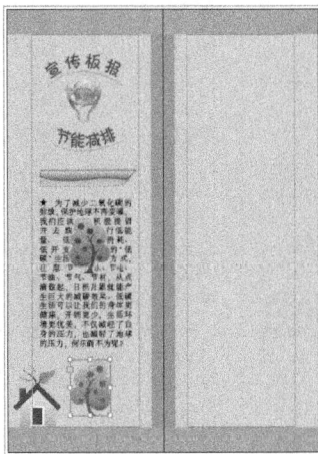

图5-90 复制"树"图片

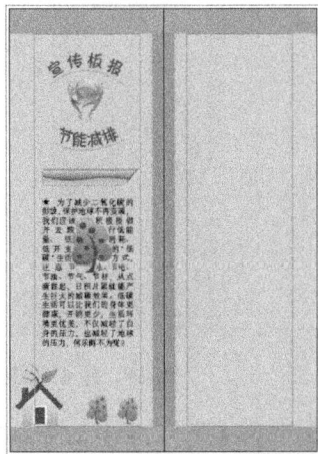

图5-91 调整并复制图片

3. 页面2内部排版

1 利用【文字工具】在页面上方绘制出一个文本框,输入文字"日常节能知识";选中文字,在【字符】面板中设置其字体为"迷你简雪峰"、字体大小为"30点",如图5-92所示。

2 在【渐变】面板中设置渐变类型为"线性"、角度为 45°，选中颜色条下最左边的色标，在【颜色】面板中选择"橘黄色"（C0,M60,Y100,K0），同样的方法，将【渐变】面板最后一个色标的颜色设置为"绿色"（C100,M0,Y100,K0），如图 5-93 所示。

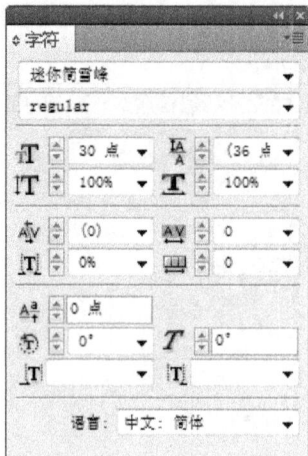

图5-92 【字符】面板

图5-93 【渐变】和【颜色】面板

3 选择【文件】>【置入】命令，选择"素材\Chapter 05\节能灯.png"文件，将其置入到页面中，按【Ctrl+Alt+<】组合键将其等比缩小，并移动到文字右侧，其效果如图 5-94 所示。

4 选择【文件】>【置入】命令，选择"素材\Chapter 05\文字 3.txt"文件，将其置入到页面中，调整文本框的长宽比，使其适合页面内部大小，如图 5-95 所示。

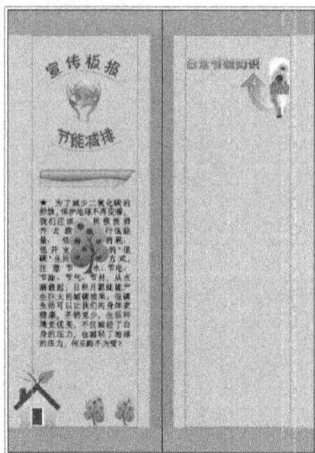

图5-94 置入"节能灯"

图5-95 置入"文字3"

5 利用【文字工具】选中"文字 3"中的所有文字，在【字符】面板中设置字符间距为 50，在【段落】面板中设置段后间距为 3mm。

6 依次选择"文字 3"中的 5 个小标题，在【字符】面板中设置其相关参数，如图 5-96 所示。在【颜色】面板中设置 5 个小标题的颜色为"深绿色"（C100,M50,Y100,K0），如图 5-97 所示。

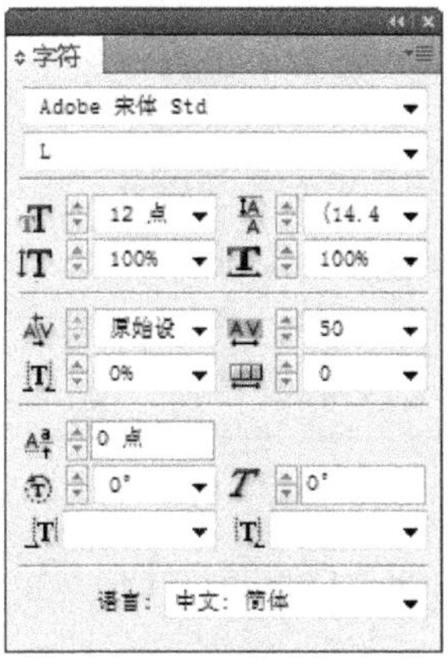

图5-96 【字符】面板

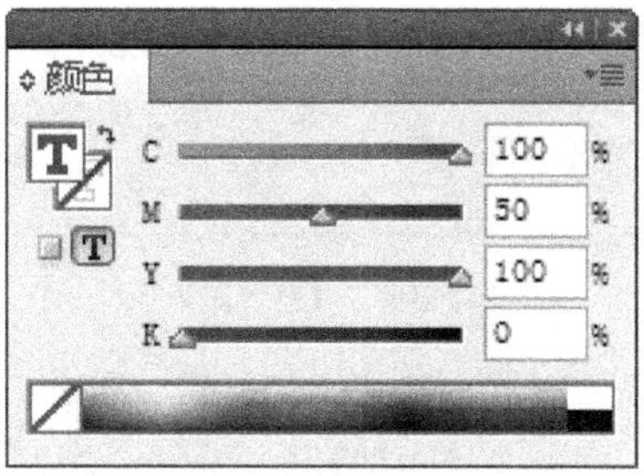

图5-97 【颜色】面板

7 利用【选择工具】选择"文字3"，在【文本绕排】面板中单击【沿对象形状绕排】按钮，如图5-98所示。选择【文件】>【置入】命令，选择"素材\Chapter 05\汽车.png"文件，将其置入到页面中。

8 将"汽车"图片移动到第5个小标题下方，并按【Ctrl+Alt+<】组合键将其等比缩小，在【文本绕排】面板中单击【上下型绕排】按钮，如图5-99所示。

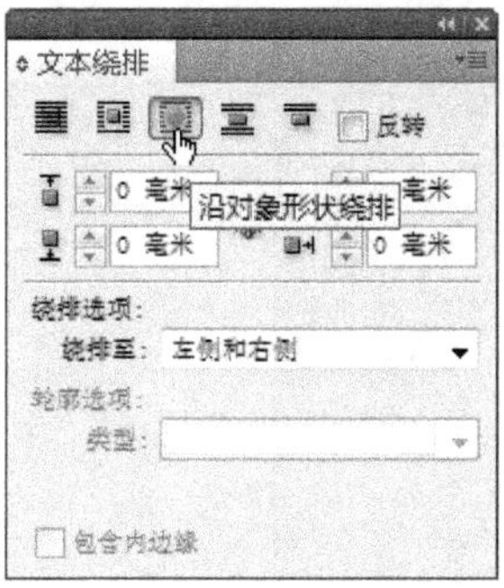

图5-98 【文本绕排】面板（三）

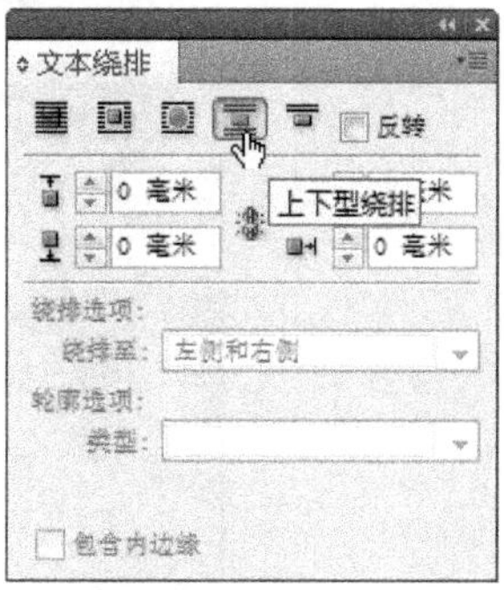

图5-99 【文本绕排】面板（四）

4．绘制边框和预览

1 选择工具箱中的【矩形工具】（快捷键为【M】），单击画布，在弹出的【矩形】对话框中设置【宽度】为7mm、【高度】为254mm，单击【确定】按钮，如图5-100所示。

2 选择【颜色】面板，将矩形的填充色设置为"黄绿色"（C30,M0,Y50,K0），描边颜色设置为无，如图5-101所示。

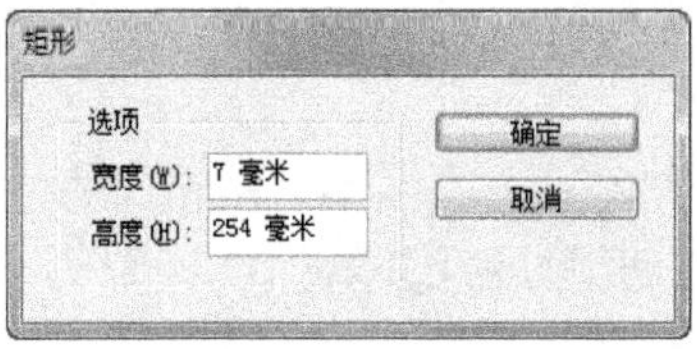

图5-100 【矩形】对话框

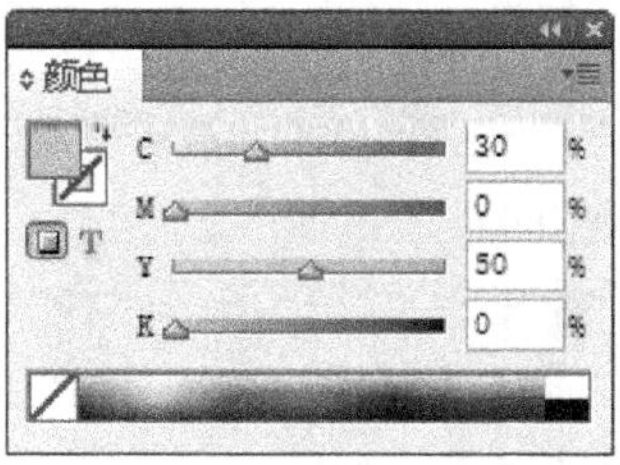

图5-101 【颜色】面板

3 利用【选择工具】选择矩形，在【属性】面板中将矩形的参考点移至左上角，然后设置 X 值为 0mm、Y 值为 20mm，如图 5-102 所示。

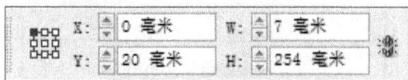

4 按住【Alt】键拖动矩形，将其复制，并在【属性】面板中将矩形的参考点移至右上角，然后更改其高度为 320mm、X 值为 260mm、Y 值为 20mm，如图 5-103 所示。

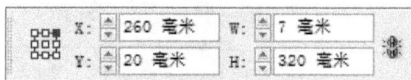

| X: | 0 毫米 | W: | 7 毫米 |
| Y: | 20 毫米 | H: | 254 毫米 |

图5-102　【属性】面板

| X: | 260 毫米 | W: | 7 毫米 |
| Y: | 20 毫米 | H: | 320 毫米 |

图5-103　【属性】面板

5 至此，完成宣传板报二折页的制作。最后按【Ctrl+S】组合键保存该文档，并勾选【预览】复选框，预览其效果，如图 5-104 所示。

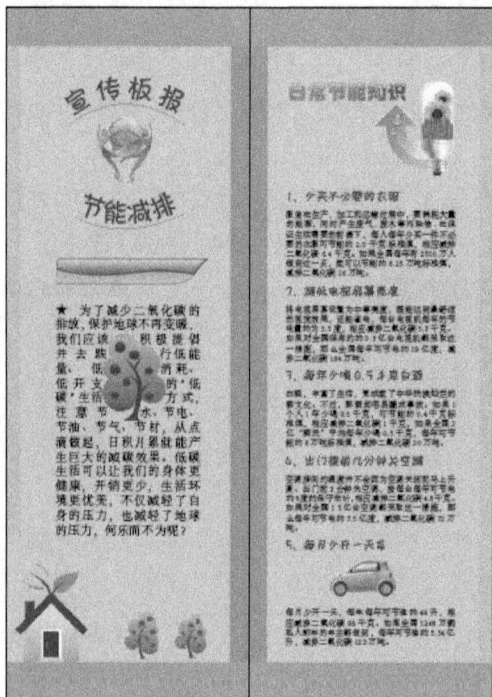

图 5-104　预览效果

5.7 习题与上机

一、选择题

（1）（　　）即指可以沿着任意形状的边缘进行排列的方式，排版方向可以是水平的，也可以是垂直的。

　　A．绕排文字　　　　B．路径文字　　　　C．形状文字　　　　D．网格文字

（2）在文本中插入（　　），可以对分栏、框架、页面进行分隔。

　　A．特殊字符　　　　B．空格字符　　　　C．段落字符　　　　D．分隔符

（3）使用（　　）可使文档中的相同字符同时被替换，在大篇幅的文章修改中使用这

项操作可以提高效率并确保精准。

    A. 查找   B. 替换   C. 更改   D. 修改

二、填空题

（1）由于汉字的特点，因而在排版中出现了_____，使用它可以很方便地确定字符的大小与其内间距。

（2）使用_____和_____会使文本的阅读与理解更明了、清晰。项目符号列表中的开头会出现一个_____的字符；在编号列表中项目的各项内容开头均会出现_____。

（3）在文字中，双击鼠标将会选中同一字符中_____汉字；单击 3 次将会选中文字所在的_____；单击 5 次则会_____整个文本。

三、上机操作题

（1）打开一个 InDesign 文档，向该文档中置入文本，并将其排版为如图 5-105 所示的效果。

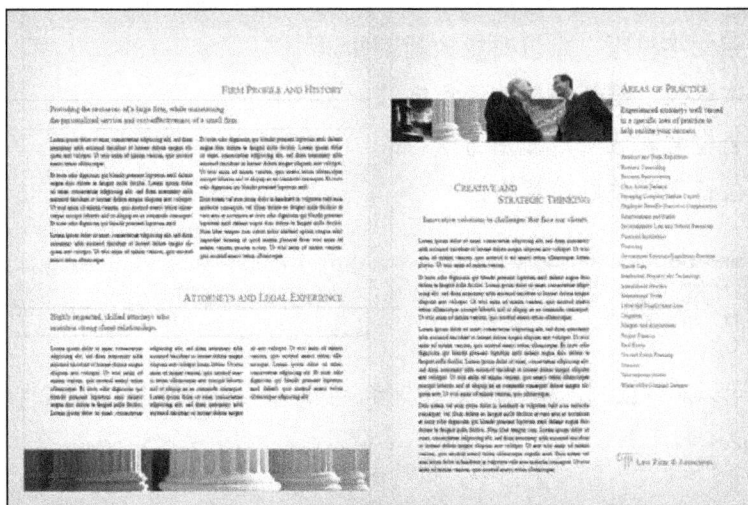

图 5-105　排版效果

（2）在 InDesign 中尝试操作显示或隐藏文本框架网格和框架统计字数。

Adobe InDesign CS5
版式设计与制作技能基础教程

Chapter
06
文字排版

在 InDesign 中，可以将文本绕排在任何对象周围，还可以对版面中的文本进行左对齐、右对齐、居中对齐等设置。对对象应用文本绕排时，InDesign 会在对象周围创建一个阻止文本进入的边界。文本所围绕的对象称为绕排对象，文本绕排选项仅应用于被绕排的对象，而不应用于文本自身。如果将绕排对象移近其他文本框架，对绕排边界的任何更改都将保留。

学习目标

- 了解运用文字排版、定位对象的基础知识
- 掌握文本框架、框架网格的使用方法
- 掌握项目符号和编号的使用方法
- 掌握定位符和脚注的使用方法

6.1 文本绕排

InDesign 可以对任何图形框使用文本绕排，当对一个对象应用文本绕排时，会为这个对象创建边界以阻碍文本。

选择【窗口】>【文本绕排】命令，可打开如图 6-1 所示的【文本绕排】面板，其中文本绕排包括以下 4 种方式。

- 沿定界框绕排。
- 沿对象形状绕排。
- 上下型绕排。
- 下型绕排。

6.1.1 沿定界框绕排

创建一个定界框绕排，其宽度和高度由所选对象的定界框（包括指定的任何偏移距离）确定。在【文本绕排】面板中单击【沿定界框绕排】按钮，如图 6-2 所示。

选择【文件】>【置入】命令，在【置入】对话框中选择"素材\Chapter 06\足迹.txt"，单击【打开】按钮，置入文本；再用同

图 6-1 【文本绕排】面板

样的方法，置入"素材\Chapter 06\shipin1.jpg"，单击【打开】按钮，单击【沿定界框绕排】
按钮后，效果如图 6-3 所示。

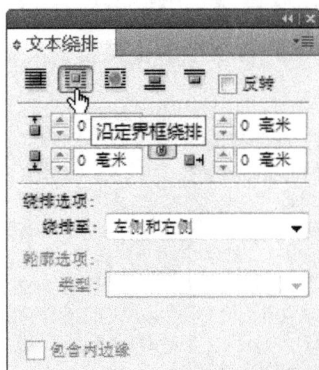

图6-2　单击【沿定界框绕排】按钮

图6-3　【沿定界框绕排】效果（一）

当单击【沿定界框绕排】按钮，设置左位移为 5mm、右位移为 5mm 时，效果如图 6-4
所示。绕排选项中还可以设置【绕排至】为"左侧"、"右侧"、"左侧和右侧"、"朝向书脊
侧"、"背向书脊侧"、"最大区域"选项，如图 6-5 所示。

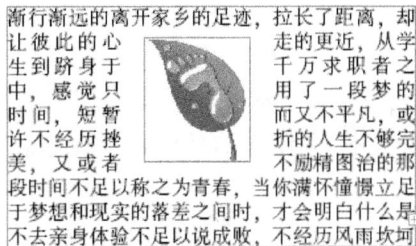

图6-4　【沿定界框绕排】效果（二）

图6-5　【绕排至】下拉列表

6.1.2　沿对象形状绕排

沿对象形状绕排也称为轮廓绕排，绕排边缘和图片形状相
同。单击打开【轮廓选项】组下的【类型】下拉列表，其中包
括"定界框"、"检测边缘"、"Alpha 通道"、"Photoshop 路径"、
"图形框架"、"与剪切路径相同"和"用户修改的路径"选项，
如图 6-6 所示。

1．定界框

定界框是将文本绕排至由图像的高度和宽度构成的矩形。
当在【轮廓选项】选项组的【类型】下拉列表中选择"定界框"
时，效果如图 6-7 所示。

图 6-6　【轮廓选项】组

2．检测边缘

检测边缘是使用自动边缘检测生成边界。要调整边缘检测，应先选择对象，然后选择【对象】>【剪切路径】>【选项】命令。当在【轮廓选项】选项组的【类型】下拉列表中选择"检测边缘"时，效果如图 6-8 所示。

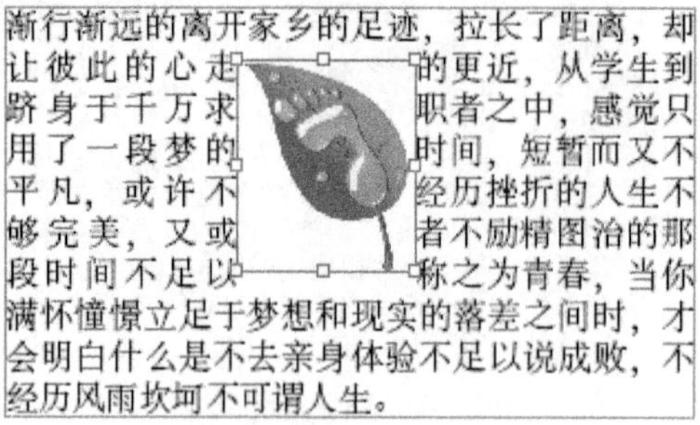

图6-7　定界框效果

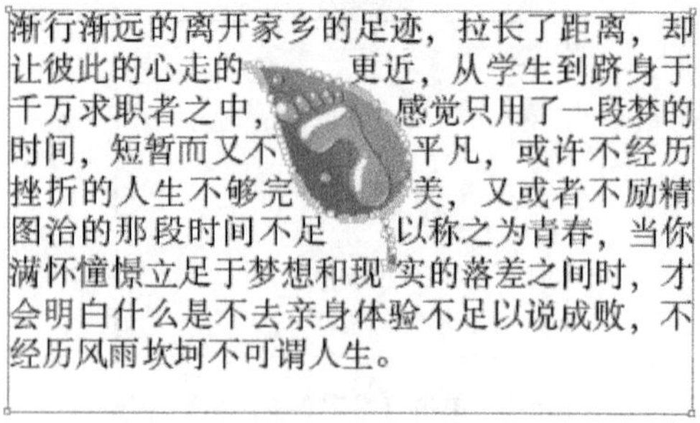

图6-8　检测边缘效果

3．Alpha 通道

Alpha 通道是用随图像存储的 Alpha 通道生成边界。如果此选项不可用，则说明没有随该图像存储任何 Alpha 通道。InDesign 将 Photoshop 中的默认透明度（跳棋盘图案）识别为 Alpha 通道；否则，必须使用 Photoshop 来删除背景，或者创建一个或多个 Alpha 通道并将其与图像一起存储。

4．Photoshop 路径

Photoshop 路径是用随图像存储的路径生成边界。选择"Photoshop 路径"，然后从【路径】菜单中选择一个路径。若"Photoshop 路径"选项不可用，则说明没有随该图像存储任何已命名的路径。

5．图形框架

图形框架是用容器框架生成边界。当在【轮廓选项】选项组的【类型】下拉列表中选择"图形框架"时，效果如图 6-9 所示。

6．与剪切路径相同

与剪切路径相同是用导入图像的剪切路径生成边界。当在【轮廓选项】选项组的【类型】下拉列表中选择"与剪切路径相同"时，效果如图 6-10 所示。

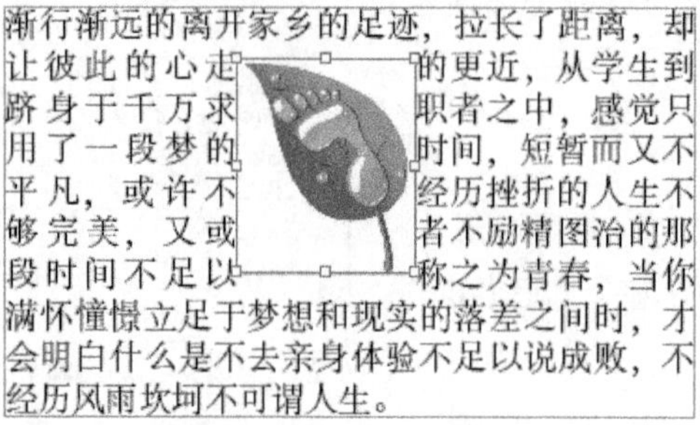

图6-9　图形框架效果

图6-10　与剪切路径相同效果

6.1.3　上下型绕排

　　上下型绕排是将图片所在栏中左右的文本全部排开至图片的上方和下方。下面将介绍上下型绕排的具体操作步骤。

1 绘制一个高度为 31mm、宽度为 33mm 的椭圆框架，并复制两份，放在如图 6-11 所示的位置。

2 选择【文件】>【置入】命令，置入 "素材\Chapter 06\戒指.png"、"素材\Chapter 06\项链.png"、"素材\Chapter 06\指环.png" 三张图片，置入图片后调整图片，使图片适合框架，效果如图 6-12 所示。

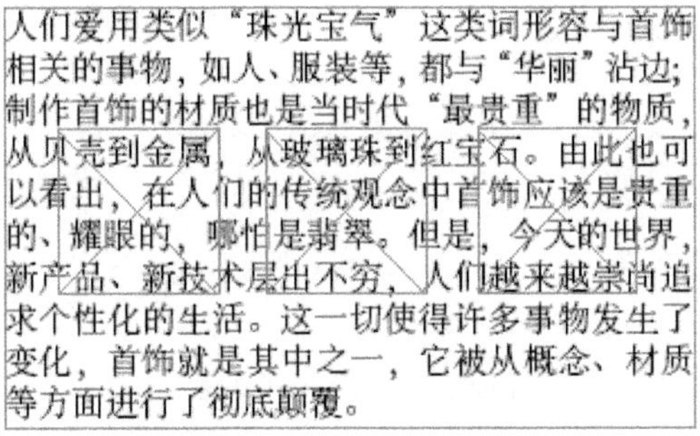

图6-11　绘制3个椭圆框架效果

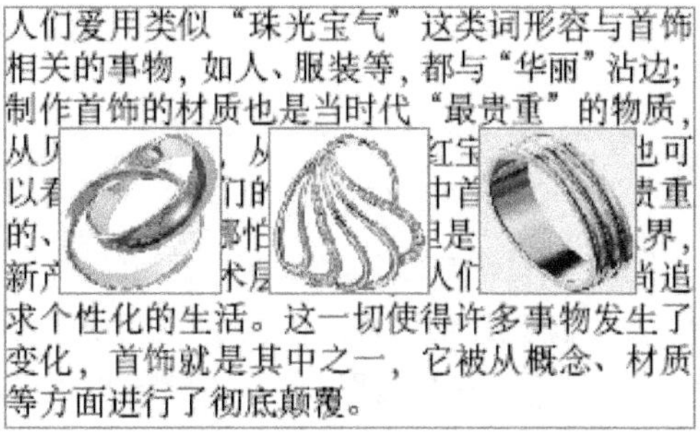

图6-12　置入图片后的效果

3 选择 3 个椭圆框架，在【文本绕排】面板中选择 "上下型绕排" 选项，效果如图 6-13 所示。

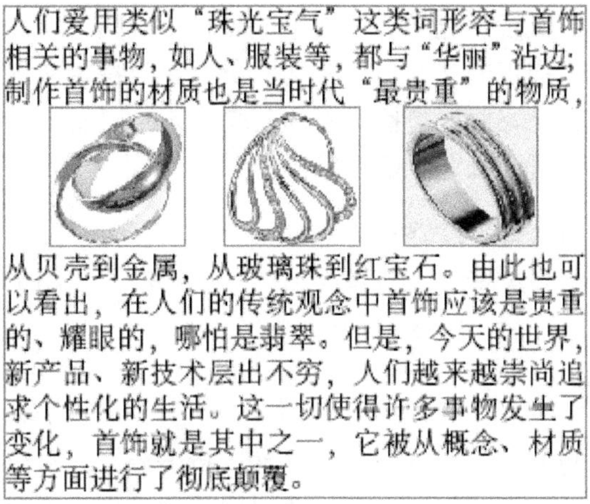

图 6-13　"上下型绕排" 效果

6.1.4　下型绕排

　　下型绕排是将图片所在栏中图片上边缘以下的所有文本都排开至下一栏，效果如图 6-14 所示。

图 6-14　"下型绕排"效果

技 巧

在选择一种绕排方式后，可设置"偏移值"和"轮廓选项"这两项。其中各选项的介绍如下。

- 输入偏移值。正值表示文本向外远离绕排边缘，负值表示文本向内进入绕排边缘。
- 轮廓选项。仅在使用【沿形状绕排】时可用，可以指定使用何种方式定义绕排边缘。

6.2　定位对象

定位对象是一些附加或者定位的特定文本的项目，如图形、图像或文本框架。重排文本时，定位对象会与包含锚点的文本一起移动。所有要与特定文本行或文本块相关联的对象都可以使用定位对象实现，例如与特定字词关联的旁注、图注、数字或图标。

用户可以创建下列任何位置的定位对象。

- 行中将定位对象与插入点的基线对齐。
- 行上可选择下列对齐方式将定位对象置入行上方：左、中、右、朝向书脊、背向书脊和文本对齐方式。

6.2.1　创建定位对象

在 InDesign 中，可以在当前文档中置入新的定位对象，也可以通过现有的对象创建定位对象，还可以通过在文本中插入一个占位符框架来临时替代定位对象，在需要时为其添加相关的内容即可。

1．添加定位对象

下面将介绍添加定位对象的具体操作步骤。

1 选择工具箱中的【文字工具】，在"改变将来"文本前单击，以确定该对象的锚点的插入点，单击鼠标右键，在弹出的快捷菜单中选择【定位对象】＞【插入】命令，打开【插入定位对象】

对话框。插入定位对象后的效果如图 6–15 所示。

2 置入或粘贴对象，默认情况下，定位对象的位置为行中。调整对象的大小，在对象上单击鼠标右键，在弹出的快捷菜单中选择【使内容适合框架】命令，效果如图 6–16 所示。

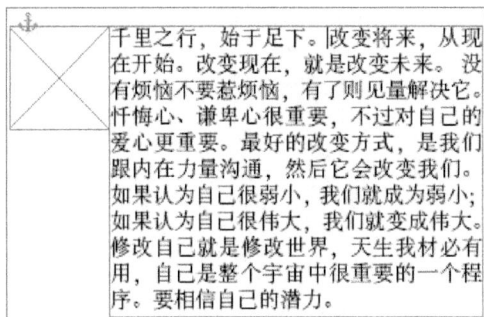

图6-15 定位对象的插入点位置　　　　　　图6-16 置入定位对象后的效果（一）

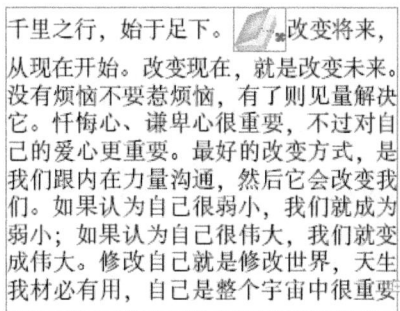

2．定位现有对象

下面将对定位现有对象的操作进行介绍。

1 选中该对象，缩小对象到和文本等高，如图 6–17 所示。接着选择【编辑】>【剪切】命令，选择工具箱中的【文字工具】，定位到要放置该对象的插入点处。

2 选择【编辑】>【粘贴】命令，效果如图 6–18 所示。

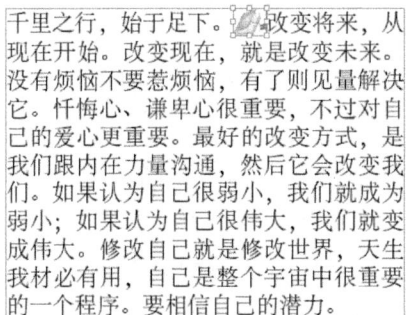

图6-17 调整好的定位对象　　　　　　图6-18 置入定位对象后的效果（二）

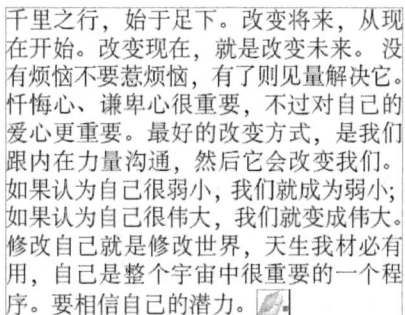

3．添加占位符框架

下面将对占位符框架的添加操作进行介绍。

1 选择工具箱中的【文字工具】，定位到要放置该对象的锚点的插入点。之后选择【对象】>【定位对象】>【插入】命令，如图 6–19 所示。

2 打开如图 6–20 所示的【插入定位对象】对话框，从中在【位置】下拉列表中选择"行中或行上方"。当插入定位对象的占位符后可以设置更为详细的选项，定位的图形对象如图 6–21 所示。

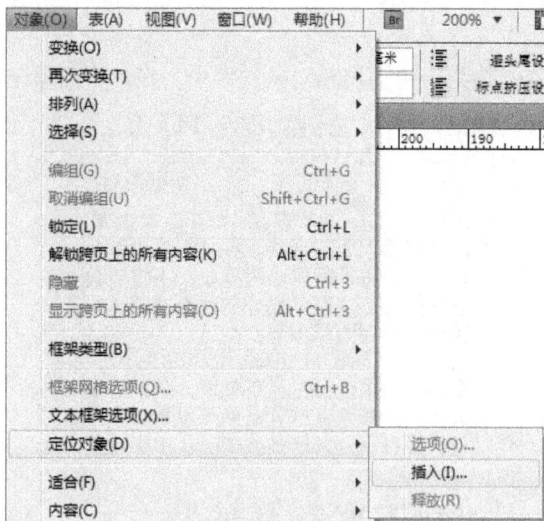

图6-19 选择【插入】命令

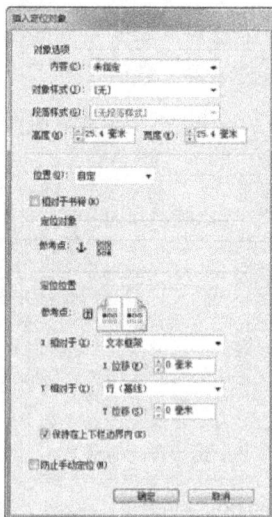

图6-20 【插入定位对象】对话框

3 选择【文件】>【置入】命令，在对话框中选择"素材\Chapter 06\图片.png"，可置入定位的对象，如图 6-22 所示。

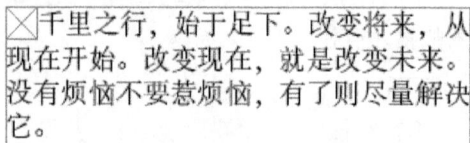

图6-21 添加占位符框架

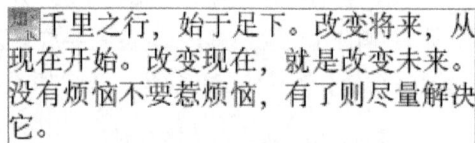

图6-22 置入定位的对象

提 示

当插入定位对象的占位符后，可以为内容指定下列选项。

- 内容：指定占位符框架将包含的对象类型。如果选择"文本"，文本框架中将出现一个插入点；如果选择"图形"或"未指定"，InDesign 将选择对象框架。
- 对象样式：指定要用来格式化对象的样式。如果定义并保存了对象样式，它们将显示在此菜单中。
- 段落样式：指定要用来格式化对象的段落样式。如果定义并保存了段落样式，它们将显示在此菜单中。如果对象样式启用了段落样式，并且从【段落样式】菜单中选择了不同的样式，或者如果对【定位位置】选项中的样式进行了更改，【对象样式】菜单中将显示一个"＋"表示进行了覆盖。
- 高度和宽度：指定占位符框架的尺寸。

6.2.2 通过行中或行上方选项调整定位对象

在【定位对象选项】对话框的【位置】下拉列表中选择"行中或行上"，可设置"行中"或"行上方"的参数，如图 6-23 所示。

1．行中

"行中"是将定位对象的底边（在横排文本中）或左侧（在直排文本中）与基线对齐。随文对象沿 Y 轴移动时会受到某些约束条件的限制：对象的最长和最短边缘不能超出前嵌条。

2．Y 位移

1 选择对象，在对象上单击右键，在弹出的快捷菜单中选择【定位对象】>【选项】命令（见图 6-24），在弹出的【定位对象选项】对话框中输入【Y 位移】值为 5mm，单击【确定】按钮，如图 6-25 所示。

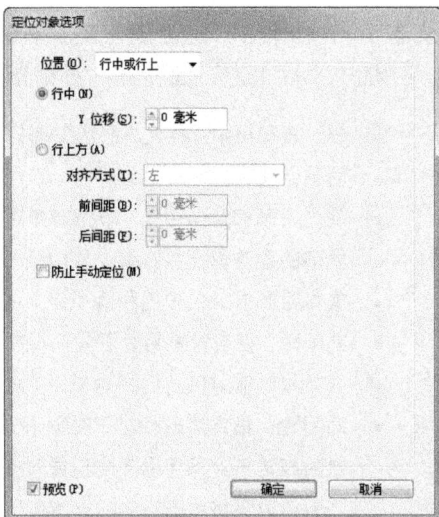

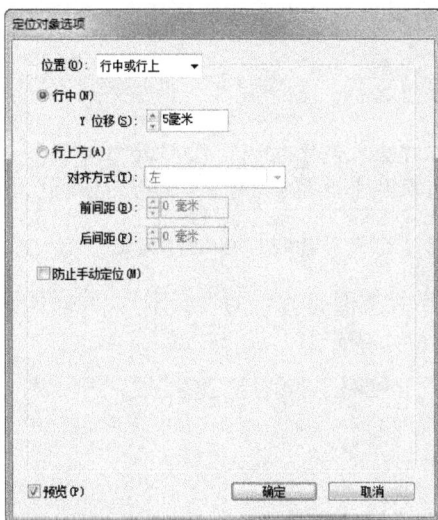

图 6-23 【定位对象选项】对话框

图6-24 【定位对象】快捷菜单　　　　图6-25 【定位对象选项】对话框

2 设置 Y 偏移值后的效果如图 6-26 所示。定位对象图在行中的 Y 偏移值应该小于行距高度，如果输入的 Y 偏移值过大，则会弹出如图 6-27 所示的提示对话框。

图6-26 设置Y偏移值后的效果　　　　图6-27 提示对话框

3．行上方

在横排文本中，"行上方"选项会将对象对齐到包含锚点标志符的文本行上方。在直排文本中，"行上方"指出现在文本右侧的定位对象。

选中"行上方"选项时，对话框的选项包含以下几个。

- 左、右和居中：在文本栏内对齐对象。这些选项会忽略应用到段落的缩进值，并在整个栏内对齐对象。
- 朝向书脊和背向书脊：根据对象在跨页的那一侧将对象左对齐或右对齐。这些选项会忽略应用到段落的缩进值，并在整个栏内对齐对象。
- 文本对齐方式：根据段落所定义的对齐方式对齐对象。此选项在对齐对象时使用段落缩进值。
- 前间距：指定对象相对于前一行文本中前嵌条的底部的位置。值为正时会同时降低对象和它下方的文本；值为负时会将对象下方的文本向上移向对象，最大负值为对象的高度。
- 后间距：指定对象相对于对象下方的行中第一个字符的大写字母高度的位置。值为 0 时会将对象的底边与大写字母高度位置对齐；值为正时会将对象下方的文本向下移（即远离对象的底边）；值为负时会将对象下方的文本向上移（即移向对象）。

例如，设置对齐方式为"居中"、前间距为 0mm、后间距为 0mm，则效果如图 6-28 所示。

若设置对齐方式为"居中"、前间距为 5mm，则效果如图 6-29 所示。

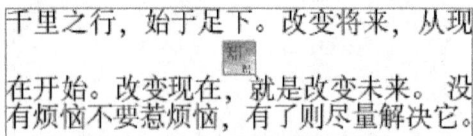

图6-28　居中对齐效果

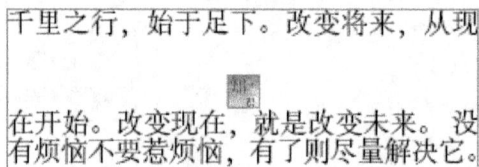

图6-29　居中对齐、前间距为5mm的效果

若设置对齐方式为"居中"、前间距为 5mm、后间距为 5mm，如图 6-30 所示，则效果如图 6-31 所示。

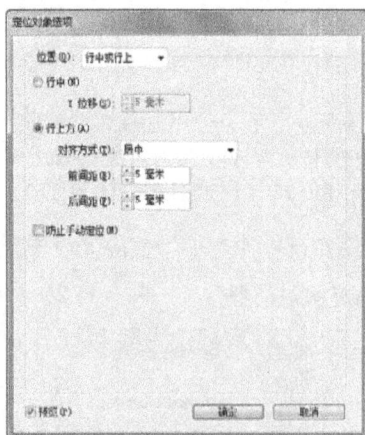

图6-30　【定位对象选项】对话框

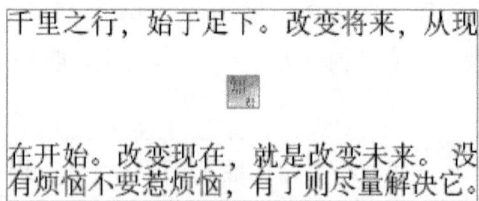

图6-31　居中对齐、前/后间距均为5mm的效果

提 示

设置为"行上方"的定位对象将始终与包含锚点的行连在一起；文本的排版不会导致该对象位于页面的底部，而锚点标志符所在的行处于下一页的顶部。

6.2.3　自定义定位对象

1．创建定位对象

选择【对象】>【定位对象】>【插入】命令，在【插入定位对象】对话框的【位置】下拉列表中选择"自定"，如图 6-32 所示。

其中，【定位位置】选项组包括 4 个主要选项：两个【参考点】代理、【X 相对于】及【Y 相对于】，所有这些选项共同指定了对象的位置。【X 相对于】和【Y 相对于】选择的内容决定了定位位置参考点所表示的内容可能是一个文本框架、栏内的一行文本或者整个页面。

下面将通过具体操作对定位对象的创建进行介绍。

1 将光标定位到文本中，如图 6-33 所示，将光标定位到"高雅的爱"文字之后。

2 选择【对象】>【定位对象】>【插入】命令，在【插入定位对象】对话框的【位置】选项中选择"自定"，则在文档中插入了一个自定的对象框架，如图 6-34 所示。

3 选择【文件】>【置入】命令，置入"素材\Chapter 06\图片 .png"，效果如图 6-35 所示。

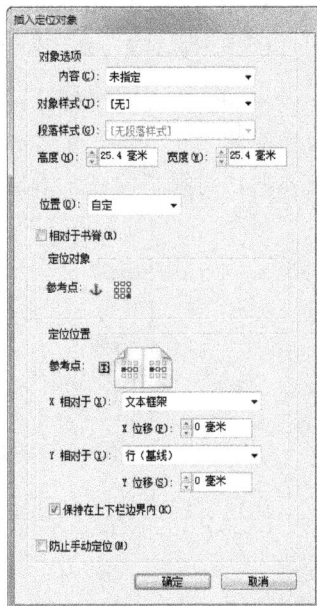

图 6-32　【插入定位对象】对话框

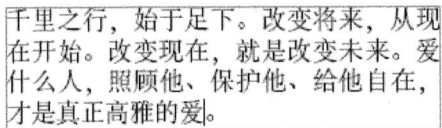

图6-33　定位鼠标指针

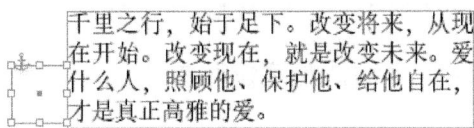

图6-34　插入自定对象框架

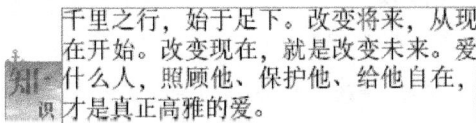

图 6-35　置入自定对象图片

2．更改定位对象的位置

如果要创建一个定位对象，在重排文本时保持其在页面上的位置（如左上角）不变，并且仅在文本重排到另一个页面时才移动，将该对象锚定到页边距或页面边缘。

- 要使对象保持与特定的文本行对齐，以便在重排文本时与该文本放在一起，从【Y 相对于】下拉列表中选择一个行选项。
- 要使对象保留在文本框架内，但是在重排文本时不与特定文本行放在一起，从【X 相对于】下拉列表中选择"文本框架"。
- 要相对于边距对齐对象（例如，创建在文本从一页重排到另一页时留在外侧边距内的旁注），可选择"相对于书脊"。
- 要使对象相对于文档书脊保留在页面的同一侧，可选择"相对于书脊"。
- 在【X 相对于】下拉列表中，可选择要作为对象对齐方式的水平基准的页面项目。
- 在【Y 相对于】下拉列表中，可选择要作为对象对齐方式的垂直基准的页面项目。
- 要确保对象不会在重排文本时延伸到栏边缘的下方或上方，可选择"保持在栏的上/下边界内"。

例如，将【X 相对于】和【Y 相对于】都设置为"页边距"，单击【定位对象】区域中参考点的"左下角"和【定位位置】区域中参考点的"左下角"，如图 6-36 所示。在重排文本时，对象将留在左下角，并位于页边距内，如图 6-37 所示。

图6-36　选项设置

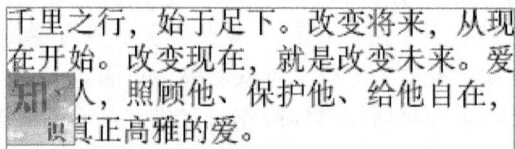

图6-37　效果预览

当包含锚点的文本行排到另一个页面时，对象会移动到下一页的左下角。

> **提　示**
>
> 单击【定位位置】中参考点的 ⚓ 按钮，该点表示从【X 相对于】和【Y 相对于】选项中选择的页面项目中要用来对齐对象的位置。

6.2.4　手动调整定位对象

移动框架时会移动它的定位对象，除非该对象是相对于边距或页面定位的。在移动定位对象之前，确保在【定位对象】对话框中为该对象取消选中【防止手动定位】选项，或者选择【对象】>【解除锁定位置】命令。

- 要移动随文定位对象，选择工具箱中的【选择工具】或者【直接选择工具】，选择对象，然后在水平框架中垂直拖动，或者在垂直框架中水平拖动。在横排文本中，可以垂直移动随文对象，而不能水平移动。在直排文本中，可以水平移动随文对象。
- 要以平行于基线的方式移动随文定位对象，可将插入点放在对象之前或之后，并为字符间距调整指定一个新值。
- 要移动处于自定位置的定位对象，可使用工具箱中的【选择工具】或者【直接选择工具】选择对象，然后垂直或水平拖动。

💡 **提 示**

如果要将随文或行上方对象移动到文本框架外，可将其转换为处于自定位置的对象，然后根据需要进行移动，可以旋转和变换定位对象。

6.3 串接文本

框架中的文本可独立于其他框架，也可在多个框架之间连续排文。要在多个框架之间连续排文，首先必须将框架连接起来。连接的框架可位于同一页或跨页，也可位于文档的其他页。在框架之间连接文本的过程称为串接文本。

6.3.1 串接文本框架

每个文本框架都包含一个入口和一个出口，这些端口用来与其他文本框架进行链接。空的入口或出口分别表示文章的开头或结尾，端口中的箭头表示该框架链接到另一框架。出口中的红色"+"表示该文章中有更多要置入的文本，但没有更多的文本框架可放置文本，这些剩余的不可见文本称为溢流文本，串接的框架如图 6-38 所示。

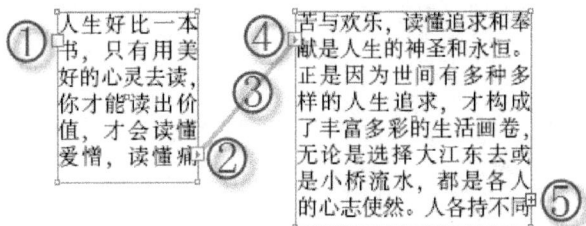

1—文本开头的入口；2—指示与下一个框架串接关系的出口；3—文本串接；
4—指示与上一个框架串接关系的入口；5—指示溢流文本的出口

图 6-38 串接的框架

1. 串接文本框架

下面将通过具体例子来对串接文本框架的操作进行介绍。

1 选择【矩形框架工具】，在页面上绘制框架，如图 6-39 所示。

2 选择第一个矩形框架，选择【文件】>【置入】命令，置入 "素材\Chapter 06\人生.txt" 文件，接着单击第一个框架的出口，如图 6-40 所示。

3 用鼠标在第二个框架上单击，即可填充第二个框架文本。用同样的方法，填充第三个框架文本，填充文本后的效果如图 6-41 所示。

图6-39　3个矩形框架

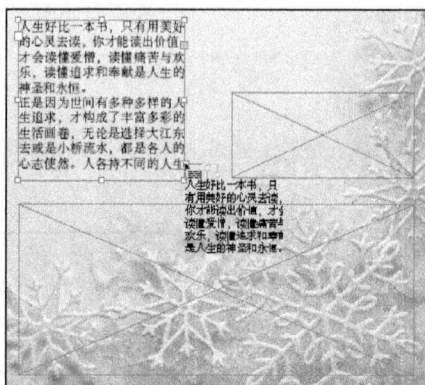

图6-40　第一个框架置入文本后的效果

技 巧

选择【视图】>【显示文本串接】命令，可以查看串接框架的可视化表示，如图 6-42 所示。无论文本框架是否包含文本，都可进行串接。

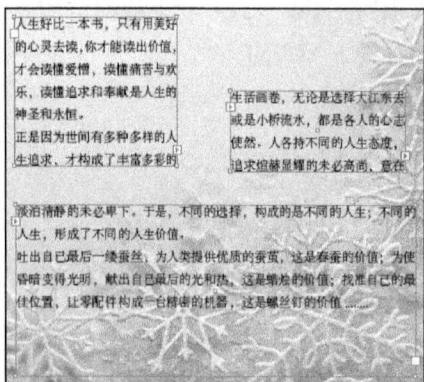

图6-41　3个框架置入文本后的效果

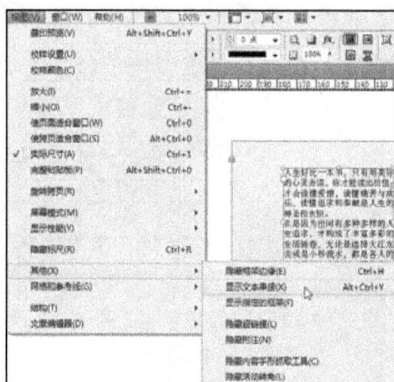

图6-42　选择【显示文本串接】命令

2．向串接中添加新框架

向串接中添加新框架的具体操作步骤如下。

1 选择工具箱中的【选择工具】，选择一个文本框架，然后单击入口或出口以载入文本图标。单击入口可在所选框架之前添加一个框架；单击出口可在所选框架之后添加一个框架。

2 将载入的文本图标 放置到希望新文本框架出现的地方，然后单击或拖动以创建一个新文本框架。

提 示

载入的文本图标处于活动状态时，可以执行许多操作，包括翻页、创建新页面，以及放大和缩小。

如果开始串接两个框架后又不想串接，则可单击工具箱中的任意工具取消串接，这样不会丢失文本。

3. 向串接中添加现有框架

向串接中添加现有框架的具体操作步骤如下。

1 选择工具箱中的【文字工具】，绘制一个文本框架，如图6-43所示。

2 选择工具箱中的【选择工具】，选择第一个文本框架，然后单击入口或出口以载入文本图标。

3 将载入的文本图标放到要连接到的框架上面。载入的文本图标将更改为串接图标，在第二个框架内部单击以将其串接到第一个框架，如图6-44所示。

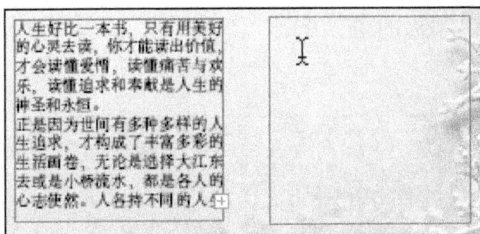

图6-43 添加文本框架　　　　　　　　　　　图6-44 串接文本框架

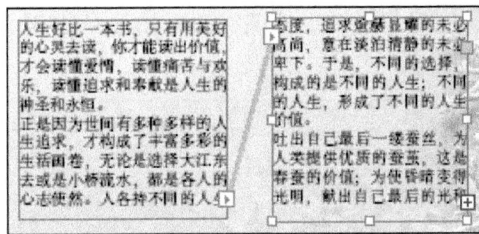

如果将某个框架网格与纯文本框架或具有不同网格设置的其他框架网格串接，将会重新定义被串接的文本框架，以便与串接操作的原框架网格的设置匹配。

> **技 巧**
>
> 可以添加自动的【下转】或【上接】跳转行，当串接的文章从一个框架跳转到另一个框架时，这些跳转行将对其进行跟踪。

4. 在串接框架序列中添加框架

在串接框架序列中添加框架的具体操作步骤如下。

1 选择工具箱中的【选择工具】，按住要将框架添加到的文章的出口，释放鼠标时，将显示一个载入文本图标，如图6-45所示。

2 拖动鼠标创建一个新框架，或单击另一个已创建的文本框架，InDesign会将框架串接到包含该文章的链接框架序列中，如图6-46所示。

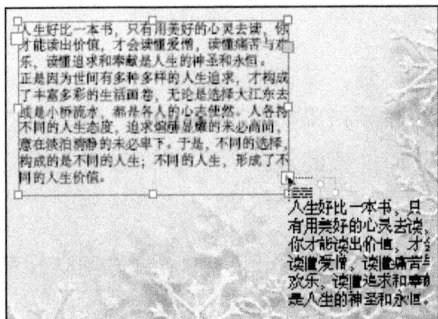

图6-45 单击已存在的文本框架后的效果　　　　图6-46 拖动鼠标创建新框架

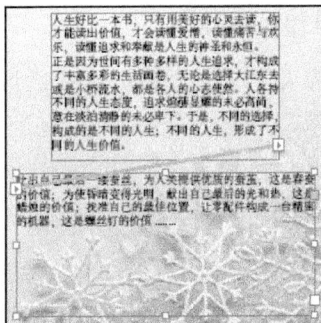

5.取消串接文本框架

取消串接文本框架时，将断开该框架与串接中的所有后续框架之间的链接，以前显示在这些框架中的任何文本将成为溢流文本（不会删除文本），所有的后续框架都为空。

选择工具箱中的【选择工具】，选择框架，双击入口或出口以断开两个框架之间的链接，如图 6-47 所示，或使用工具箱中的【选择工具】选择框架，单击表示与另一个框架存在串接关系的入口或出口。例如，在一个由两个框架组成的串接中，单击第一个框架的出口或第二个框架的入口，如图 6-48 所示，将载入的文本图标放置到上一个框架或下一个框架之上，以显示取消串接图标，单击要从串接文本中删除的框架中即可删除以后的所有串接框架的文本。

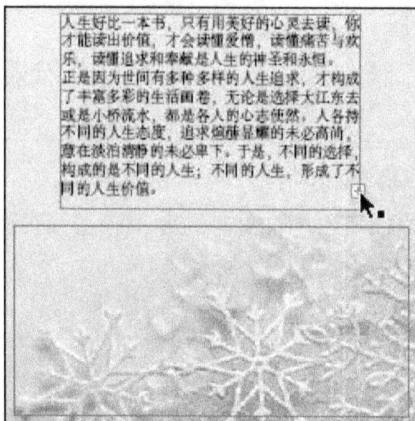

图6-47 从串接中断开框架的链接   图6-48 从串接中删除框架

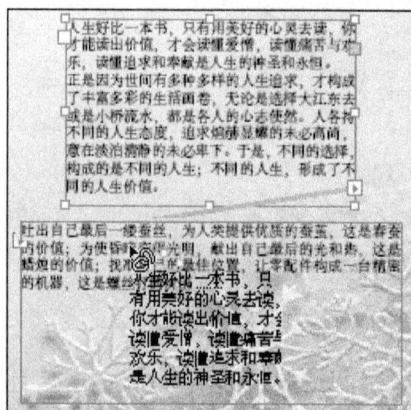

> ⭐ **注 意**
>
> 要将一篇文章拆分为两篇文章，剪切要作为第二篇文章的文本，断开框架之间的链接，然后将该文本粘贴到第二篇文章的第一个框架中。

6.3.2 剪切或删除串接文本框架

在剪切或删除文本框架时不会删除文本，文本仍包含在串接中。

1.从串接中剪切框架

可以从串接中剪切框架，然后将其粘贴到其他位置。剪切的框架将使用文本的副本，不会从原文章中移去任何文本。在一次剪切和粘贴一系列串接文本框架时，粘贴的框架将保持彼此之间的链接，但将失去与原文章中任何其他框架的连接。下面将对相关的操作进行介绍。

1 选择工具箱中的【选择工具】，选择一个或多个框架（按住【Shift】键并单击可选择多个对象），如图 6-49 所示。

2 选择【编辑】>【剪切】命令，选中的框架被剪切，其中包含的所有文本都排列到该文章内的下一个框架中，如图 6-50 所示。

3 剪切文章的最后一个框架时，其中的文本存储为上一个框架的溢流文本，如图 6-51 所示。

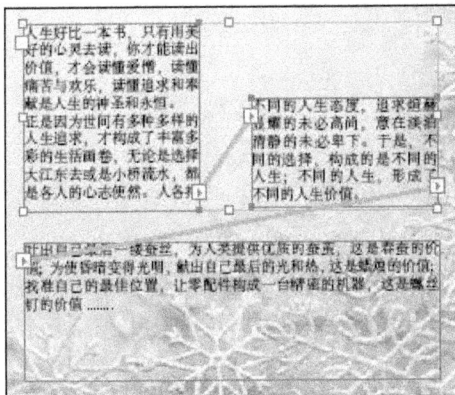

图6-49　从串接中剪切框架　　　　图6-50　从串接中剪切框架后的效果

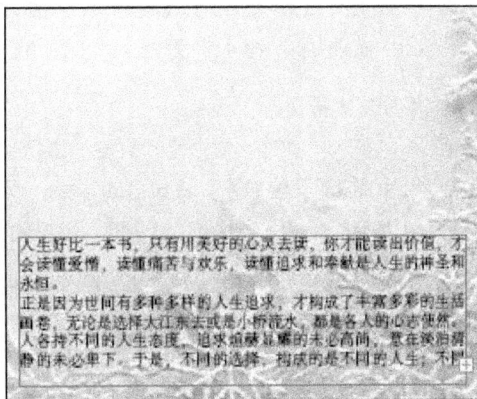

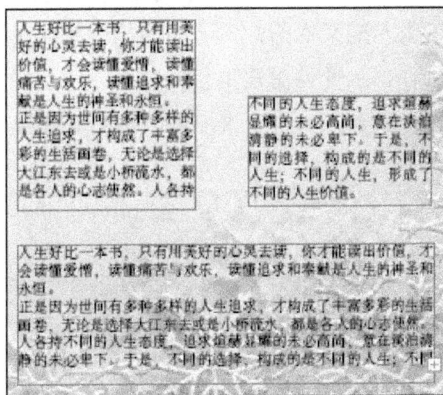

如果要在文档的其他位置使用断开链接的框架，则转到希望断开链接的文本出现的页面，然后选择【编辑】>【粘贴】命令，则粘贴文本后的效果如图 6-52 所示。

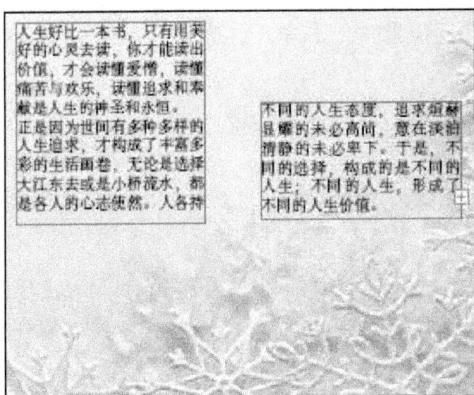

图6-51　从串接中剪切框架后的效果　　　　图6-52　粘贴从串接中剪切的框架

2．从串接中删除框架

当删除串接中的文本框架时，不会删除任何文本，文本将成为溢流文本，或排列到连续的下一个框架中。如果文本框架未链接到其他任何框架，则会删除框架和文本。

从串接中删除框架的方法如下。

1 要选择文本框架，可以选择工具箱中的【选择工具】，单击框架，或选择工具箱中的【文字工具】，按住【Ctrl】键，然后单击框架。

2 选择要删除的文本框架，按【Backspace】键或按【Delete】键即可删除框架。

6.3.3　手动与自动排文

置入文本或者单击入口/出口后，指针将成为载入的文本图标。使用载入的文本图标可将文本排列到页面上。按住【Shift】键或【Alt】键，可确定文本排列的方式。载入文本图标将根据置入的位置改变外观。

将载入的文本图标置于文本框架之上时，该图标将括在圆括号中。将载入的文本图标置于参考线或网格靠齐点旁边时，黑色指针将变为白色。

排文可以使用下列 4 种方法。

- 手动文本排文。
- 单击置入文本时，按住【Alt】键，进行半自动排文。
- 按住【Shift】键单击，进行自动排文。
- 单击时按住【Shift+Alt】组合键，进行固定页面自动排文。

要在框架中排文，InDesign 会检测是横排类型还是直排类型。使用半自动或自动排文排列文本时，将采用【文章】面板中设置的框架类型和方向。用户可以使用图标获得文本排文方向的视觉反馈。

1．手动排文

手动排文的具体操作步骤如下。

1 选择【文件】>【置入】命令，在【置入】对话框中选择一个文件。

2 将载入的文本图标置于现有框架或路径内的任何位置，然后单击，文本将被排列到该框架及其他任何与此框架串接的框架中。

3 如果要置入多个文本，单击出口并重复前面的步骤，直到置入所有文本。

技 巧

将载入文本图标置于某栏中，以创建一个与该栏的宽度相符的文本框架。该框架的顶部将是用户单击的地方。如果将文本置入与其他框架串接的框架中，则不论选择哪种文本排文方法，文本都将自动排到串接的框架中。

2．半自动排文

半自动排文的具体操作步骤如下。

1 选择【文件】>【置入】命令，置入"素材\Chapter 06\人生 .txt"文件，此时的鼠标指针为手动排文状态，按住键盘上的【Alt】键，鼠标指针变为半自动排文状态。

2 拖动鼠标可拖出一个文本框架，再放置后续文本的位置继续拖出文本框架，组成一个串接的文本框架，置入的文本在文本框架中进行排文，如图 6–53 所示。

3．自动排文

自动排文的具体操作步骤如下。

1 选择要自动排文的页面，选择【版面】>【边距和分栏】命令，在弹出的【边距和分栏】对话框的【栏数】中输入 2，单击【确定】按钮，则可把页面分为两栏。

② 选择【文件】>【置入】命令，在【置入】对话框中打开"素材\Chapter 06\人生.txt"文件，显示载入文本图标时按住【Shift】键，并单击栏中载入的文本图标，可创建一个与该栏的宽度相等的框架。

③ 随后 InDesign 将创建新文本框架和新文档页面，直到将所有文本都添加到文档中为止，如图 6-54 所示。在基于主页文本框架的文本框架内单击，文本将自动排列到文档页面框架中，并根据需要使用主页框架的属性生成新页面。

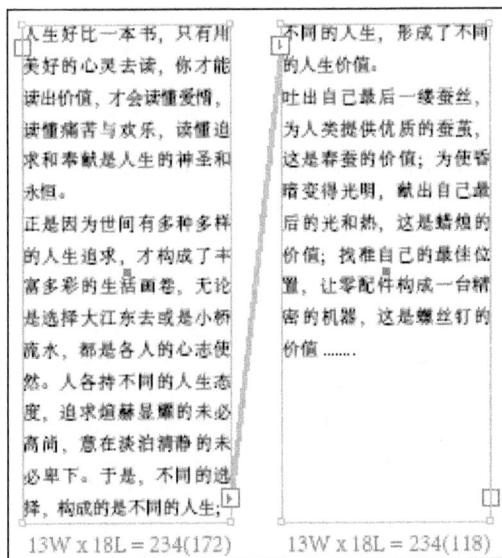

图6-53 半自动排文

图6-54 自动排文

4. 自动排文但不添加页面

在载入的文本图标后，按住【Shift+Alt】组合键并单击，即可实现自动排文，但不添加页面的操作。

6.4 文本框架

　　InDesign 中的文本位于文本框架内，有两种类型的文本框架：框架网格和纯文本框架。框架网格是亚洲语言排版特有的文本框架类型，其中字符的全角字框和间距都显示为网格；纯文本框架是不显示任何网格的空文本框架的。

6.4.1 设置文本框架的常规选项

① 选择【对象】>【文本框架选项】命令（见图 6-55），在弹出的【文本框架选项】对话框中选择【常规】选项卡，可设置"分栏"、"内边距"、"垂直对齐"选项的值，如图 6-56 所示。

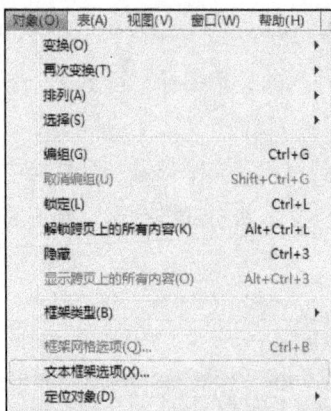

图6-55　选择【文本框架选项】命令

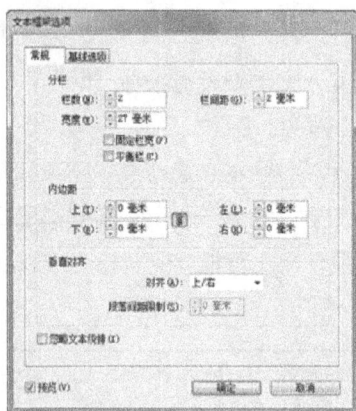

图6-56　【文本框架选项】对话框

2 选择工具箱中的【文字工具】，在页面上拖出一个文本框架，如图 6–57 所示。选择【文件】>
【置入】命令，打开"素材\Chapter 06\人生.txt"文件，单击文本框架，可向文本框架中置入
文本，置入文本后的效果如图 6–58 所示。

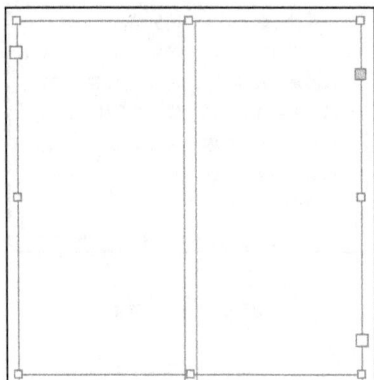

图6-57　页面上的文本框架

图6-58　向文本框架中置入文本后的效果

1．向文本框架中添加栏

用户可以使用【文本框架选项】对话框，在
文本框架中创建栏，其具体操作介绍如下。

1 利用【选择工具】选择框架，或者利用文字工
具选择文本。

2 选择【对象】>【文本框架选项】命令，在【文
本框架选项】对话框中，指定文本框架的栏数、每
栏宽度和每栏之间的间距（栏间距），如设置栏数为
3，其他选项的设置不变，则调整后的效果如图 6–59
所示。

图 6-59　栏数为 3 的效果

2. 设置【固定栏宽】复选框

若选中如图 6-60 所示的【固定栏宽】复选框，其他选项不变，单击【确定】按钮，则在调整框架大小时保持栏宽不变。选中该复选框，调整框架大小可以更改栏数，但不能更改栏宽。图 6-61 所示为一栏文本框架，图 6-62 所示为两栏文本框架，图 6-63 所示为三栏文本框架。

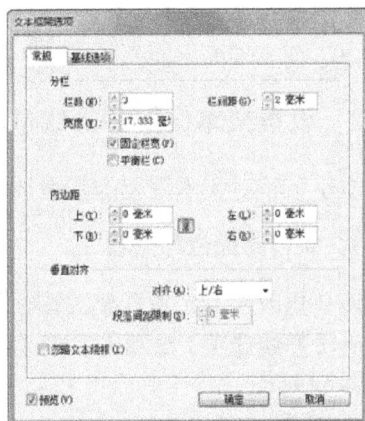

图 6-60 【文本框架选项】对话框

图 6-61 绘制的一栏文本框架

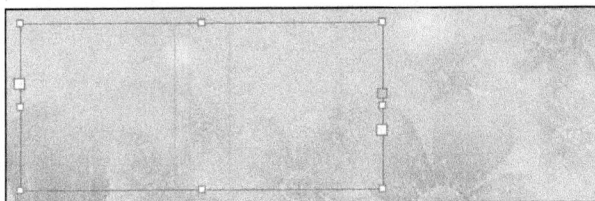

图 6-62 绘制的两栏文本框架

图 6-63 绘制的三栏文本框架

提 示

无法在文本框架中创建宽度不相等的栏。要创建宽度或高度不等的列，可在文档页面或主页上逐个添加串接的文本框架。

3. 更改文本框架内边距（边距）

首先利用【选择工具】选择框架，或者利用【文字工具】在文本框架中单击或选择文

143

本，然后选择【对象】>【文本框架选项】命令，在【常规】选项卡的【内边距】选项组中输入"上"、"下"、"左"和"右"的边缘距离即可。

6.4.2 设置文本框架的基线选项

本小节将对文本框架的基线选项设置进行逐一介绍。

1. 首行基线位移选项

若要更改所选文本框架的首行基线选项，可选择【对象】>【文本框架选项】命令，然后打开【基线选项】选项卡。在【首行基线】选项组中包括【位移】和【最小】两个选项，如图 6-64 所示。

【位移】下拉列表中将显示 6 个选项，如图 6-65 所示。

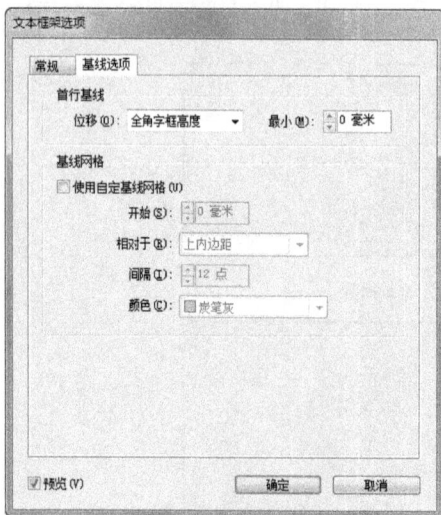

图6-64 【文本框架选项】对话框

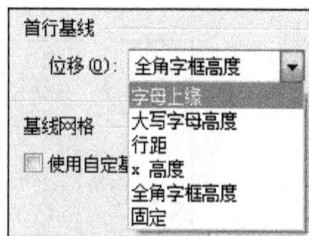

图6-65 【位移】选项

其中，各选项的含义如下。

- 全角字框高度：全角字框决定框架的顶部与首行基线之间的距离，效果如图 6-66 所示。
- 字母上缘：字体中字符的高度降到文本框架的上内陷之下，如图 6-67 所示。

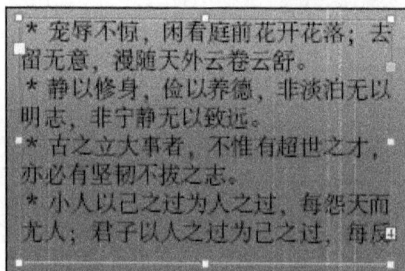

图6-66 位移为"全角字框高度"

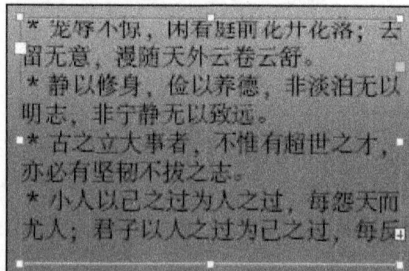

图6-67 位移为"字母上缘"

- 大写字母高度：大写字母的顶部触及文本框架的上内陷，如图 6-68 所示。
- 行距：以文本的行距值作为文本首行基线和框架的上内陷之间的距离，如图 6-69 所示。

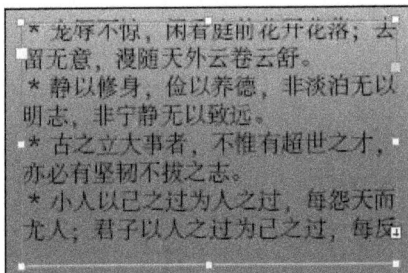
图6-68 位移为"大写字母高度"

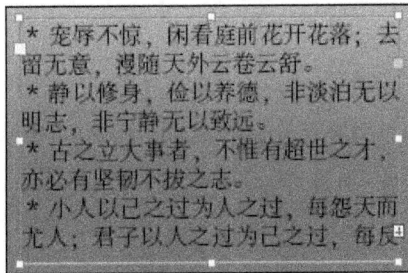
图6-69 位移为"行距"

- x 高度：字体中 x 字符的高度降到框架的上内陷之下，如图 6-70 所示。
- 固定：指定文本首行基线和框架的上内陷之间的距离，如图 6-71 所示。

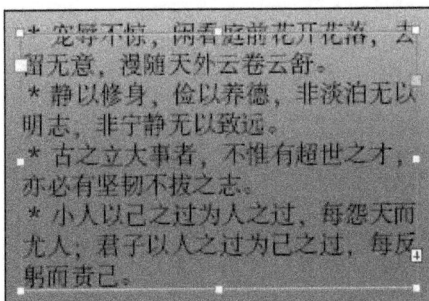
图6-70 位移为"x高度"

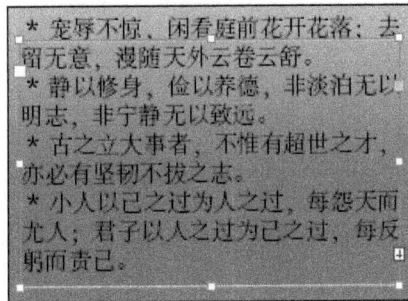
图6-71 位移为"固定"

提 示

如果要将文本框架的顶部与网格靠齐，选择"行距"或"固定"，以便控制文本框架中文本首行基线的位置。

【最小】：选择基线位移的最小值。例如，对于行距为 20 的文本，如果将位移设置为"行距"，则当设置的位移值小于行距值时，将应用"行距"；当设置的位移值大于行距值时，则将位移值应用于文本。

技 巧

在框架网格中，默认网格对齐方式设置为"全角字框，居中"，这意味着行高的中心将与网格框的中心对齐。通常，如果文本大小超过网格，【自动强制行数】将导致文本的中心与网格行间距的中心对齐。要使文本与第一个网格框的中心对齐，请使用首行基线位移设置，该设置可将文本首行的中心置于网格首行的中心上面。之后，将该行与网格对齐时，文本行的中心将与网格首行的中心对齐。

2. 设置文本框架的基线网格

在某些情况下，可能需要对框架而不是整个文档使用基线网格。使用【文本框架选项】

对话框，将基线网格应用于文本框架的具体操作步骤如下。

1 选择【视图】>【网格和参考线】>【显示基线网格】命令，以显示包括文本框架中的基线网格在内的所有基线网格，如图 6-72 所示。

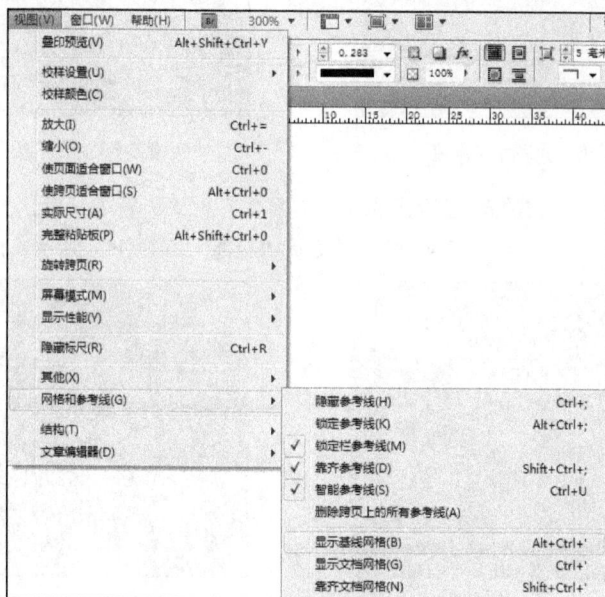

图 6-72　选择【显示基线网格】命令

2 选择文本框架或将插入点置入文本框架，选择【编辑】>【全选】命令，然后选择【对象】>【文本框架选项】命令。

3 基线网格应用于串接的所有框架（即使一个或多个串接的框架也不包含文本），则文本应用【文本框架选项】对话框中的基线网格设置。

3. 使用【使用自定基线网格】复选框

在使用自定基线网格的文本框架之前或之后，不会出现文档基线网格。将基于框架的基线网格应用于框架网格时，会同时显示这两种网格，并且框架中的文本会与基于框架的基线网格对齐。

【使用自定基线网格】下的各选项说明如下。

- 开始：输入一个值以从页面顶部、页面的上边距、框架顶部或框架的上内陷（取决于从【相对于】下拉列表中选择的内容）移动网格。

- 相对于：指定基线网格的开始方式是相对于页面顶部、页面上边距、文本框架顶部，还是文本框架内陷顶部。

- 间隔：输入一个值作为网格线之间的间距。在大多数情况下，输入等于正文文本行距的值，以便于文本行能恰好对齐网格。

- 颜色：为网格线选择一种颜色，或选择图层颜色以便与显示文本框架的图层使用相同的颜色。

例如，在【使用自定基线网格】下的【开始】中选择 2mm，【相对于】中选择"框架顶部"，【间隔】中选择"8 点"（见图 6-73），则绘制的文本框架效果如图 6-74 所示。

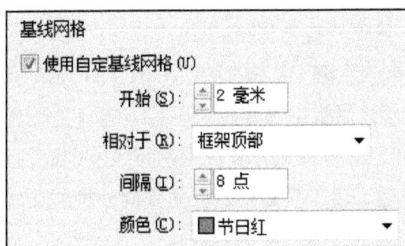

图6-73 【使用自定基线网格】选项

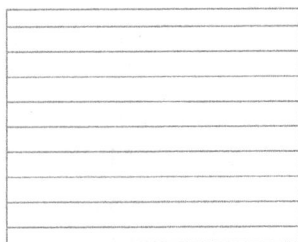

图6-74 文本框架效果

💡 **提 示**

如果在【网格和参考线】中选择了【网格置后】命令，将按照以下顺序绘制基线：基于框架的基线网格、框架网格、基于文档的基线网格和版面网格。如果未选择【网格置后】命令，将按照以下顺序绘制基线：基于文档的基线网格、版面网格、基于框架的基线网格和框架网格。

6.5　框架网格

使用【框架网格】对话框可以更改框架网格的设置，例如字体、字符大小、字符间距、行数和字数等。本节将对框架网格的设置以及应用进行详细介绍。

6.5.1　设置框架网格属性

选择【对象】>【框架网格选项】命令（见图6-75），弹出【框架网格】对话框，如图6-76所示。

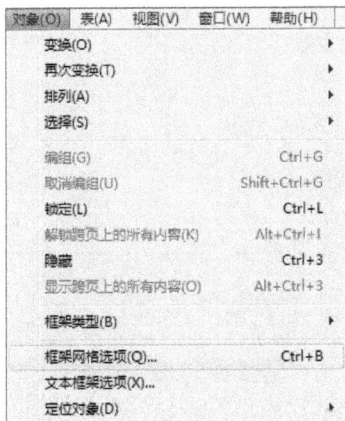

图6-75 选择【框架网格选项】命令

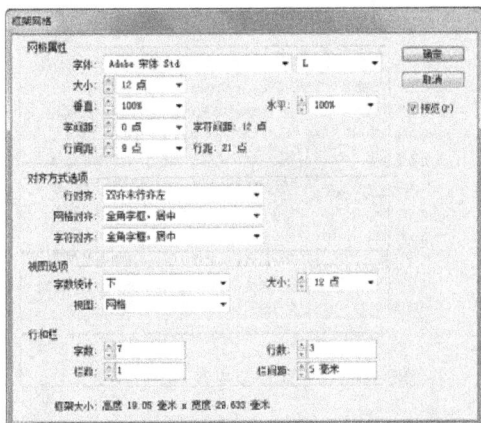

图6-76 【框架网格】对话框

1.【网格属性】选项

- 字体：指定字体系列和字体样式。这些字体设置将根据版面网格应用到框架网格中。
- 大小：指定字体大小，这个值将作为网格单元格的大小。
- 垂直和水平：以百分比形式为全角亚洲字符指定网格缩放。

147

- 字间距：指定框架网格中网格单元格之间的间距，该值将作为网格间距。
- 行间距：指定网格间距，这个值被作为从首行中网格的底部（或左边）到下一行中网格的顶部（或右边）之间的距离。如果在此处设置了负值，【段落】面板中【字距调整】下的【自动行距】值将自动设置为 80%（默认值为 100%），只有当行间距超过由文本属性中的行距所设置的间距时，网格对齐方式才会增加该值。直接更改文本的行距值，将改变网格对齐方式向外扩展文本行，以便与最接近的网格行匹配。

使用【网格属性】选项进行文档设置的操作步骤如下。

1 设置字体为"宋体"、大小为"12 点"、垂直为 100%、字间距为"2 点"、行间距为"9 点"，如图 6-77 所示。

2 选择工具箱中的【矩形框架工具】，在页面上拖动，绘制一个矩形框架，如图 6-78 所示。

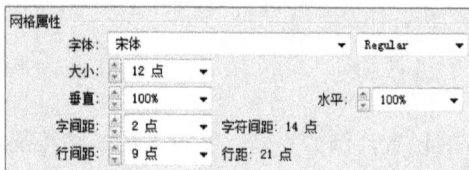

图6-77 【网格属性】选项

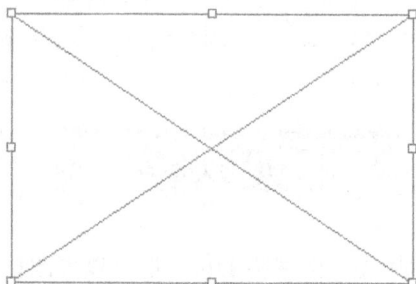

图6-78 绘制的矩形框架

3 选择【文件】>【置入】命令，打开"素材\Chapter 06\人生 .txt、花 .jpg"文件，选择图片对象，在【文本绕排】面板中设置绕排方式为"沿定界框绕排"，效果如图 6-79 所示。

4 双击文本框架，查看置入的文本的属性，正是我们刚才设置的框架的属性，如图 6-80 所示。

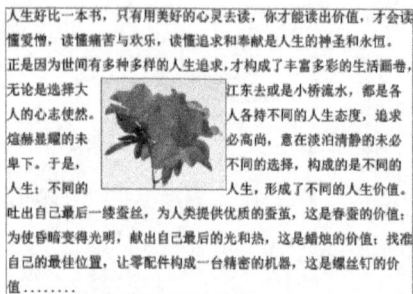

图6-79 在矩形框架中置入图片和文本

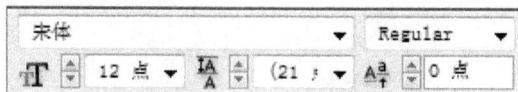

图6-80 文本的属性

注 意

【文本框架选项】对话框中的值和【框架网格设置】对话框中的栏数处于动态交互状态，【文本框架选项】对话框中的栏号设置也将反映在框架网格设置中。此外，【首行基线位移】和【忽略文本绕排】只能从【文本框架选项】对话框中设置。

2．对齐方式选项

- 行对齐：选择一个选项，以指定文本的行对齐方式，例如双齐末行齐左的效果如图 6-81 所示；强制双齐的效果如图 6-82 所示。

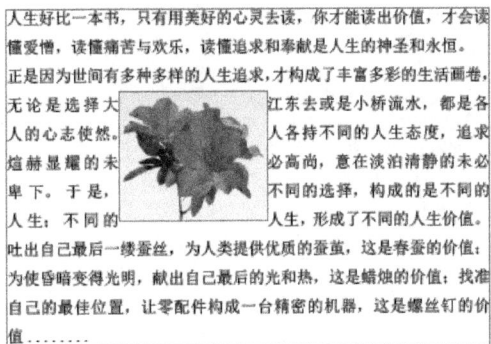

图6-81　"双齐末行齐左"效果

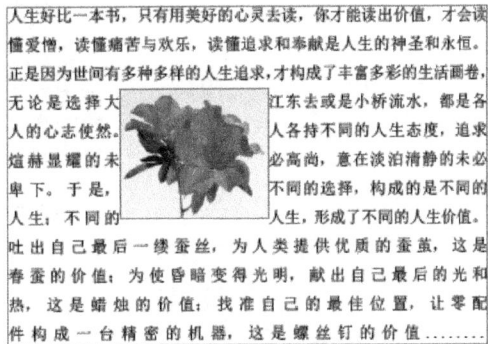

图6-82　"强制双齐"效果

- 网格对齐：选择一个选项，以指定将文本与"全角字框，上"、"全角字框，居中"、"全角字框，下"、"表意字框，上"、"表意字框，下"对齐，还是与"罗马字基线"对齐。例如"全角字框，上"效果如图 6-83 所示；"罗马字基线"效果如图 6-84 所示。

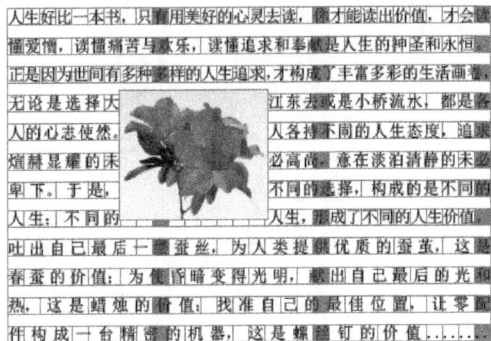

图6-83　"全角字框，上"效果

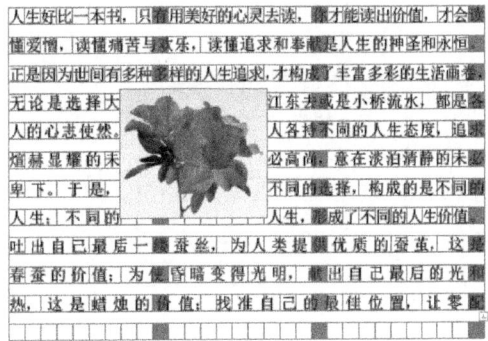

图6-84　"罗马字基线"效果

- 字符对齐：选择一个选项，以指定将同一行的小字符与大字符对齐的方法。

3．视图选项

- 字数统计：选择一个选项，以确定框架网格尺寸和字数统计的显示位置。例如字数统计选择"下"，选择【视图】>【网格和参考线】>【显示框架字数统计】命令，效果如图 6-85 所示。
- 大小：调整字数统计的字体的大小。
- 视图：选择一个选项，以指定框架的显示方式。
  - ❖ 网格：显示包含网格和行的框架网格，如图 6-86 所示。
  - ❖ N/Z 视图：将框架网格方向显示为深蓝色的对角线；插入文本时并不显示这些线条，如图 6-87 所示。
  - ❖ 对齐方式视图：显示仅包含行的框架网格，如图 6-88 所示。
  - ❖ N/Z 网格：它的显示情况恰为"N/Z 视图"与"网格"的组合，如图 6-89 所示。

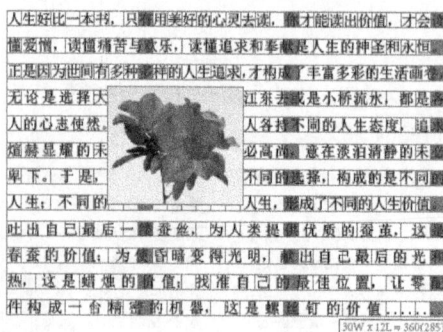

图 6-85　字数统计

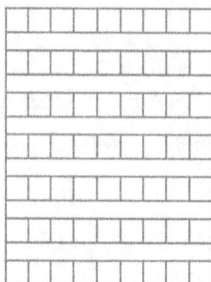

图6-86　网格视图效果

图6-87　N/Z 视图效果

图6-88　对齐方式视图效果

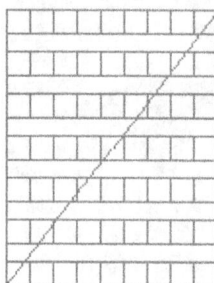

图6-89　N/Z 网格效果

4．行和栏

【行和栏】选项组中各选项的含义如下。

- 字数：指定一行中的字符数。
- 行数：指定一栏中的行数。
- 栏数：指定一个框架网格中的栏数。
- 栏间距：指定相邻栏之间的间距。

文本框架的行和栏设置如图 6-90 所示。

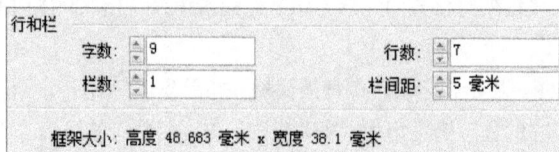

图 6-90　【行和栏】选项

例如，设置【行和栏】选项组的【字数】为 12、【行数】为 9、【栏数】为 2，【栏间距】为 5mm，则框架的效果如图 6-91 所示。

图 6-91　设置行和栏后的效果

> **提 示**
>
> 如果在未选中框架网格中任何对象的情况下，在【框架网格设置】对话框中进行了一些更改，这些设置将成为该框架网格的默认设置。也可使用网格设置来调整字符间距。

6.5.2　转换文本框架和框架网格

在 InDesign 中，可以将纯文本框架转换为框架网格，也可以将框架网格转换为纯文本框架。如果将纯文本框架转换为框架网格，对于文章中未应用字符样式或段落样式的文本，会应用框架网格的文档默认值。

将纯文本框架转换为框架网格后，将预定的网格格式应用于采用尚未赋予段落样式的文本的框架网格，以此应用网格格式属性。此外，将文本框架转换为框架网格时，先调整在转换期间创建的所有内边距，然后编辑文本，还可能会在该框架的顶部、底部、左侧和右侧创建空白区。如果网格格式中设置的字体大小或行距值无法将文本框架的宽度或高度分配完，将显示这个空白区。使用【选择工具】拖动框架网格的控制点进行适当调整，就可以移去这个空白区。

1. 将纯文本框架转换为框架网格

方法 1：使用【对象】命令
选择文本框架，选择【对象】>【框架类型】>【框架网格】命令，如图 6-92 所示。
方法 2：使用【文章】面板

1 选择文本框架，选择【文字】>【文章】命令以显示【文章】面板，如图 6-93 所示。
2 选择【框架类型】下拉列表中的"框架网格"选项，如图 6-94 所示。根据网格属性重新设置文章文本格式，选中框架网格后，选择【编辑】>【应用网格格式】命令即可，如图 6-95 所示。

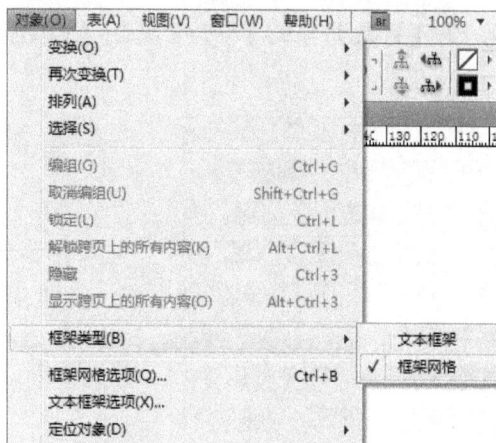

图6-92　选择【框架类型】命令

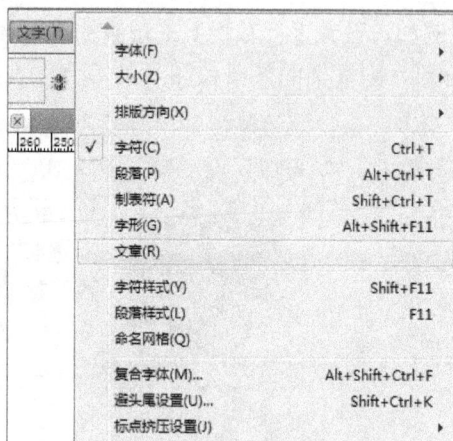

图6-93　选择【文章】命令

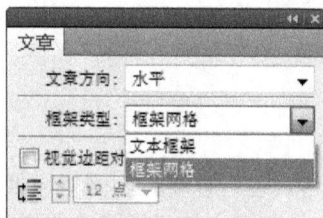

图6-94　【文章】面板

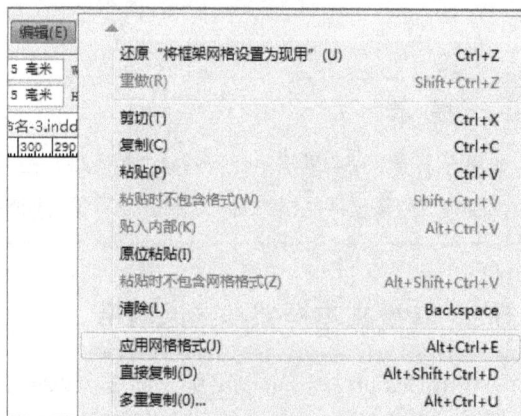

图6-95　选择【应用网格格式】命令

2．将框架网格转换为文本框架

选择框架网格，选择【对象】>【框架类型】>【文本框架】命令或选择【文字】>【文章】命令以显示【文章】面板，在【框架类型】下拉列表中选择"文本框架"。

6.5.3　查看框架网格字数统计

框架网格字数统计显示在网格的底部，此处显示的是字符数、行数、单元格总数和实际字符数的值。选择【视图】>【网格和参考线】>【显示字数统计】命令或选择【视图】>【网格和参考线】>【隐藏字数统计】命令可显示或隐藏统计字数。

要指定字数统计视图的大小和位置，选择该文本框架，然后选择【对象】>【框架网格选项】命令。在【视图选项】下，指定"字数统计"、"视图"和"大小"，然后单击【确定】按钮。

6.6　使用项目符号、编号与脚注

InDesign 具有丰富的格式设置项，如快速对齐文本功能选项。使用该功能可以方便、快速地对齐段落和特殊字符对象；同时也可以灵活地加入脚注，使版面内容更加丰富，便于读者阅览。

6.6.1 项目符号和编号

项目符号是指为每一段的开始添加符号；编号是指为每一段的开始添加序号。如果向添加了编号列表的段落中添加段落或从中移去段落，则其中的编号会自动更新。

1. 项目符号

在需要添加项目符号的段落中单击，在【段落】面板的下拉菜单中选择【项目符号和编号】命令，如图 6-96 所示。打开【项目符号和编号】对话框，从中单击【列表类型】右侧的下三角按钮，在弹出的下拉列表中选择"项目符号"，然后选中【预览】复选框，如图 6-97 所示。在【项目符号字符】选项组中单击需要添加的符号，单击【确定】按钮，即可更改项目符号。

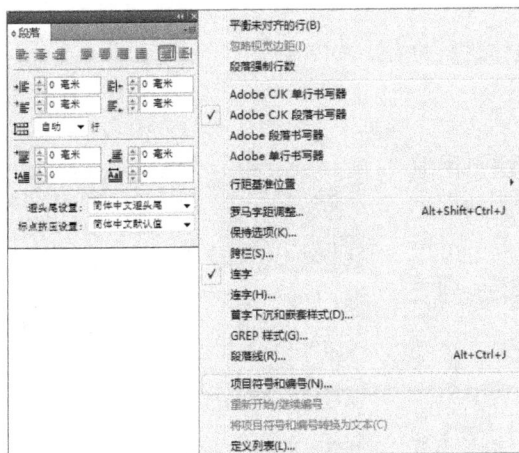

图6-96　选择【项目符号和编号】命令　　　　图6-97　【项目符号和编号】对话框

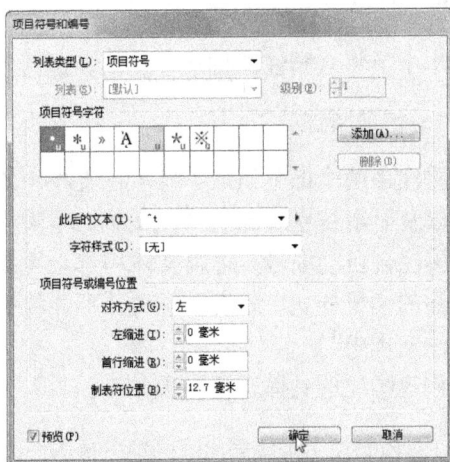

提 示

若单市【添加】按钮，将弹出【添加项目符号】对话框，从中可以设置【字体系列】和【字体样式】选项，在需要添加的符号上单击，最后单击【确定】按钮，即可添加项目符号，如图 6-98 所示。

2. 编号

在【项目符号和编号】对话框的【列表类型】下拉列表中选择"编号"，可以为选择的段落添加编号，如图 6-99 所示。

【编号样式】选项组的【格式】下拉列表可设置编号的格式，如"1,2,3,4"；【编号】下拉列表可设置序号和文字间的符号。当【编号】框中有"^t"时，【制表符位置】选项为可用状态。这时设置该选项，可以调整编号和文字间的距离。

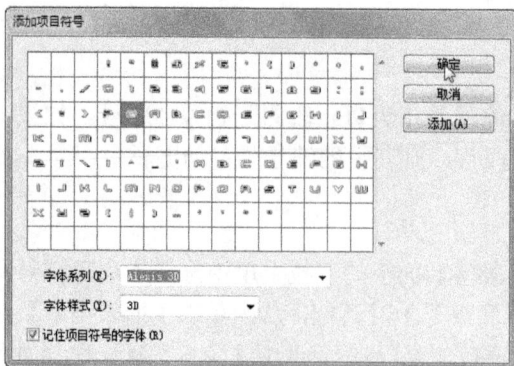

图6-98 【添加项目符号】对话框

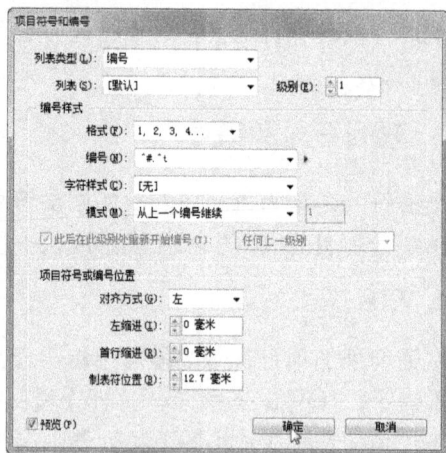

图6-99 【项目符号和编号】对话框

6.6.2 脚注

本小节将对脚注的创建、编辑、删除等操作进行介绍。

1．创建脚注

脚注由两个部分组成：显示在文本中的脚注引用编号，以及显示在栏底部的脚注文本。将脚注添加到文档时，脚注会自动编号，每篇文章中都会重新编号。可控制脚注的编号样式、外观和位置，不能将脚注添加到表或脚注文本中。

创建脚注的具体操作步骤如下。

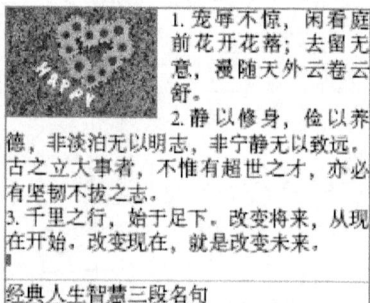

图 6-100 添加到文档的脚注

1 在希望脚注引用编号出现的地方单击，选择【文字】>【插入脚注】命令。

2 输入脚注文本，例如"经典人生智慧三段名句"，创建脚注后的效果如图 6-100 所示。

3 插入点位于脚注中时，可以选择【文字】>【转到脚注引用】命令以返回正在输入的位置。

提示

输入脚注时，脚注区将扩展而文本框架大小保持不变，脚注区继续向上扩展直至脚注引用行。在脚注引用行上，如果可能，脚注会拆分到下一个文本框架栏或串接的框架。如果脚注不能拆分且脚注区不能容纳过多的文本，则包含脚注引用的行将移到下一栏，或出现一个溢流图标。在这种情况下，应该调整框架大小或更改文本格式。

2．更改脚注编号和版面

更改脚注编号和版面将影响现有脚注和所有新建脚注，更改脚注编号和版面的具体操作步骤如下。

1 选择【文字】>【文档脚注选项】命令，如图 6-101 所示。

2 在【编号与格式】选项卡上，选择相关选项，决定引用编号和脚注文本的编号方案及格式外观。

3 选择【版面】选项卡，并选择控制页面脚注部分的外观选项，如图 6-102 所示。

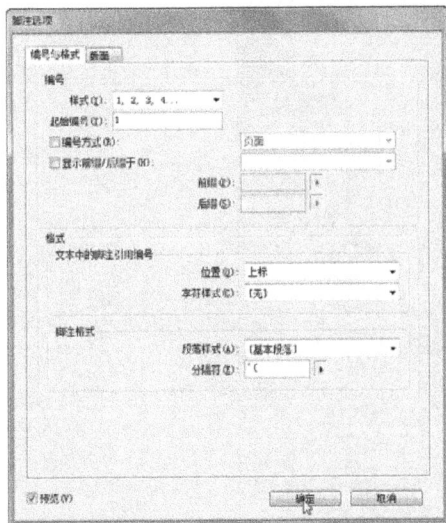

图6-101　【编号与格式】选项卡　　　　　图6-102　【版面】选项卡

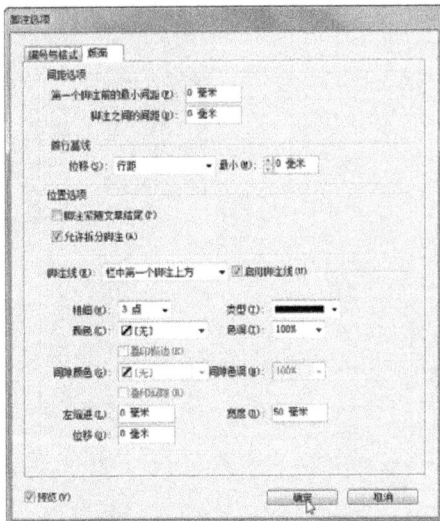

3．删除脚注

要删除脚注，选择文本中显示的脚注引用编号，然后按【Backspace】键或【Delete】键。如果仅删除脚注文本，则脚注引用编号和脚注结构将被保留下来。

4．使用脚注文本

编辑脚注文本时，应注意下列事项。

- 插入点位于脚注文本中时，选择【编辑】>【全选】命令，将选择该脚注的所有脚注文本，而不会选择其他脚注或文本。
- 使用键盘上的方向键可在脚注之间切换。
- 在【文章编辑器】中，单击脚注图标可展开或折叠脚注。选择【视图】>【文章编辑器】>【展开全部脚注】命令或选择【视图】>【文章编辑器】>【折叠全部脚注】命令可展开或折叠所有脚注。
- 可选择字符和段落格式，并将它们应用于脚注文本。也可选择脚注引用编号，并更改其外观，但最好使用【文档脚注选项】对话框。
- 剪切或复制包含脚注引用编号的文本时，脚注文本也被添加到剪贴板。如果将文本复制到其他文档，则该文本中的脚注使用新文档的编号和版面外观特性。
- 若意外删除了脚注文本开头的脚注编号，则可通过将插入点置入脚注文本的开头，单击鼠标右键，并选择【插入特殊字符】>【标志符】>【脚注编号】命令将脚注添加回来。
- 文本绕排对脚注文本无影响。

6.7　综合案例——制作星座物语单页

本例将制作一个如图 6-103 所示的制作星座物语单页。

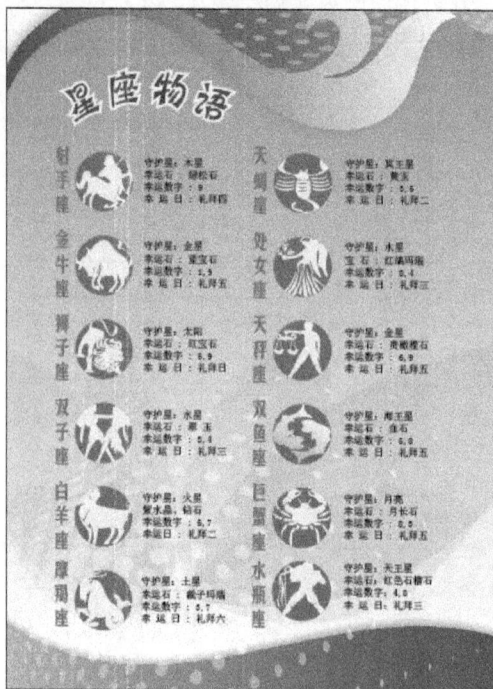

图 6-103　星座物语单页最终效果

上机目的：

能够利用路径文字、文字编辑和图片编辑等制作一张星座物语单页。通过对本例的学习，用户将制作出带有十二星座图文信息的单页。

重点难点：

❖　路径文字的应用
❖　图形框架的应用
❖　文字编辑与排版的应用

操作步骤

1．置入背景

1 选择【文件】>【新建】>【文档】命令（快捷键为【Ctrl+N】），弹出【新建文档】对话框，设置【宽度】为 210mm、【高度】为 297mm，单击【边距和分栏】按钮，如图 6-104 所示。

2 设置边距为 20mm，单击 **⑧** 按钮，使上、下、内、外边距联动，如要单独设置边距，则需要再次单击此按钮。设置【栏数】为 1、【栏间距】为 5mm，单击【确定】按钮，如图 6-105 所示。

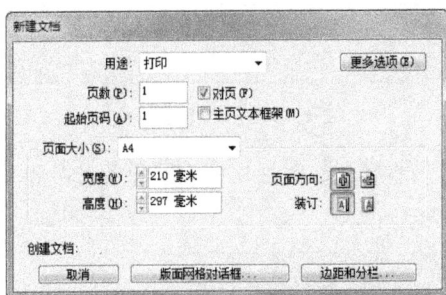

图6-104　【新建文档】对话框

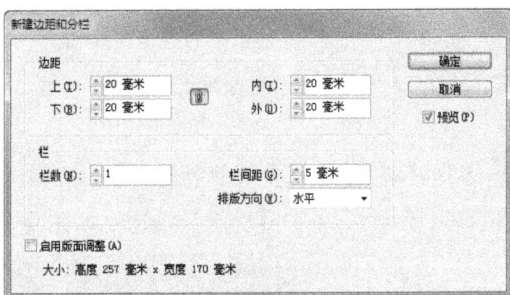

图6-105　【新建边距和分栏】对话框

3 选择工具箱中的【矩形框架工具】(快捷键为【F】)，单击画布，在弹出的【矩形】对话框中设置【宽度】为216mm、【高度】为291mm，单击【确定】按钮，如图6-106所示。

4 利用【选择工具】选中矩形框架，在【属性】面板中将矩形的参考点移至左上角，并设置X值和Y值均为-3mm，如图6-107所示。

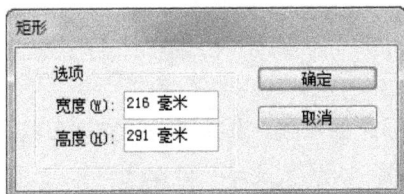

图6-106　【矩形】对话框

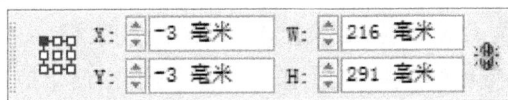

图6-107　【属性】面板

5 选中矩形框架，选择【文件】>【置入】命令，打开【置入】对话框，选择"素材\Chapter 06\背景.png"文件，单击【打开】按钮；在置入的图片上单击鼠标右键，在快捷菜单中选择【适合】>【使内容适合框架】选项，如图6-108所示。页面效果如图6-109所示。

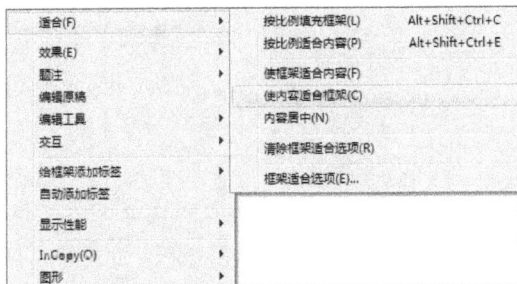

图6-108　选择【使内容适合框架】命令

图6-109　页面效果

2. 绘制参考线

1 从垂直标尺处拖动出一条参考线，在【属性】面板中设置X值为105mm，如图6-110所示。

2 从水平标尺处拖动出一条参考线，在【属性】面板中设置Y值为20mm，如图6-111所示。

图6-110 【属性】面板

图6-111 【属性】面板

3 选择【编辑】>【多重复制】命令，在弹出的【多重复制】对话框中设置重复计数为 7、垂直位移为 35mm，单击【确定】按钮，如图 6-112 所示。

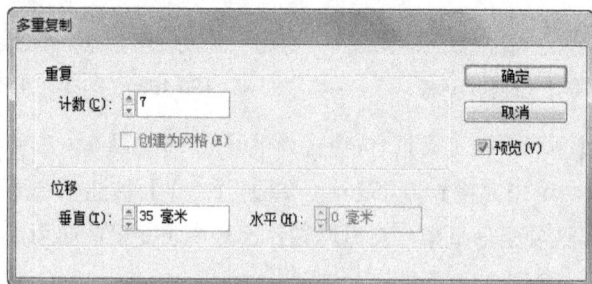

图 6-112 【多重复制】对话框

3. 单页内部排版

1 使用【钢笔工具】在页面的左上角绘制一条向上弓起的弧线，选择【路径文字工具】，将鼠标指针移至弧线上，当鼠标指针形状变成 时单击页面，并输入文字"星座物语"，如图 6-113 所示。

2 利用【路径文字工具】选中文字，在【字符】面板中设置字体为"迷你简蝶语"、字体大小为"48 点"，如图 6-114 所示。

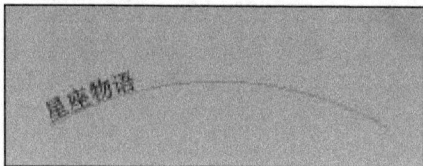

图6-113 输入路径文字

图6-114 【字符】面板

3 在【颜色】面板中设置字体的填充色为"紫红色"(C30,M100,Y0,K0)、描边色为"白色"，如图 6-115 所示。

4 选择【椭圆框架工具】，在页面上单击，弹出【椭圆】对话框，设置椭圆的【宽度】和【高度】均为 25mm，单击【确定】按钮，如图 6-116 所示。

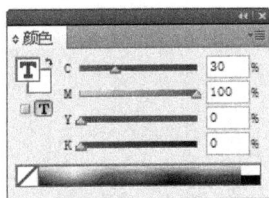

图6-115 【颜色】面板

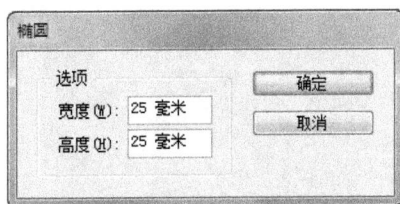

图6-116 【椭圆】对话框

5 利用【选择工具】选中椭圆，在【属性】面板中将椭圆的参考点移至左上角，设置 X 值为 30mm、Y 值为 60mm，如图 6-117 所示。在【颜色】面板中设置椭圆的填充色为 "紫色" (C30,M80,Y0,K0)、描边为无，如图 6-118 所示。

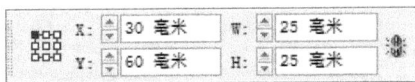

图6-117 【属性】面板

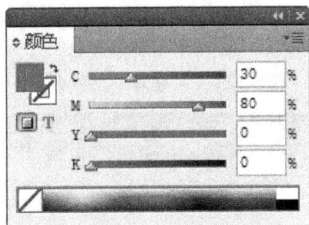

图6-118 【颜色】面板

6 按住【Alt】键并拖动椭圆，将其复制，在【属性】面板中将椭圆的参考点移至左上角，设置 X 值为 115mm、Y 值为 60mm，如图 6-119 所示。

7 利用【选择工具】将两个椭圆框选，选择【编辑】>【多重复制】命令，弹出如图 6-120 所示的【多重复制】对话框，在其中设置重复参数。最终页面效果如图 6-121 所示。

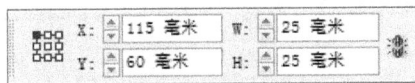

图6-119 【属性】面板

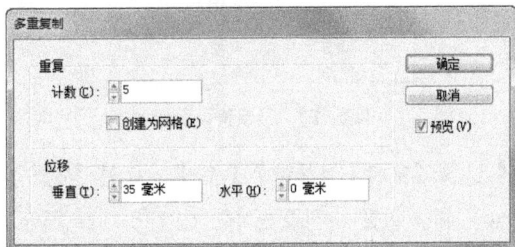

图6-120 【多重复制】对话框

8 打开 "素材\Chapter 06\星座.indd" 文件，将十二星座图像复制到该文档中，分别剪切十二星座图像，并依次选择页面中的 12 个椭圆，按【Ctrl+Alt+V】组合键将剪切的十二星座图像复制到椭圆框架内部，然后为其依次设置【使内容适合框架】选项，如图 6-122 所示。

9 选择【直排文字工具】，在第一个椭圆前面拖出一个文本框，输入文字 "射手座"；选中文字，在【字符】面板中设置字体为 "迷你简长艺"、字体大小为 "24 点"，如图 6-123 所示。

10 在【颜色】面板中设置字体填充色为 "紫色" (C30,M80,Y0,K0)、描边为无，如图 6-124 所示。

11 相同的方法，在每个椭圆前面添加相应的星座名称，依次为 "射手座"、"天蝎座"、"金牛座"、"处女座"、"狮子座"、"天秤座"、"双子座"、"双鱼座"、"白羊座"、"巨蟹座"、"摩羯座"、"水瓶座"，如图 6-125 所示。

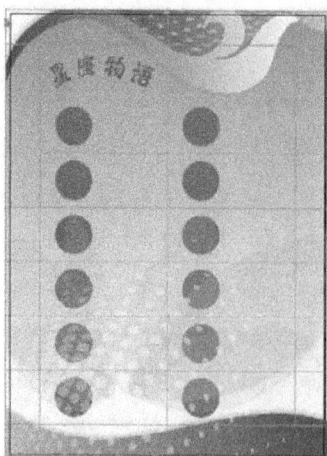

图6-121 多重复制后的效果

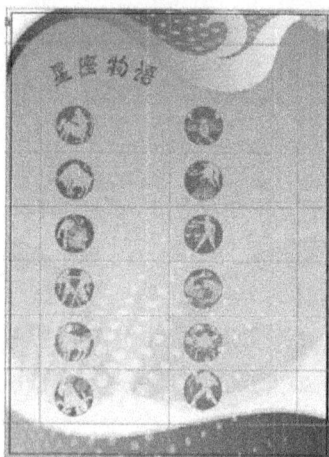

图6-122 置入图片后的效果

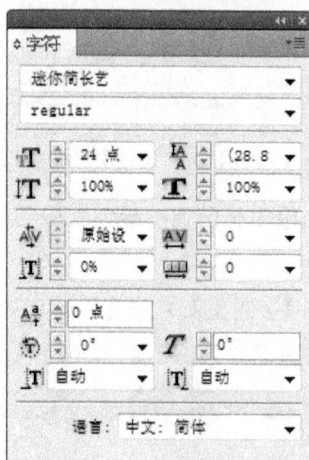

图6-123 【字符】面板

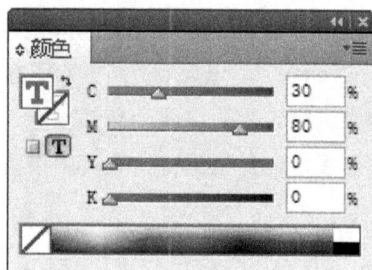

图6-124 【颜色】面板

12 选择【文件】>【置入】命令，打开【置入】对话框，选择"素材\Chapter 06\十二星座.txt"文件，将文本置入到页面中，如图6-126所示。

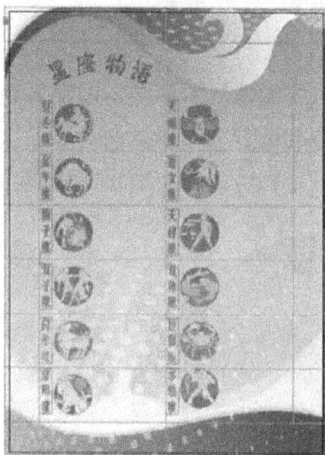

图6-125 添加星座名称

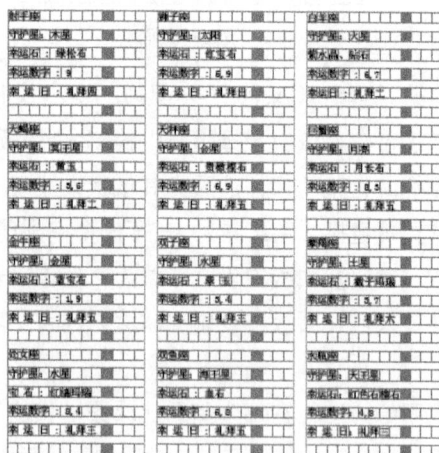

图6-126 置入文本

⑬ 使用【文字工具】分别在 12 个椭圆的后面拖出一个文本框，然后依次复制文本"十二星座"中与其相对应的星座物语到每个文本框中，选择同一列的文字，在【字符】面板中单击【左对齐】按钮，将其排列整齐，如图 6-127 所示。

⑭ 至此，完成星座物语单页的制作。最后按【Ctrl+S】组合键保存该文档，并勾选【预览】复选框，预览其效果，如图 6-128 所示。

图6-127　添加并排列文本

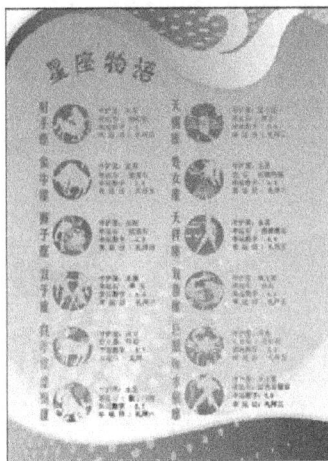

图6-128　预览效果

6.8　习题与上机

一、选择题

（1）InDesign 可以对任何图形框使用文本绕排，当对一个对象应用文本绕排时，InDesign 中会为这个对象创建（　　）以阻碍文本。

　　A．线条　　　　　　B．边界　　　　　　C．边框　　　　　　D．基线

（2）在【文本绕排】面板中，【轮廓选项】下的【类型】下拉列表中（　　）选项是将文本绕排至由图像的高度和宽度构成的矩形。

　　A．定界框　　　　　B．检测边缘　　　　C．Alpha 通道　　　D．图形框架

（3）在【定位对象选项】对话框的【位置】下拉列表中选择（　　），则将定位对象的底边（在横排文本中）或左侧（在直排文本中）与基线对齐。

　　A．行上方　　　　　B．行下方　　　　　C．行中　　　　　　D．Y 位移

二、填空题

（1）_____是用容器框架生成边界。_____是用导入图像的剪切路径生成边界。

（2）每个文本框架都包含一个_____和一个_____，这些端口用来与其他文本框架进行链接。

（3）脚注由两个部分组成，即显示在文本中的_____，以及显示在栏底部的_____。

三、上机操作题

（1）在互联网上收集素材，设计一张图文并茂的宣传页，如图 6-129 所示。

💡 **知识要点提示**

本宣传页涉及文本绕排、框架、项目符号和编号、脚注等。

图 6-129　宣传页

（2）将如图 6-129 所示的宣传页中介绍鱼的文本段改为 3 个串接文本。

07

表格的应用

InDesign CS5 的表格功能非常强大。为此，本章将对表格的创建方法、置入表格及从其他程序中导入表格的操作进行详细介绍，同时还对选取表格元素、插入行与列、调整表格大小、拆分与合并单元格、设置表格选项，以及设置单元格选项等内容进行讲解。

学习目标

- 了解创建表格的方法
- 掌握编辑表格的方法
- 掌握使用表格的方法

7.1 创建表格

在编辑各种文档中，经常会用到各式各样的表格，可以给人一种直观、明了的感觉。通常，表格是由成行成列的单元格所组成的，如图 7-1 所示。

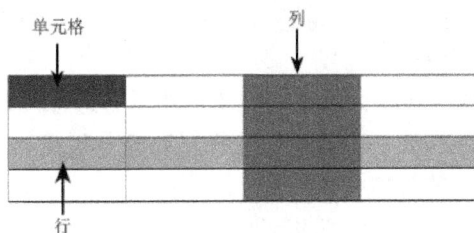

图 7-1 表格的基本组成

7.1.1 插入表格

在 InDesign CS5 中提供了直接创建表格的功能，其具体操作步骤如下。

1. 选择工具箱中的【文字工具】，在页面中合适的位置按住鼠标拖曳出矩形文本框。
2. 选择菜单栏中的【表】>【插入表】命令，打开【插入表】对话框，如图 7-2 所示。
3. 在【插入表】对话框中设置表格的参数，如设置【正文行】为 4、【列】为 4，其他保持默认，单击【确定】按钮，即可创建一个表格，如图 7-3 所示。

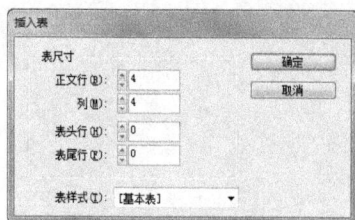

图7-2 【插入表】对话框

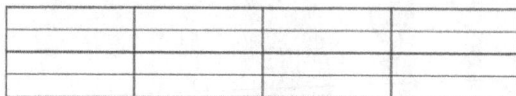

图7-3 创建的表格效果

提 示

在 InDesign CS5 中想要创建新的表格，必须建立在文本框上，即要创建表格必须先创建一个文本框，或者在现有的文本框中单击定位，再进行绘制表格。按【Alt + Shift + Ctrl +T】组合键可以快速打开【插入表】对话框，该对话框中各选项的含义说明如下。

- 正文行：指定表格横向行数。
- 列：指定表格纵向列数。
- 表头行：设置表格的表头行数，如表格的标题，在表格的最上方。
- 表尾行：设置表格的表尾行数，它与表头行一样，不过位于表格最下方。
- 表样式：设置表格样式，可以选择或创建新的表格样式。

7.1.2 将文本转换为表格

在 InDesign CS5 中可以轻松地将文本和表格进行转换。在将文本转换为表格时，需要使用指定的分隔符，如【Tab】键、逗号、句号等，并且分成制表符和段落分隔符。图 7-4 所示为输入时使用的制表符"，"和段落分隔符"。"。

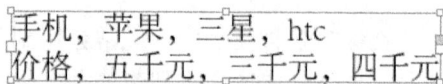

图 7-4 制表符和段落标记

使用【文字工具】选择要转换为表格的文本，然后选择【表】>【将文本转换为表】命令，在打开的【将文字转换为表】对话框中选择对应的分隔符，最后单击【确定】按钮即可。文本转换为表格的操作效果如图 7-5 所示。

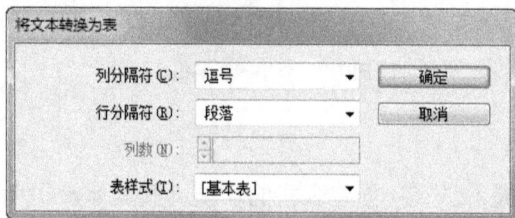

图 7-5 文本转换为表格的操作效果

164

7.1.3 从其他程序中导入表格

用户可以将其他软件制作的表格直接置入到 InDesign CS5 的页面中，如 Word 文档表格、Excel 表格等，这将大大提高工作效率，非常方便。下面将对其具体操作进行介绍。

1 选择【文件】>【置入】命令，弹出【置入】对话框，选择要置入的表格文件，可以选择左下角的【显示导入选项】复选框，单击【打开】按钮，弹出【Microsoft Excel 导入选项】对话框，可以在其中进行详细设置，如图 7-6 所示。

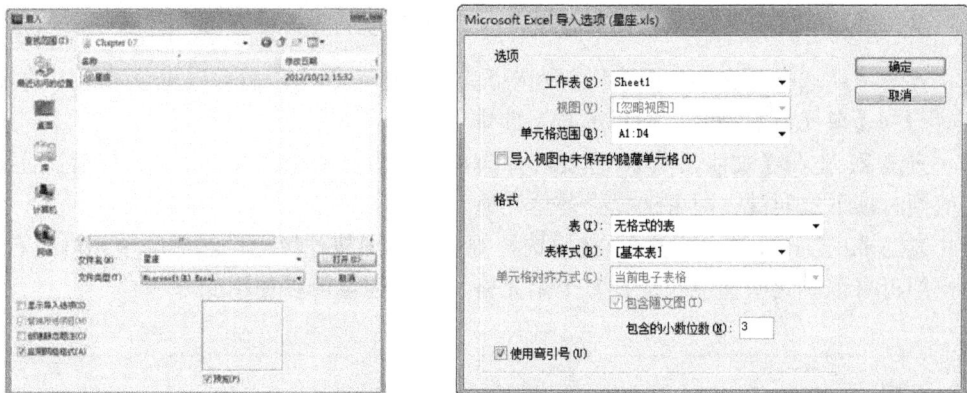

图 7-6　【置入】对话框和【Microsoft Excel 导入选项】对话框

2 设置相关参数后单击【确定】按钮，当鼠标指针变成一个置入的标志时，在页面中单击或拖动即可将表格置入，置入后的效果如图 7-7 所示。

> ⭐ **注意**
>
> 表格的置入可以直接在制表软件中复制/粘贴到 InDesign CS5 中，但是需要设置，在菜单栏中选择【编辑】>【首选项】>【剪贴板处理】命令，选中【所有信息（索引标志符、色板、样式等）】单选按钮，如图 7-8 所示。

星座	守护星	幸运石	幸运日
天秤座	金星	橄榄石	礼拜五
双子座	水星	翠玉	礼拜三
水瓶座	天王星	石榴石	礼拜四

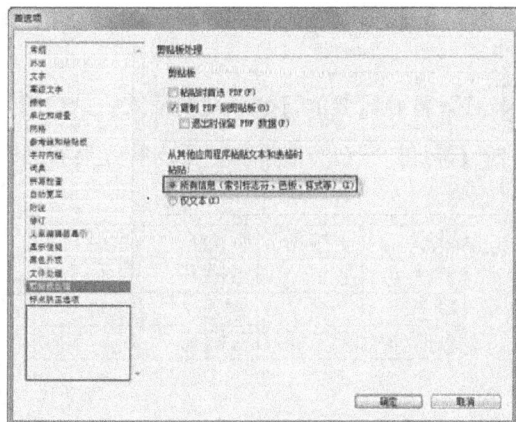

图7-7　置入表格后的效果　　　　　　　图7-8　【剪贴板处理】选项组中的选项

7.2 编辑表格

创建表格后，用户需要对表格框架进行编辑处理，以使其更加美观。下面将对其相关操作进行详细讲解。

7.2.1 选取表格元素

单元格是构成表格的基本元素，要选择单元格有下列 3 种方法。

方法 1：选择【文字工具】，在要选择的单元格内单击，然后选择菜单栏中的【表】>【选择】>【单元格】命令，即可选择当前单元格。

方法 2：选择【文字工具】，在要选择的单元格内单击定位光标位置，然后按住【Shift】键的同时按下方向键，即可选择当前单元格。

方法 3：选择【文字工具】，在要选择的单元格内按住鼠标，然后向单元格的右下角拖动，即可将该单元格选中。选择多个单元格、行、列也可以使用此方法。

> **提 示**
>
> 将光标定位在要选择的单元格中，可以直接按【Ctrl+/】组合键，快速选中该单元格。

7.2.2 插入行与列

对于已经创建好的表格，如果表格中的行或列不能满足要求，可以通过相关命令自由添加行与列。

1. 插入行

1 选择【文字工具】，在要插入行的前一行或后一行中的任意单元格中单击，定位插入点，然后选择菜单栏中的【表】>【插入】>【行】命令，打开【插入行】对话框，如图 7-9 所示。

2 在设置好需要的行数以及要插入行的位置后，可以直接单击【确定】按钮完成操作。插入行效果如图 7-10 所示。

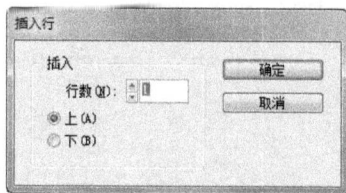

图 7-9 【插入行】对话框

星座	守护星	幸运石	幸运日
天秤座	金星	橄榄石	礼拜五
双子座	水星	翠 玉	礼拜三
水瓶座	天王星	石榴石	礼拜四

星座	守护星	幸运石	幸运日
天秤座	金星	橄榄石	礼拜五
双子座	水星	翠 玉	礼拜三
水瓶座	天王星	石榴石	礼拜四

图 7-10 插入行效果

提 示

按【Ctrl+9】组合键，可以快速打开【插入行】对话框。

2．插入列

插入列与插入行的操作非常相似，首先选择【文字工具】，在要插入列的左一行或者右一行中的任意一行单击定位，然后选择菜单栏中的【表】>【插入】>【列】命令，打开【插入列】对话框，设置好相关参数后单击【确定】按钮，就可以完成插入列的操作。

7.2.3　调整表格大小

1．直接拖动调整

直接拖动改变行、列或表格的大小，这是一种最简单、最常见的方法。

选择【文字工具】，将光标放置在要改变大小的行或列的边缘位置，当光标变成↔形状时，按住鼠标向左或向右拖动，可以增大或减小列宽；当光标变成↕形状时，按住鼠标向上或向下拖动，可以增大或减小行高。

注 意

使用拖动改变行和列的间距时，如果想不改变表格大小的情况下修改行高或列宽，可以在拖动时按住【Shift】键。

2．使用菜单命令精确调整

选择【文字工具】，在要调整的行或列的任意单元格上单击，定位光标位置。若改变多行，则可以选择要改变的多行，然后选择菜单栏中的【表】>【单元格选项】>【行和列】命令，打开如图 7-11 所示的【单元格选项】对话框，从中设置相应的参数后单击【确定】按钮即可。

3．使用【表】面板精确调整

除了使用菜单命令精确调整行高或列宽以外，还可以使用【表】面板来精确调整行高或列宽。

选择【文字工具】，在要调整的行或列的任意单元格上单击，定位光标位置。如要改变多行，则可以选择要改变的多行，然后选择菜单栏中的【窗口】>【文字和表】>【表】命令，打开【表】面板，设置相应的参数后按【Enter】键即可完成，如图 7-12 所示。

注 意

按【Shift+F9】组合键，可以快速打开【表】面板。

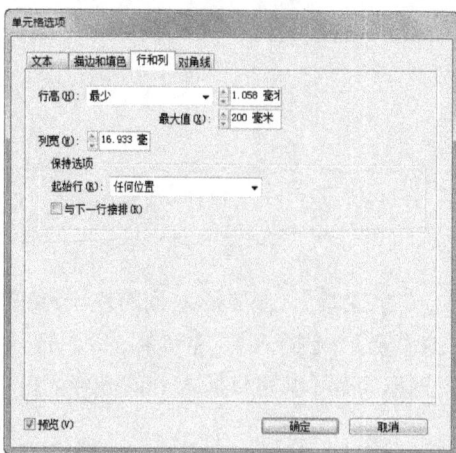

图7-11 【单元格选项】对话框

图7-12 【表】面板

4．调整整个表格大小

如果需要修改整个表的大小，选择【文字工具】，然后将光标放置在表格的右下角位置，按住鼠标向右下拖动即可放大或缩小表格。如果在拖动时按住【Shift】键，则可以将表格等比例缩放。

7.2.4 拆分、合并或取消合并单元格

在表格制作过程中为了排版需要，可以将多个单元格合并成一个大的单元格，也可以将一个单元格拆分为多个小的单元格。

1．拆分单元格

在 InDesign CS5 中，用户可以将一个单元格拆分为多个单元格，即通过选择【水平拆分单元格】和【垂直拆分单元格】命令来按需拆分单元格。

（1）水平拆分单元格

使用【文字工具】选择要拆分的单元格，可以是一个或多个单元格，然后选择【表】>【水平拆分单元格】命令，即可将选择的单元格进行水平拆分。水平拆分单元格操作效果如图 7-13 所示。

图 7-13 水平拆分单元格操作效果

（2）垂直拆分单元格

使用【文字工具】选择要拆分的单元格，可以是一个或多个单元格，然后选择【表】>【垂直拆分单元格】命令，即可将选择的单元格进行垂直拆分。垂直拆分单元格操作效果如图 7-14 所示。

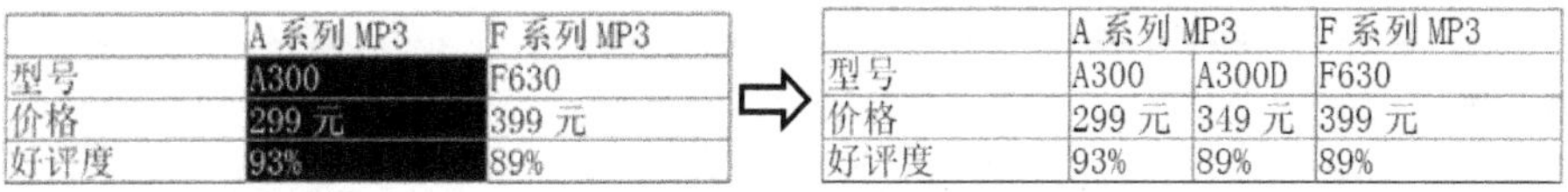

	A 系列 MP3	F 系列 MP3
型号	A300	F630
价格	299 元	399 元
好评度	93%	89%

	A 系列 MP3		F 系列 MP3
型号	A300	A300D	F630
价格	299 元	349 元	399 元
好评度	93%	89%	89%

图 7-14　垂直拆分单元格操作效果

2．合并或取消合并单元格

使用【文字工具】选择要合并的多个单元格，然后选择【表】>【合并单元格】命令，或者直接单击控制栏中的【合并单元格】按钮▣，均可直接把选择的多个单元格合并成一个单元格。合并单元格的操作效果如图 7-15 所示。

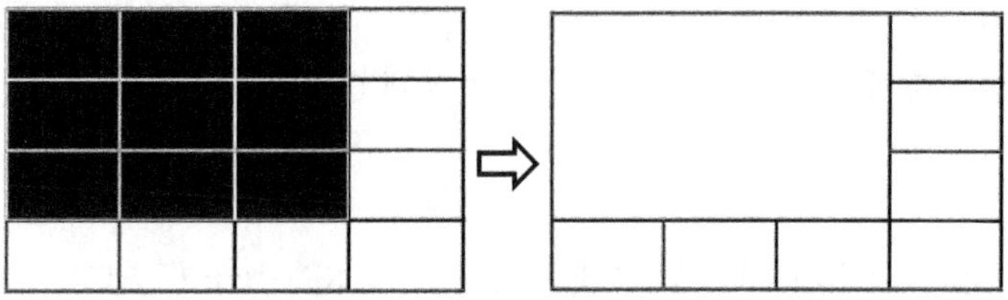

图 7-15　合并单元格操作效果

类似的，如果想要取消单元格的合并，使用【文字工具】将光标定位在合并的单元格中，然后选择菜单栏中的【表】>【取消合并单元格】命令即可。

7.3　使用表格

创建表格后，就可以在表格中输入文本、插入图像、复制并粘贴表格内容、嵌套表格以及设置【表】面板等。

7.3.1　在表格中输入文本、插入图像

1．输入文本

在表格中添加文本，相当于在单元格中添加文本，有以下两种实现方法。

方法 1：选择【文字工具】，在要输入文本的单元格中单击定位，然后直接输入文字或者粘贴文字均可。

方法 2：选择【文字工具】，在要输入文本的单元格中单击鼠标定位，然后选择【文件】>【置入】命令，选择需要的对象置入即可。

2．插入图像

在表格中添加图像，方法与输入文字大致相同，用户用复制并粘贴或者【置入】命令，最后调整图像的大小即可，输入图像后的效果如图 7-16 所示。

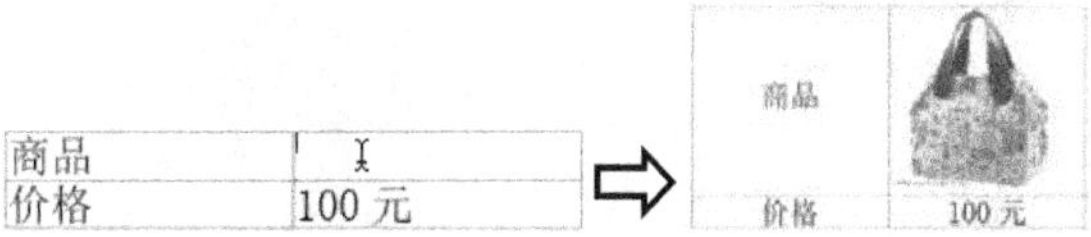

商品			商品	
价格	100 元		价格	100 元

图 7-16　插入图像效果

注 意

按【Ctrl+D】组合键，可以快速打开【置入】对话框。调整图像大小时，可以按住【Shift】键拖动，进行等比例缩放，保持原图规格。

7.3.2 复制及粘贴表格内容

在 InDesign CS5 表格制作过程中，需要复制及粘贴表格内容的操作比较常见，其操作方法也较简单。用户可以直接拖选需要复制的内容，按【Ctrl+C】组合键进行复制，将光标定位在需要粘贴的位置后直接按【Ctrl+V】组合键进行粘贴。

7.3.3 嵌套表格

利用创建的表格，在其中可以创建嵌套表格，具体的操作方法如下。

1 选择【文字工具】，在已有表格的相应单元格中单击，定位插入点，如图 7-17 所示。

2 选择【表】>【插入表】命令，打开【插入表】对话框，可以根据自己的需要设置参数，这里设置【正文行】为 2、【列】为 3，如图 7-18 所示。

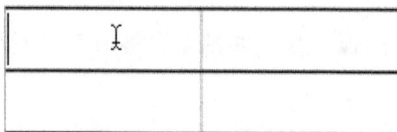

图7-17　定位插入点

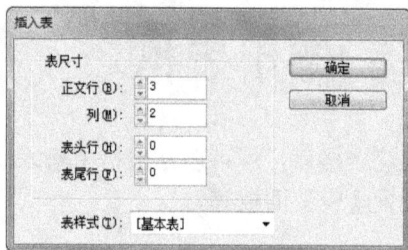

图7-18　【插入表】对话框

3 设置参数完成后，单击【确定】按钮，完成嵌入表格，如图 7-19 所示。

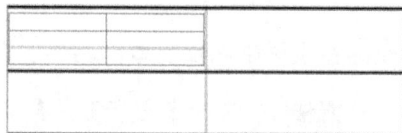

图 7-19　创建的嵌套表格效果

7.3.4 设置【表】面板

【表】面板是快捷设置表行数/列数、行高/列宽、排版方向、表内对齐和单元格内边距的面板，如图 7-20 所示。

图 7-20　【表】面板

下面将详细介绍【表】面板的各项功能。

- 　与　：调整表的行数与列数。
- 　与　：调整表的行高与列宽。
- 排版方向：可以选择横排与直排，设置表格内容排版的方向。
- 　　　　：分别代表上对齐、居中对齐、下对齐；　　代表盛满。
- 　、　、　、　：分别代表上单元格内边距、下单元格内边距、左单元格内边距、右单元格内边距，可以设置单元格内边距的值。
- 　：将所有设置项设为相同。把单元格内边距的值设为相等。

7.4 设置表格选项

【表选项】命令可以设置表格交替行线或列线、表格填充颜色、表头和表尾。单击【表】面板右上角处的　按钮，在弹出的下拉菜单中选择【表选项】命令，会弹出【表选项】对话框，如图 7-21 所示。

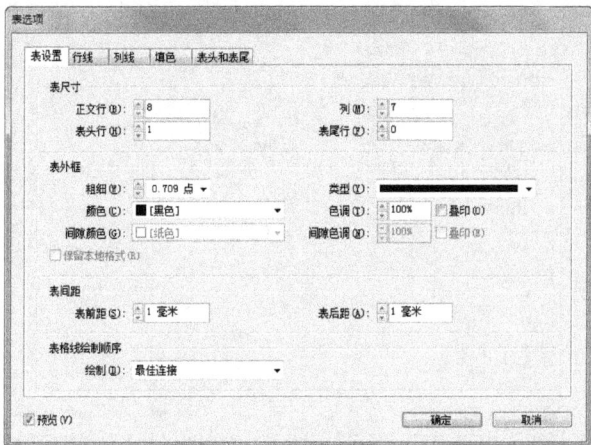

图 7-21 　【表选项】对话框

其中，各选项的含义如下。

- 表尺寸：用于设置表的行数/列数，已经在创建表格的时候设置了行数及栏数，故无须改变。当然，如果在创建完成后发现所设置的行数和栏数不符合设计的要求，则可以在本选项组中更改。
- 表外框：用于表格指定表格四周边框的宽度和颜色。在本例中要求表格的边框线比表格中的行线和列线要粗一些，在【表外框】选项中的粗细改成 0.5mm，可以直接在后面的下拉列表中选择或直接输入最终的数值。在【类型】中选择"无"，并可以在颜色设置中更改颜色的种类及"色调"的百分比。
- 表间距：指的是表格的前面和表格的后面离文字或者其他内容的距离。由于可以把表格当做一种特殊的文字，故表格也可以和其他的文字排在一起。在本例中【表间距】保持默认的状态，不改变。其中的【预览】复选框被选中时，则所做的更改会立即在页面上显示，以便调整具体的数值。

下面将介绍设置表格选项的具体操作过程。

1 要将表格的行线设置成双线，可以通过【行线】选项卡来设置，如图 7-22 所示。

2 列间隔线的设置基本和行线的设置方法类似，参数如图 7-23 所示。

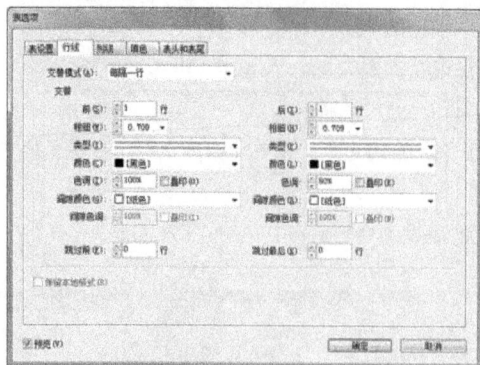

图7-22　设置行线　　　　　　　　　　　　图7-23　设置列线

3 【填色】选项卡用于设定行或列间隔填充色。在本例中先做如图 7-24 所示的设置，在后面的单元格填充中还将继续丰富。

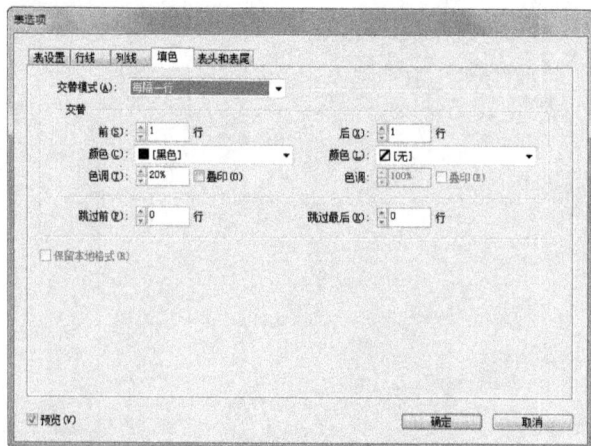

图 7-24　【填色】选项卡

4 【表头和表尾】选项卡的意义在于，当创建长表时，该表可能会跨多个栏、框架或页面，可以使用表头或表尾在表的每个拆开部分的顶部或底部重复信息。

5 可以在创建表时添加表头行和表尾行，也可以使用【表选项】对话框来添加表头行和表尾行并更改它们在表中的显示方式，还可以将正文转换为表头行或表尾行。

6 设置完成后单击【确定】按钮，即可使所做的设置更改。本实例得到一个框线为 0.5mm、行线为双线、间隔线带灰色填充的表格，如图 7-25 所示。

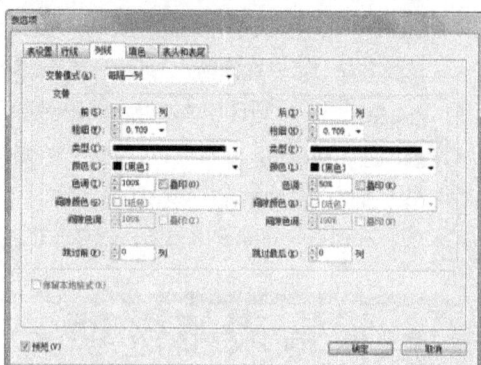

图 7-25　填充颜色后的表格

7.5 设置单元格选项

在【单元格选项】对话框内可以进行文本选项、描边与填充色选项、行高与列宽选项、对角线选项等设置，下面用一个案例为大家详细讲解。

1 选中整个表格，选择【表】>【单元格选项】>【文本】命令，弹出【单元格选项】对话框，如图 7-26 所示。

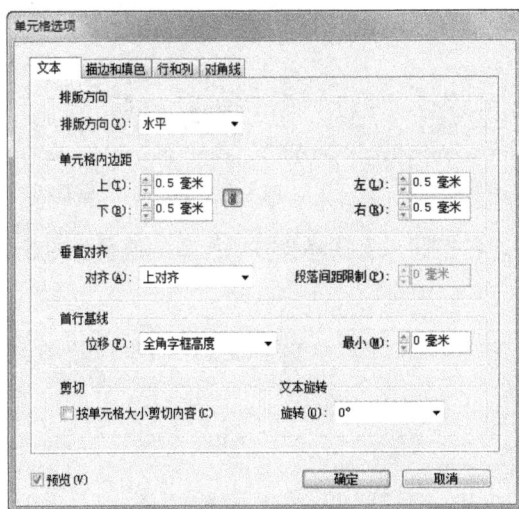

图 7-26 【单元格选项】对话框

💡 **提 示**

【单元格选项】对话框中部分选项的含义介绍如下。

- 【排版方向】选项组：可以将单元格内文字的走向设置为水平或者垂直，也可以通过选择表格控制面板中的文字走向为"水平"或"垂直"来实现。
- 【单元格内边距】选项组：指文字与单元格边框的距离，有"上"、"下"、"左"、"右"4 个参数供选择，可以直接输入数值或单击左侧上下箭头来调整。
- 【垂直对齐】选项组：用于指定单元格文字的对齐方式，如靠上、靠底对齐、居中等。
- 【首行基线】选项组：用于设置第一行文字的基线高度。
- 【文本旋转】选项组：可以让文字以 0°、90°、180°、270°旋转，也可以单击鼠标右键，在弹出的快捷菜单中直接选择旋转来实现。

2 设置单元格的文字走向为"水平"、对齐方式为"垂直居中"，其他参数保持默认不变。此外，文字的水平方向上的对齐方式也可通过【段落】面板中的选项来控制，在此设置为"左右居中"。

3 切换至【描边和填色】选项卡，并从中进行设置，如图 7-27 所示。

4 切换至【行和列】选项卡，从中可显示并设置行高和列度，如图 7-28 所示。其中设置【列宽】为 20mm、【行高】最小值为 10mm，最大值保持默认不变。

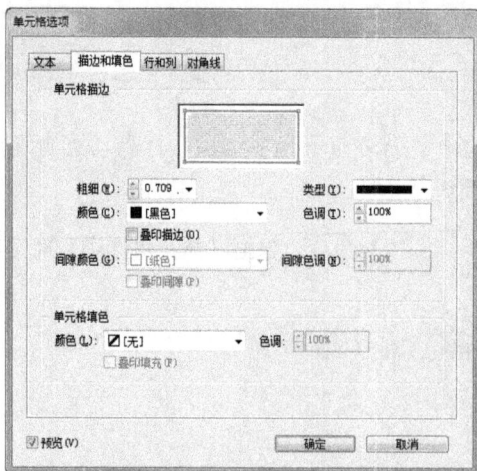

图7-27　设置描边和填色　　　　　　　　图7-28　设置行和列

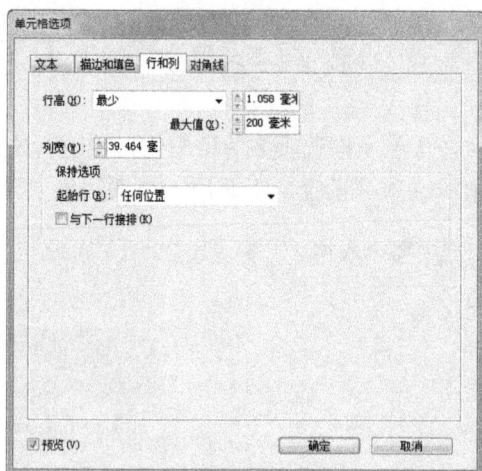

5 设置完成后单击【确定】按钮，表格将会按所设置的值发生改变，至此完成表格的调整，如图 7-29 所示。

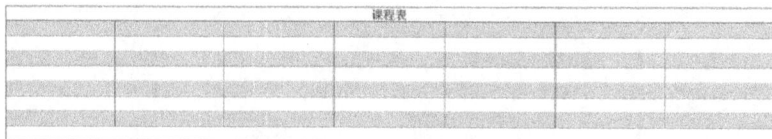

图 7-29　完成后的表格效果

7.6 ▷ 综合案例——制作日历

本例将制作一款效果如图 7-30 所示的日历。

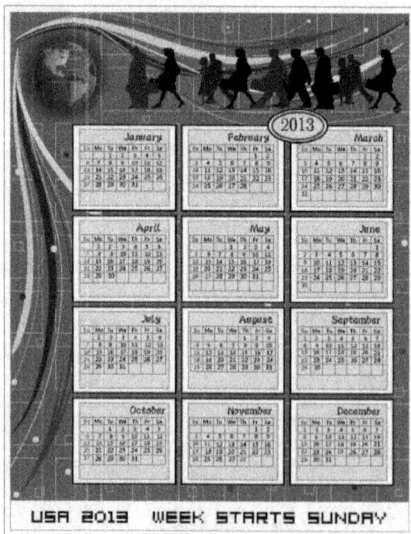

图 7-30　日历最终效果

上机目的：

能够利用将文本转换为表格的方法制作一个带表格的日历。通过对本案例的学习，用户将制作出一个规整又不乏创意的表格日历。

重点难点：

❖ 绘制背景

❖ 将文本转换为表格

❖ 版面架构的合理规划

操作步骤

1. 绘制背景

1 选择【文件】>【新建】>【文档】命令（快捷键为【Ctrl+N】），弹出【新建文档】对话框，设置【宽度】为 210mm、【高度】为 265mm，单击【边距和分栏】按钮，如图 7-31 所示。

2 设置边距为 0mm，单击 ⑧ 按钮，使上、下、内、外边距联动。设置【栏数】为 1、【栏间距】为 5mm，单击【确定】按钮，如图 7-32 所示。

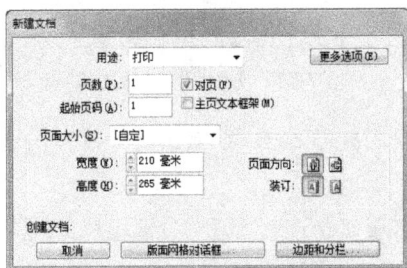

图7-31 【新建文档】对话框   图7-32 【新建边距和分栏】对话框

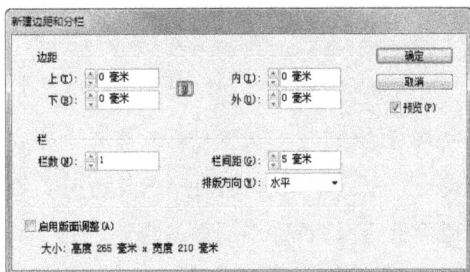

3 选择【矩形工具】，在页面上单击，弹出【矩形】对话框，设置矩形的【宽度】为 210mm、【高度】为 265mm，单击【确定】按钮，如图 7-33 所示。

4 利用【选择工具】选中矩形，在【属性】面板中将其参考点移至左上角，设置 X 值和 Y 值均为 0mm，如图 7-34 所示。在【颜色】面板中设置矩形的填充色为"白色"、描边色为无。

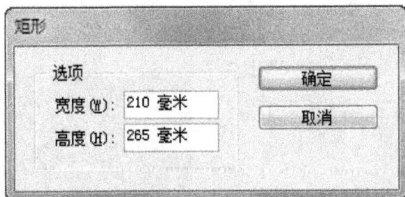

图7-33 【矩形】对话框（一）   图7-34 【属性】面板（一）

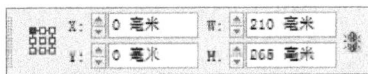

5 选择【矩形工具】，在页面上单击，弹出【矩形】对话框，设置矩形的【宽度】为 210mm、【高度】为 250mm，单击【确定】按钮，如图 7-35 所示。

6 利用【选择工具】选中矩形，在【属性】面板中将其参考点移至左上角，设置 X 值和 Y 值

Adobe InDesign CS5 版式设计与制作技能基础教程

均为 0mm，如图 7-36 所示。在【颜色】面板中设置矩形的填充色为"深灰色"（C65，M60，Y60，K12）、描边色为无。

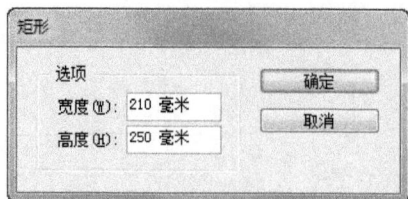

图7-35　【矩形】对话框（二）

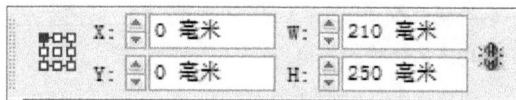

图7-36　【属性】面板（二）

7 选择【矩形工具】，在页面上单击，弹出【矩形】对话框，设置矩形的【宽度】为 17mm、【高度】为 22mm，单击【确定】按钮，如图 7-37 所示。

8 利用【选择工具】选中矩形，在【属性】面板中将其参考点移至左上角，设置 X 值和 Y 值均为 0mm，如图 7-38 所示。在【颜色】面板中设置矩形的描边色为"白色"、填充色为无。

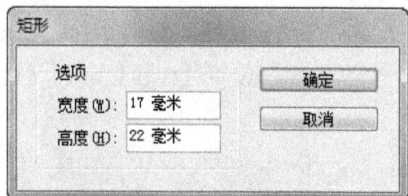

图7-37　【矩形】对话框（三）

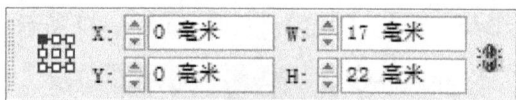

图7-38　【属性】面板（三）

9 选择【编辑】>【多重复制】命令，弹出【多重复制】对话框，设置重复计数为 8、垂直位移为 0mm、水平位移为 24.12mm，如图 7-39 所示。

10 继续选择【编辑】>【多重复制】命令，弹出【多重复制】对话框，设置重复计数为 8、垂直位移为 28.5mm、水平位移为 0mm，如图 7-40 所示。

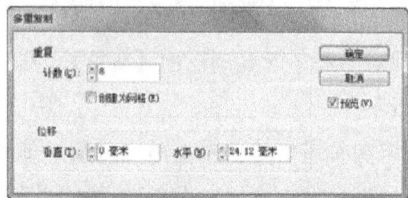

图7-39　【多重复制】对话框（一）

图7-40　【多重复制】对话框（二）

11 利用【选择工具】选中页面左上角的 4 个小矩形，按【Delete】键将其删除。选择其余小矩形，按【Ctrl+G】组合键将其编组。页面效果如图 7-41 所示。

2. 置入图片

1 选择【文件】>【置入】命令，选择"素材\Chapter 07\花纹.png"文件，将其置入到文档中，使用【自由变换工具】调整图片的大小和位置，调整后的效果如图 7-42 所示。

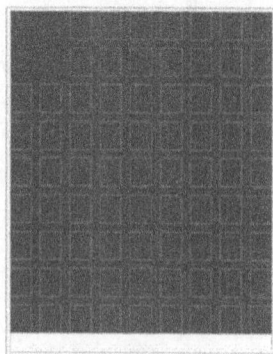

图 7-41　页面效果

Chapter 07
表格的应用

2 选择【文件】>【置入】命令，选择〝素材\Chapter 07\剪影.png〞文件，将其置入到文档中，使用【自由变换工具】调整图片的大小和位置，调整后的效果如图 7-43 所示。

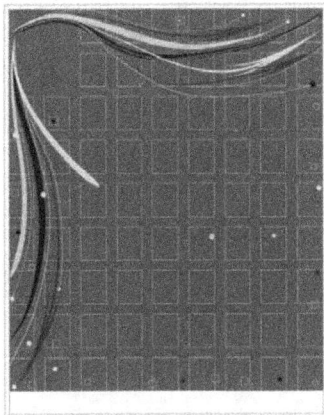

图7-42 置入〝花纹〞

图7-43 置入〝剪影〞

3 选择【文件】>【置入】命令，选择〝素材\Chapter 07\地球.png〞文件，将其置入到文档中，使用【自由变换工具】调整图片的大小和位置，调整后的效果如图 7-44 所示。

4 利用【选择工具】选择地球，单击鼠标右键，在弹出的快捷菜单中选择【效果】>【外发光】效果，打开【效果】对话框，在其中设置外发光的参数，如图 7-45 所示。设置效果后的页面如图 7-46 所示。

图 7-44 置入〝地球〞

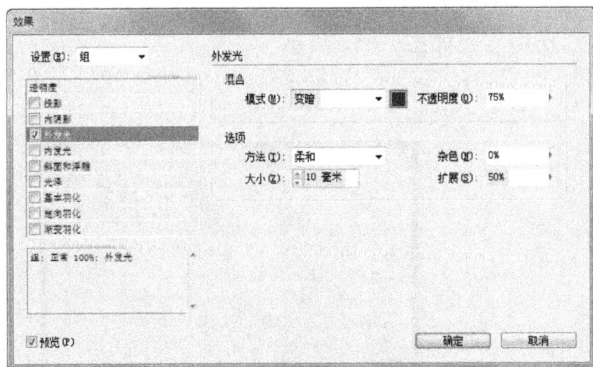

图7-45 【效果】对话框

图7-46 添加外发光后的页面效果

3．制作日历

1 选择【矩形工具】，在页面上单击，弹出【矩形】对话框，设置矩形的【宽度】为 55mm、【高度】为 45mm，单击【确定】按钮，如图 7-47 所示。

2 利用【选择工具】将矩形移至页面中合适位置，接着在【颜色】面板中设置矩形的填充色为"白色"、描边色为"黑色"，在【描边】面板中设置矩形的描边粗细为 2.75，如图 7-48 所示。

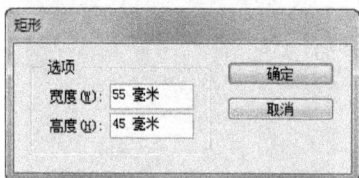

图7-47　【矩形】对话框

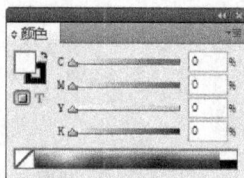

图7-48　【颜色】面板

3 选择【矩形工具】，在页面上单击，弹出【矩形】对话框，设置矩形的【宽度】为 48mm，【高度】为 40mm，单击【确定】按钮，如图 7-49 所示。在【描边】面板中设置矩形的描边粗细为 2.75。

4 利用【选择工具】移动矩形，使其中心点与大小为 55mm×45mm 的矩形的中心点重合。接着在【颜色】面板中设置矩形的填充色为"淡粉色"（C7,M15,Y20,K0）、描边色为"橘黄色"（C10,M35,Y50,K0），如图 7-50 所示。

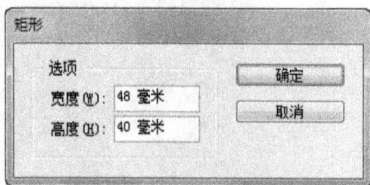

图7-49　【矩形】对话框

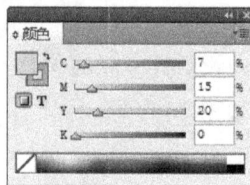

图7-50　【颜色】面板

5 选择【文字工具】，在粉色矩形内单击，输入 January，选中文字，在【字符】面板中设置字体和字体大小，如图 7-51 所示。

6 将光标移动到文字的最前面，按空格键使其右移至矩形框的最右边。将光标移动到文字的末尾，接着按【Enter】键换行，并输入日历内容，如图 7-52 所示。

图7-51　【字符】面板

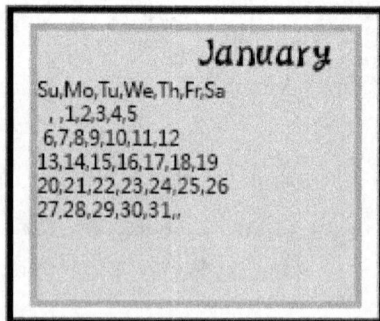

图7-52　输入日历内容

7 使用【文字工具】选中日历内容，选择【表】>【将文本转换为表】命令，弹出【将文本转换为表】对话框，设置【列分隔符】和【行分隔符】分别为"逗号"和"段落"，如图 7-53 所示。文本转换后的效果如图 7-54 所示。

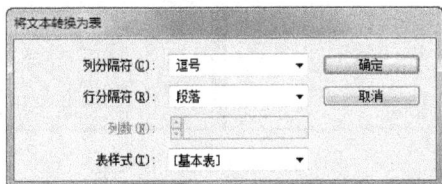

图7-53　【将文本转换为表】对话框

图7-54　将文本转换为表后的效果

8 利用【文字工具】分别选择"Su"、"1"、"6"、"13"、"20"、"27"，在【颜色】面板中设置其填充色为"红色"（C0,M100,Y100,K0）、描边为无。设置颜色后的效果如图 7-55 所示。

9 使用【文字工具】选中表格中的所有内容，在控制栏中设置其对齐方式为"居中对齐"。居中对齐后的效果如图 7-56 所示。

图7-55　设置颜色后的效果

图7-56　居中对齐后的效果

10 同样的方法，依次制作日历 February、March、April、May、June、July、August、September、October、November、December，然后将其排列整齐，效果如图 7-57 所示。

4．添加标题

1 选择【椭圆工具】，在页面上单击，弹出【椭圆】对话框，设置椭圆的【宽度】为 32mm、【高度】为 18mm，如图 7-58 所示。

2 利用【选择工具】将椭圆移至日历 February 和 March 之间靠上的位置，在【颜色】面板中设置椭圆的填充色为"白色"、描边色为"黑色"，并在【描边】面板中设置其描边粗细为 2.75，如图 7-59 所示。

图 7-57　日历制作完成后的效果

图7-58 【椭圆】对话框

图7-59 调整椭圆后的效果

3 选择【椭圆工具】，在页面上单击，弹出【椭圆】对话框，设置椭圆的【宽度】为 28mm、【高度】为 15mm，如图 7-60 所示。在【描边】面板中设置椭圆的描边粗细为 2.75。

4 利用【选择工具】移动椭圆，使其中心点与大小为 32mm×18mm 的椭圆的中心点重合。接着在【颜色】面板中设置椭圆的填充色为"淡粉色"（C7,M15,Y20,K0）、描边色为"暗红色"（C48,M100,Y100,K0），如图 7-61 所示。

图7-60 【椭圆】对话框

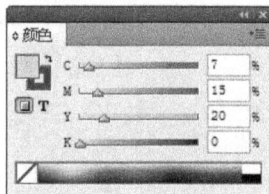

图7-61 【颜色】面板

5 选择【文字工具】，在粉色椭圆内单击，输入"2013"。选中文字，在【字符】面板中设置其字体和字体大小，如图 7-62 所示。

6 选择【文字工具】，在页面最下方的空白区域内拖出一个文本框，输入"USA 2013 WEEK STARTS SUNDAY"。选中文字，在【字符】面板中设置其字体和字体大小，如图 7-63 所示。添加文本后的效果如图 7-64 所示。

图 7-62 【字符】面板

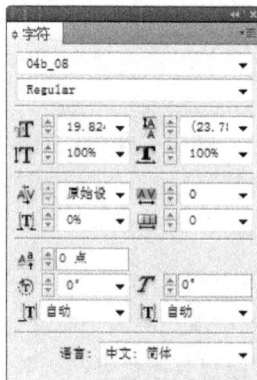

图 7-63 【字符】面板

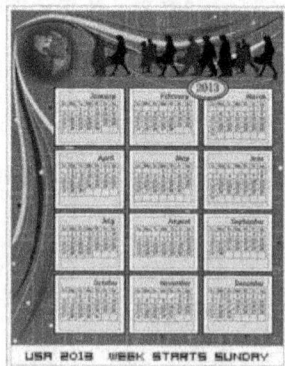

图 7-64 添加标题后的效果

5. 编组和预览

1 按住【Shift】键，利用【选择工具】选择 12 个矩形及日历内容，按【Ctrl+G】组合键将其编组。同样的方法，选择椭圆及文字"2013"，将其编组，最后选择页面上的所有对象，将其编组，如图 7-65 所示。

2 至此，完成表格日历的制作。最后按【Ctrl+S】组合键保存该文档，并选中【预览】复选框，预览其效果，如图 7-66 所示。

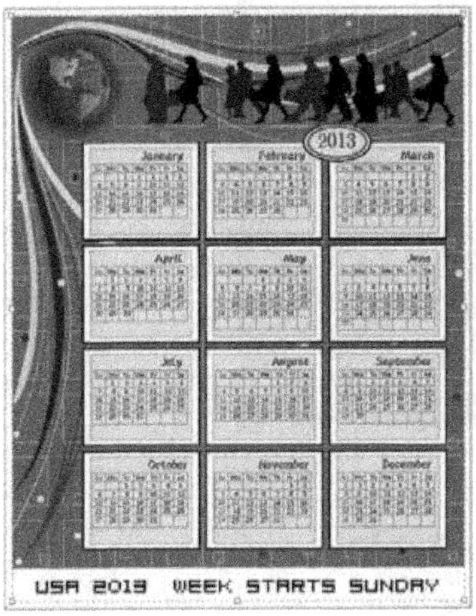

图7-65 编组

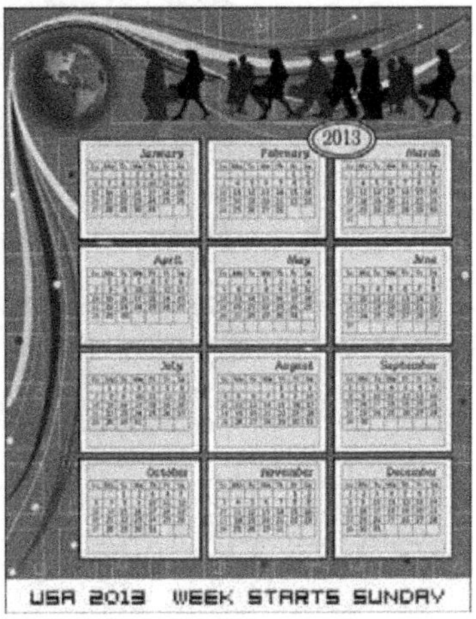

图7-66 预览效果

7.7 习题与上机

一、选择题

（1）按（　　）组合键，可以快速地打开【插入表】对话框。

A.【Ctrl +T】 B.【Alt + Shift+T】

C.【Shift + Ctrl +T】 D.【Alt + Shift + Ctrl +T】

（2）（　　）是设置表格的表尾行数，它与表头行一样，不过位于表格最下方。

A. 表样式 B. 表头行 C. 表尾行 D. 正文行

（3）在表格中添加文本，相当于在（　　）中添加文本。

A. 单元格 B. 文本框 C. 文档 D. 矩形框

二、填空题

（1）使用拖动改变行和列的间距时，如果想在不改变表格大小的情况下修改行高或列宽，可以在拖动时按住_____键。

（2）【表】面板是快捷设置表_____、_____、_____、_____和_____的面板。

（3）【单元格选项】对话框中包含 4 个选项卡，分别为_____、_____、_____、_____。

三、上机操作题

（1）设计一个带表格和时间显示的日历，可参考如图 7-67 所示的日历。

图 7-67　日历

（2）在制作好的表格日历中设置表格选项和单元格选项。

08 样式和库的应用

在 InDesign CS5 中提供了多种可用样式功能，其中包括段落样式、字符样式、对象样式等。当需要对多个字符应用相同的属性时，可以创建字符样式；当需要对段落应用相同的属性时，可以创建段落样式；当需要对多个对象应用相同的属性时，可以创建对象样式。本章将对样式和库的应用进行详细介绍。

学习目标

- 熟悉字符样式的建立和应用
- 熟悉【字符样式】面板的使用方法
- 熟悉【段落样式】面板的使用方法
- 熟练掌握段落样式的建立和应用
- 理解段落的组成并能正确建立段落样式

8.1 字符样式

字符样式是指具有字符属性的样式。在编排文档时，可以将创建的字符样式应用到指定的文字上时，这样文字将采用样式中的格式属性。

8.1.1 创建字符样式

1 选择【窗口】>【文字和表】>【字符样式】命令，打开【字符样式】面板，如图 8-1 所示；随后单击【字符样式】面板右上角的 按钮，弹出如图 8-2 所示的下拉菜单，若选择【新建字符样式】命令，则弹出【新建字符样式】对话框，如图 8-3 所示。

2 在【常规】选项卡的【样式名称】文本框中输入新建样式的名称，如"诗词标题"，若当前样式是基于其他样式创建，则可在【基于】下拉列表中选择基于的样式名称。选择【基本字符格式】选项，此时在右侧可以设置此样式中具有的基本字符格式，如图 8-4 所示。

3 用同样的方法，用户可以分别设置字符的其他属性，如高级字符格式、字符颜色、着重号、着重号颜色等，设置完成后单击【确定】按钮。在【字符样式】面板中可看到新建的字符样式"诗词标题"，如图 8-5 所示。

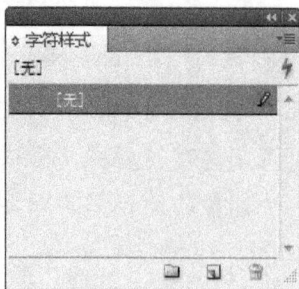
图8-1 【字符样式】面板（一）

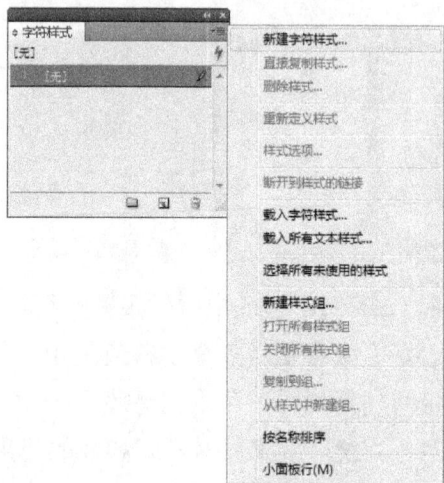
图8-2 选择【新建字符样式】命令

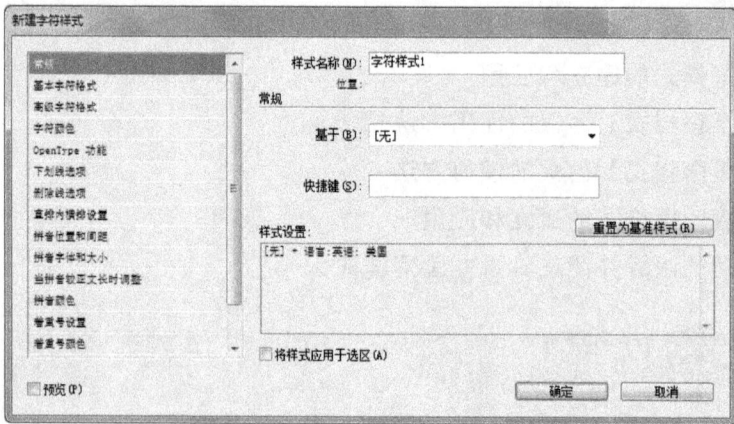
图 8-3 【新建字符样式】对话框（一）

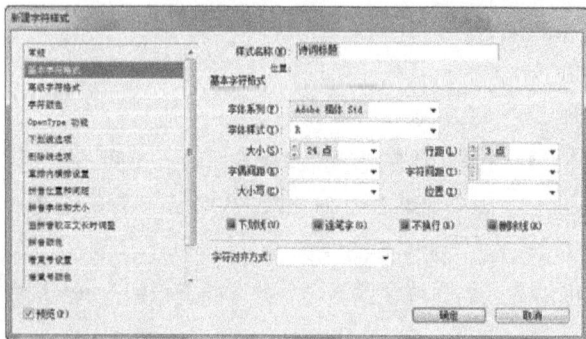
图8-4 【新建字符样式】对话框（二）

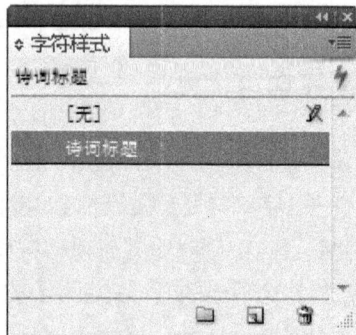
图8-5 【字符样式】面板（二）

8.1.2 应用字符样式

选择需要应用样式的标题，如图 8-6 所示；在【字符】面板中单击新建的字符样式"诗词标题"，则应用了"诗词标题"样式后得到如图 8-7 所示的效果。随后用同样的方法，可以为文档中所有的诗词标题应用"诗词标题"样式，而不用逐一设置字符及标题的格式。

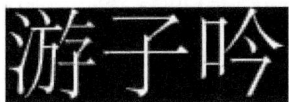

图8-6 选择标题

图8-7 应用字符样式后的标题

8.1.3 编辑字符样式

当需要更改样式中的某个属性时，可以在样式上右击，然后在弹出的快捷菜单中选择【编辑"诗词标题"】，如图 8-8 所示。随后打开【字符样式选项】对话框，从中可以更改样式中所包含的格式，如在【基本字符格式】选项卡中设置行距为"自动"；设置诗词标题的颜色为(C100,M0,Y0,K0)，单击【确定】按钮，即可完成样式的更改，如图 8-9 所示。

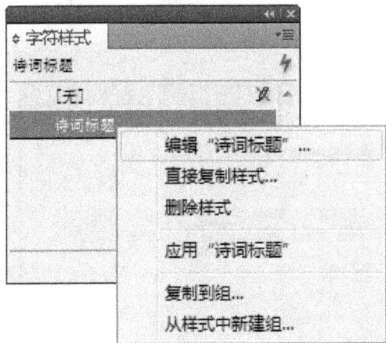

图8-8 【字符样式】面板（三）

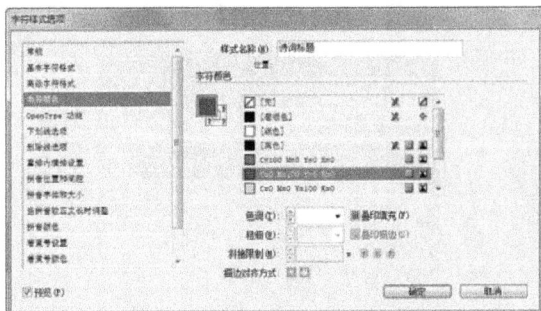

图8-9 【字符样式选项】对话框

提 示

选择文本框，按【Ctrl+Shift+>】或【Ctrl+Shift+<】组合键可以增大或缩小文框内的文字，每按一次文字会以小于 2pt 的增量增大或缩小。若同时按住【Alt】键，则每按一次文字大小改变量为小于 10pt。

8.1.4 删除字符样式

对于不用的字符样式，可单击【字符样式】面板上的 按钮进行删除，如图 8-10 所示。

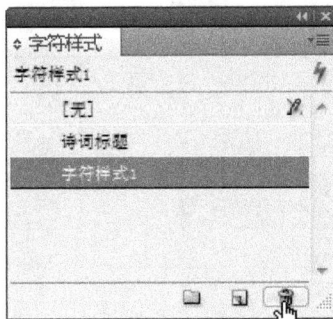

图 8-10 【字符样式】面板（四）

8.2 段落样式

段落样式能够将样式应用于文本以及对格式进行全局性修改，从而增强整体设计的一致性。

8.2.1 创建段落样式

下面将对段落样式的创建操作进行详细介绍。

1 选择【窗口】>【文字和表】>【段落样式】命令，打开【段落样式】面板，如图 8-11 所示。

2 单击【创建新样式】按钮，创建一个段落新样式，样式名为"段落样式 1"，双击"段落样式 1"，打开【段落样式选项】对话框，如图 8-12 所示。

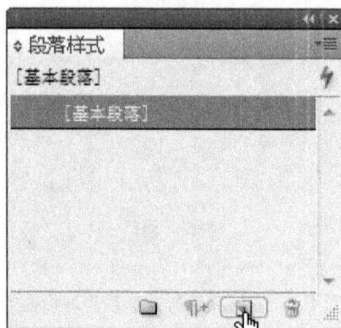

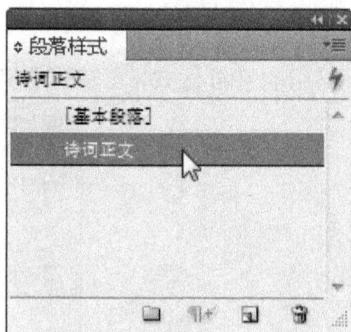

图8-11 【段落样式】面板（一）　　　图8-12 【段落样式】面板（二）

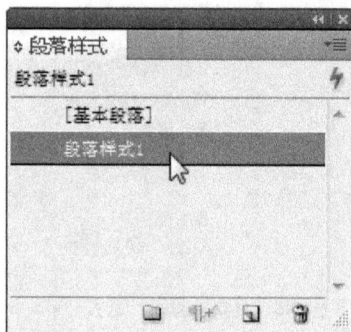

3 在【段落样式选项】对话框中，在左侧选择【基本字符格式】，在右侧的【基本字符格式】选项中设置字体系列、字体样式、大小、行距，如图 8-13 所示。

4 在左侧选择格式选项，在右侧设置格式，操作方法与字符样式的新建方法类似，设置完成后单击【确定】按钮即可。新建后的段落样式显示在【段落样式】面板中，如图 8-14 所示。

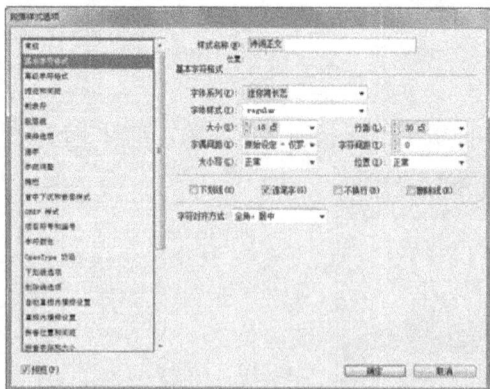

图8-13 【段落样式选项】对话框（一）　　　图8-14 【段落样式】面板（三）

8.2.2 应用段落样式

新建段落样式后，可以将样式应用到指定的段落中。选择段落或将光标定位在段落中，如图 8-15 所示；单击【段落样式】面板中的样式，如"诗词正文"，即可将样式应用段落中，应用段落样式后的效果如图 8-16 所示。

图8-15 选择段落文字

图8-16 应用段落样式后的效果

提 示

如果某个段落样式或字符样式已被应用到整个文档的不同文本框中，只需修改某部分文字的属性（此时该样式名称的后面会标记一个"＋"），然后选择"重新定义样式"，则样式中的文字属性会变成与已修改的文字一样，同时整个文档中应用了该样式的文字也会改变，无须逐个修正。

8.2.3 编辑段落样式

1 编辑段落样式和编辑字符样式的方法类似，在【段落样式】面板中双击需要更改的段落样式，或右击要更改的段落样式，在弹出的快捷菜单中选择【编辑段落样式名称】命令，即可弹出【段落样式选项】对话框，如更改段落的缩进和间距，设置【段前距】和【段后距】都为 1mm，单击【确定】按钮，即可完成段落样式的编辑，如图 8-17 所示。

2 编辑了段落样式后，便可以看到文中应用该样式的段落都更改成了新的样式，如图 8-18 所示。

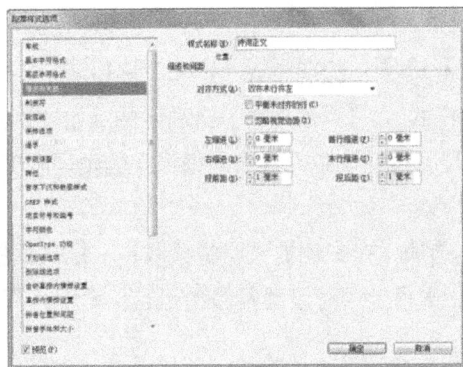

图8-17 【段落样式选项】对话框（二）

图8-18 应用段落样式后的文本效果

提 示

使用样式来格式化数百篇文本后才发现并不喜欢该样式的文本，想重新设置只需修改样式就行。

8.2.4 删除段落样式

对于不用的段落样式，可单击【段落样式】面板上的 ▾≡ 按钮，在弹出的下拉菜单中选择【删除样式】命令，即可删除不需要的段落样式。

8.3 表样式

【表样式】适合于将内容组织成行和列。通过使用【表样式】，可以轻松、便捷地设置表的格式，就像使用段落样式和字符样式设置文本的格式一样。【表样式】能够控制表的视觉属性，这包括表边框、表前间距和表后间距、行描边和列描边以及交替填充色模式。

8.3.1 创建表样式

1 选择【窗口】>【文字和表】>【表样式】命令，打开【表样式】面板。单击该面板上的 ▾≡ 按钮，在打开的下拉菜单上选择【新建表样式】命令，会打开【新建表样式】对话框，如图8-19所示。

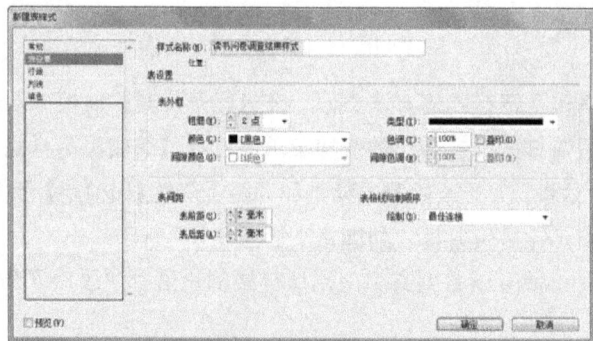

图8-19 【新建表样式】对话框（一）

2 在【新建表样式】对话框的左侧选择【表设置】选项，在右侧的【样式名称】文本框中输入要创建的表样式的名称，如"读书问卷调查结果样式"；在【表外框】选项组的【粗细】文本框中输入表外框线条的粗细，如"2点"；在【类型】下拉列表中设置表外框线条的类型和颜色；在【表间距】选项组中可设置表间距的表前距和表后距，如2mm。

3 在【新建表样式】对话框的左侧选择【行线】选项，在右侧的【交替模式】下拉列框中可选择行线的交替模式，如"每隔一行"；在【交替】选项组中可设置行线的粗细、类型、颜色、色调等，如图8-20所示。

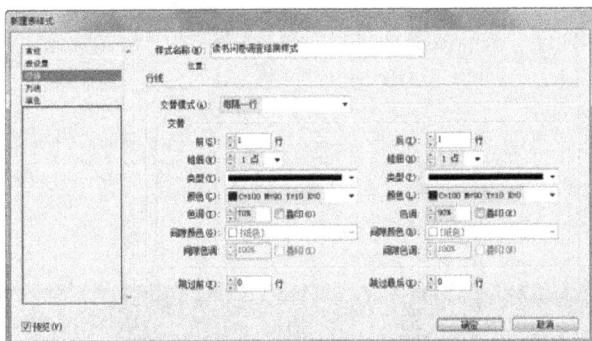

图 8-20　【新建表样式】对话框（二）

4 在【新建表样式】对话框的左侧选择【行线】选项，在右侧的【交替模式】下拉列表中选择一种交替模式，如"每隔一列"，在【交替】选项组中设置"前 1 列"和"后 1 列"的属性，如图 8-21 所示。

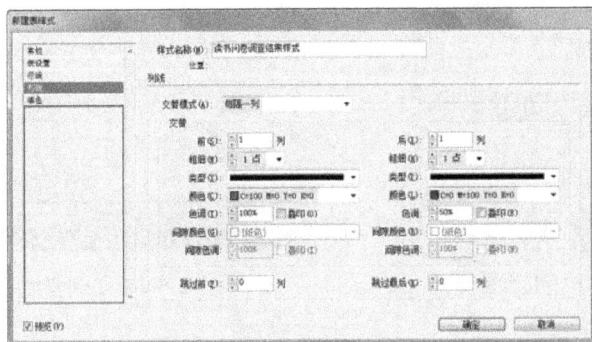

图 8-21　【新建表样式】对话框（三）

5 在【新建表样式】对话框的左侧选择【填充色】选项，在右侧的【交替模式】下拉列表中选择一种模式，如"自定列"，在【交替】选项组中设置前几列和后几列的填充色属性，如"前1 列"、"后 4 列"，单击【确定】按钮，即可创建一个新的表样式，如图 8-22 所示。

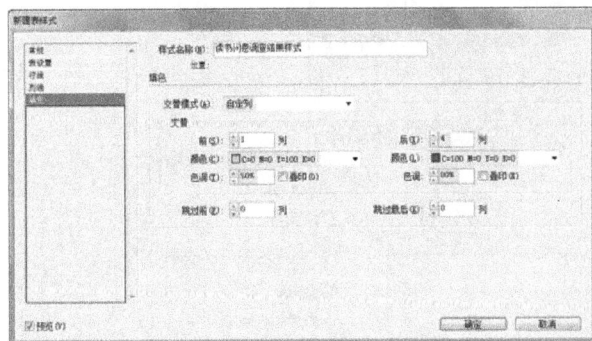

图 8-22　【新建表样式】对话框（四）

8.3.2　应用表样式

用户可以对表格应用表样式，其具体操作步骤如下。

1 打开如图 8-23 所示的"读书习惯调查"表格，然后选中整个表格，如图 8-24 所示。

读书习惯调查

你热爱读书吗？	非常热爱	一般	不喜欢	其他
调查结果显示	44.9%	40.0%	8.3%	6.7%

图 8-23　原始表格

你热爱读书吗？	非常热爱	一般	不喜欢	其他
调查结果显示	44.9%	40.0%	8.3%	6.7%

图 8-24　选中表格

2 单击【表样式】面板中的"读书问卷调查结果样式"，如图 8-25 所示。随后即可发现整个表格应用了"读书问卷调查结果样式"，如图 8-26 所示。

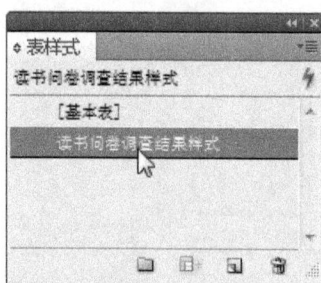

图8-25　【表样式】面板（一）

读书习惯调查

你热爱读书吗？	非常热爱	一般	不喜欢	其他
调查结果显示	44.9%	40.0%	8.3%	6.7%

图8-26　应用样式后的表格效果

8.3.3　编辑表样式

1 双击【表样式】面板中要编辑的样式或在要编辑的样式上单击右键，在弹出的快捷菜单中选择【编辑样式】命令，即可打开编辑窗口进行样式编辑。例如，在"读书问卷调查结果样式"上双击，或在"读书问卷调查结果样式"上右击，在弹出的快捷菜单中选择【编辑"读书问卷调查结果样式"】命令，如图 8-27 所示。

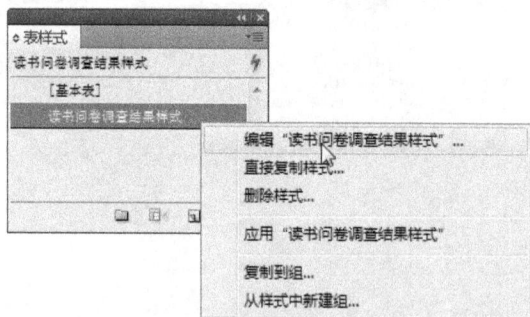

图 8-27　编辑表样式

2 打开【表样式】对话框，从中可修改"常规"、"表设置"、"行线"、"列线"、"填充色"选项，最后单击【确定】按钮，即可完成表样式的编辑。

8.3.4 删除表样式

选中要删除的表样式，单击【删除选定样式/组】按钮，即可完成表样式的删除。要删除 "调查表样式"，操作步骤如下。

1 选中 "表样式 1"，单击【删除选定样式/组】按钮，如图 8-28 所示。

2 在 "表样式 1" 上单击右键，在弹出的快捷菜单中选择【删除样式】命令，如图 8-29 所示，即可删除样式。

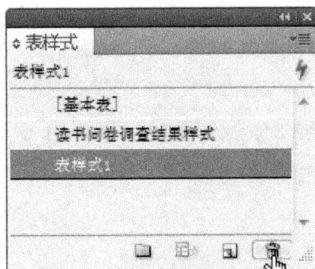

图8-28 【表样式】面板（二） 图8-29 选择【删除样式】命令

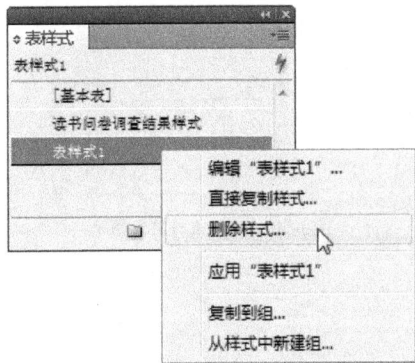

> **提 示**
>
> 对于短文档（特别是像名片、广告、海报和宣传页等单页文档）包含相对较少的文本并不重复使用同一格式，则最好直接用手工对文本进行格式化。

8.4 创建和应用对象样式

对象样式能够将格式应用于图形、文本和框架。使用【对象样式】面板，可以快速设置文档中的图形与框架的格式，还可以添加 "透明度"、"投影"、"内阴影"、"外发光"、"内发光"、"斜面和浮雕" 等效果；同样也可以为对象、描边、填充色和文本分别设置不同的效果。

8.4.1 创建对象样式

下面将对对象样式的创建操作进行详细介绍。

1 选择【窗口】>【对象样式】命令，打开【对象样式】面板，如图 8-30 所示。

2 单击【对象样式】面板上的菜单按钮，选择【新建对象样式】命令，如图 8-31 所示。

3 在弹出的【新建对象样式】对话框中选中【基本属性】区域的【描边】复选框，选择描边颜色为(C100,M0,Y0,K0)、描边粗细为 "1.5 点"、描边类型为 "空心菱形"，如图 8-32 所示。

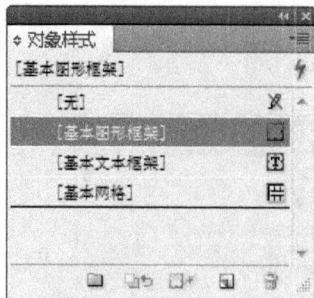

图8-30 【对象样式】面板

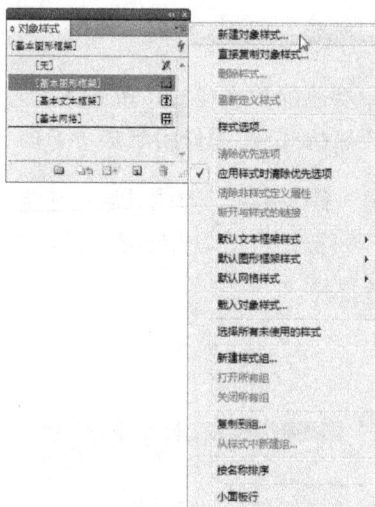

图8-31 选择【新建对象样式】命令

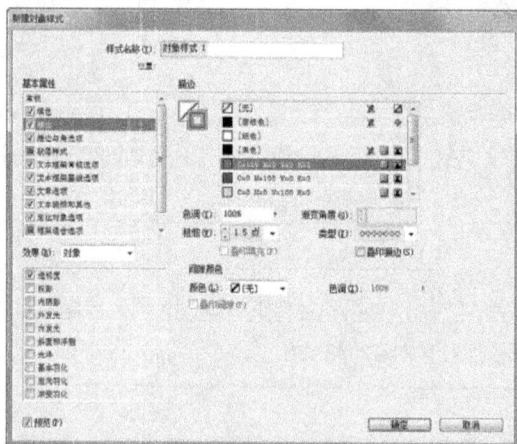

图 8-32 【新建对象样式】对话框（一）

4 选中左侧【描边与角选项】复选框，设置【角选项】的效果为"内陷"，如图 8-33 所示。

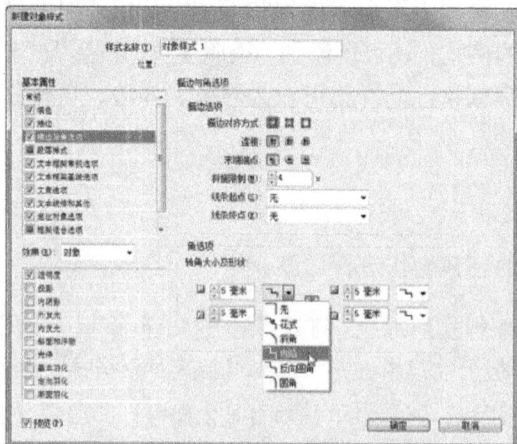

图 8-33 【新建对象样式】对话框（二）

5 选中左侧【文本绕排和其他】复选框，在【文本绕排】区域中单击【沿定界框绕排】按钮，上、下、左、右位移均为 1mm，在【绕排选项】区域的【绕排至】下拉列表中选择"左侧和右侧"，如图 8-34 所示。

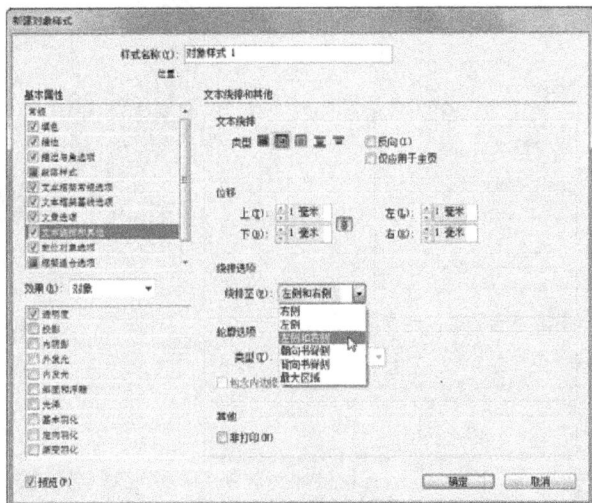

图 8-34 【新建对象样式】对话框（三）

6 设置完成后单击【确定】按钮，随后返回【对象样式】面板，如图 8-35 所示。

8.4.2 应用对象样式

下面将对对象样式的应用进行详细介绍。

1 选择工具箱中的【多边形工具】，绘制一个八边形，高度和宽度分别是 50mm，如图 8-36 所示。

2 选择绘制的八边形图形，单击【对象样式】面板中的"对象样式 1"，则应用对象样式后的八边形如图 8-37 所示。

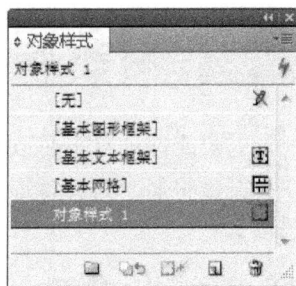

图 8-35 【对象样式】面板

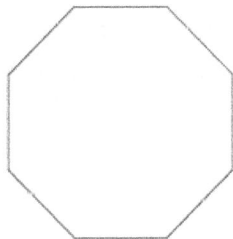

图8-36 八边形

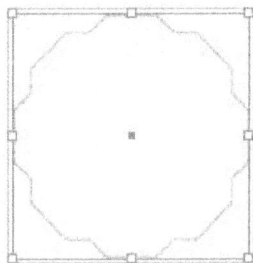

图8-37 应用对象样式

3 选择【文件】>【置入】命令，弹出【置入】对话框，置入"素材\Chapter 08\tupian1.jpg"文件，在图形框架上单击右键，在快捷菜单中选择【适合】>【使内容适合框架】命令，如图 8-38 所示。置入图片后的效果如图 8-39 所示。

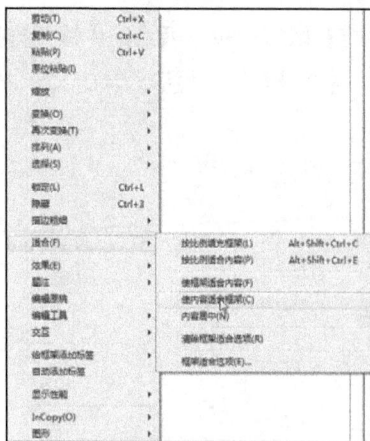

图8-38　选择【使内容适合框架】命令

图8-39　置入图片后的效果

提 示

为对象应用对象样式时，也可以将对象样式直接拖到对象上以完成对象样式的应用，并不用提前选择对象。

8.5　对象库

对象库在磁盘上是以命名文件的形式存在的。创建对象库时，可指定其存储位置。库在打开后将显示为面板形式，可以与任何其他面板编组，对象库的文件名显示在它的面板选项卡中。

8.5.1　创建对象库

下面将对对象库的创建操作进行详细介绍。

1 选择【文件】>【新建】>【库】命令，打开【新建库】对话框，选择新建库的保存位置和文件名，单击【确定】按钮，如图 8-40 所示。新建的【库】面板如图 8-41 所示。

图8-40　【新建库】对话框

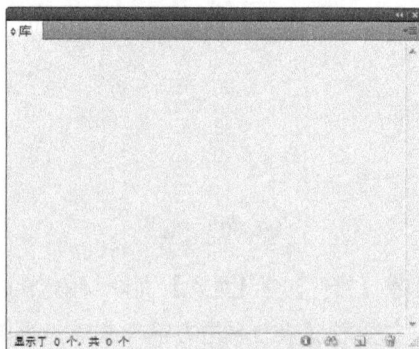

图8-41　【库】面板

2 选择页面上的图片，单击【库】面板底部的【新建库项目】按钮，即可将选择的图片添加到【库】面板中，如图 8-42 所示。

3 在【库】面板中双击新建的库项目，打开【项目信息】对话框，将项目名称更改为"刻苦"，在【说明】文本框中输入"不知则问，不能则学"，最后单击【确定】按钮，如图 8-43 所示。

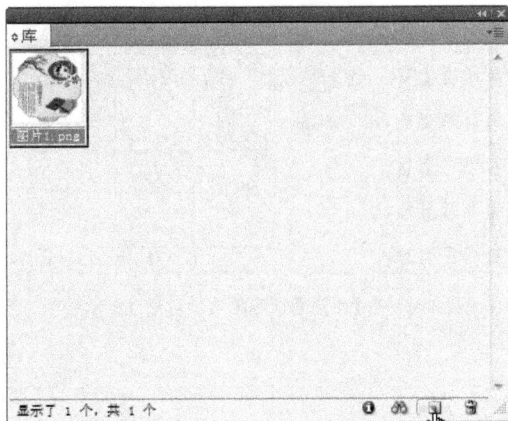

图8-42 添加图片

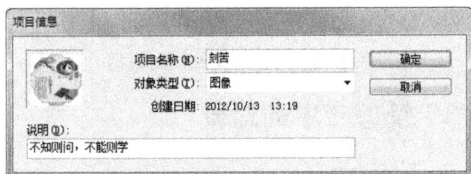

图8-43 【项目信息】对话框

4 用同样的方法，可以加入其他的对象库，如图 8-44 所示。

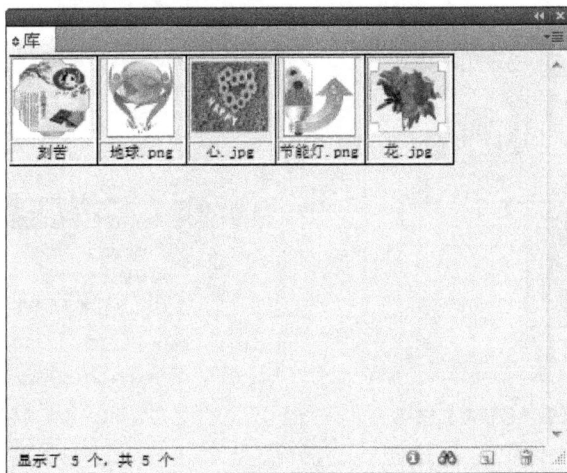

图 8-44 【库】面板

8.5.2 应用对象库

下面将对对象库的应用操作进行介绍。

1 选择【文件】>【打开】命令，弹出【打开文件】对话框，从中选择"库"文件，如图 8-45 所示。

2 单击【打开】按钮，则可调出【库】面板。在【库】面板中选择要置入的库项目，直接将库项目拖动到页面中的合适位置即可，如图 8-46 所示。

图8-45 【打开文件】对话框

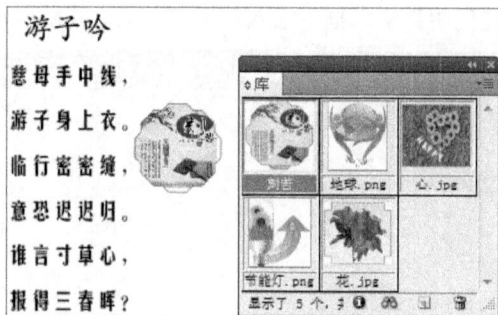

图8-46 将【库】面板中的库项目拖动到文档中

8.5.3 管理库中的对象

1．显示或修改【库项目信息】

选择一个库项目，单击【库】面板底部的【库项目信息】按钮，如图 8-47 所示。打开【项目信息】对话框，在此可查看或修改库项目，如图 8-48 所示。

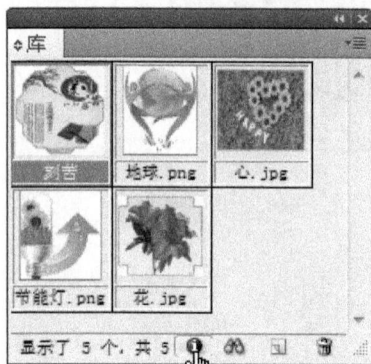

图8-47 单击【库项目信息】按钮

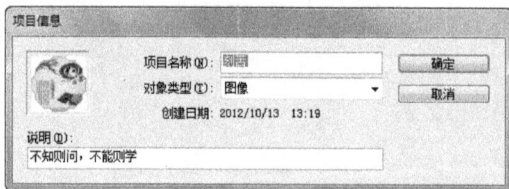

图8-48 【项目信息】对话框

提 示

如果对图片仅仅做了一般链接，原图丢失，从库调入到版面的小图片会报链接丢失；但如果对图片做了嵌入，则不存在此问题。如果是小图片，建议嵌入（在【链接】面板中选中图片，单击右键，在弹出的快捷菜单中选择【嵌入"图片右"的所有实例】命令即可）。

2．显示库子集

单击【库】面板底部的【显示库子集】按钮，打开【显示子集】对话框，从中单击【更多选择】按钮可以增加一个查询条件，如图 8-49 所示。随后输入查询条件，并单击【确定】按钮，【库】面板将会显示出符合条件的项目，如图 8-50 所示。

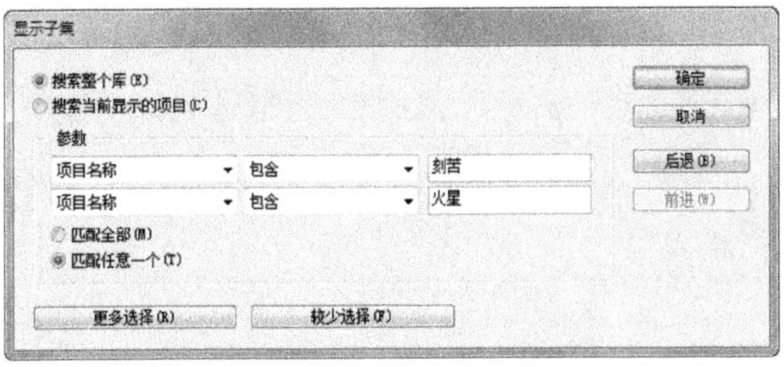

图8-49 【显示子集】对话框

图8-50 【库】面板显示符合条件的项目

3．显示全部

单击【库】面板右上角的菜单按钮，在弹出的下拉菜单中选择【显示全部】命令，即可显示全部的库项目，如图 8-51 所示。

4．删除库项目

对于不需要的库项目，可以删除。首先选择要删除的库项目，单击【库】面板底部的【删除库项目】按钮即可，如图 8-52 所示。

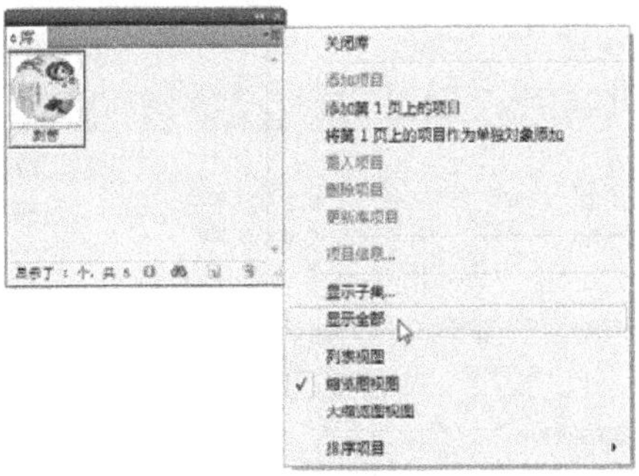

图8-51 选择【显示全部】命令

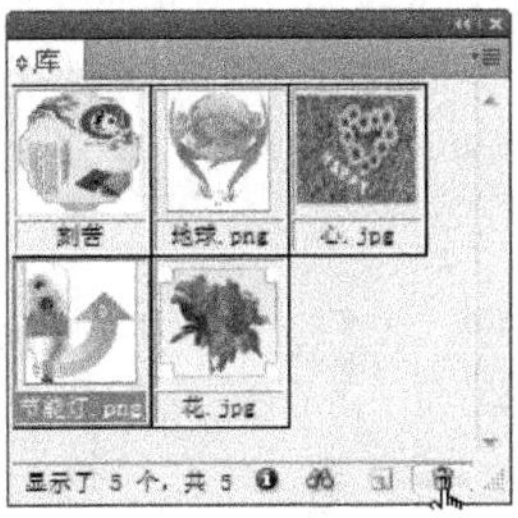

图8-52 删除库项目

8.6 综合案例——制作足球画册内页

本例将制作一个如图 8-53 所示的画册内页。

图 8-53 足球画册内页最终效果

上机目的：

能够利用字符样式、段落样式等知识来设计"足球画册内页"版面中的文本格式。通过对本例的学习，用户将制作出版面丰富的"足球画册内页"。

重点难点：

❖ 字符样式的创建和应用

❖ 段落样式的创建和应用

操作步骤

1．制作背景

1 选择【文件】>【新建】>【文档】命令（快捷键为【Ctrl+N】），弹出【新建文档】对话框，设置【宽度】为 270mm、【高度】为 206mm，单击【边距和分栏】按钮，如图 8-54 所示。

2 设置边距为 0mm，单击 ⑧ 按钮，使上、下、内、外边距联动。设置【栏数】为 1、【栏间距】为 5mm，单击【确定】按钮，如图 8-55 所示。

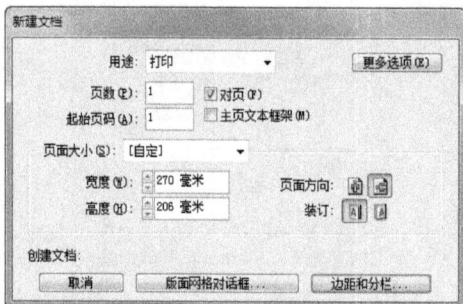

图8-54　【新建文档】对话框　　　　　　　　图8-55　【新建边距和分栏】对话框

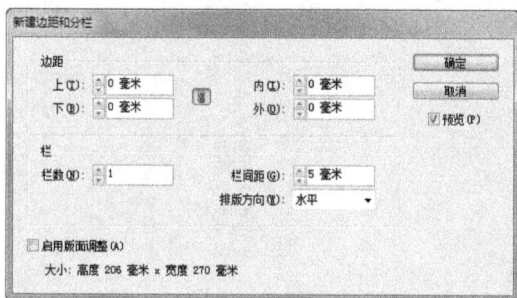

3 选择【矩形框架工具】，在页面上单击，弹出【矩形】对话框，设置矩形的【宽度】为 85mm、【高度】为 165mm，单击【确定】按钮，如图 8-56 所示。

4 利用【选择工具】选中矩形，在【属性】面板中将其参考点移至左上角，设置 X 值和 Y 值均为 0mm，如图 8-57 所示。

图8-56　【矩形】对话框　　　　　　　　图8-57　【属性】面板

5 选择【文件】>【置入】命令，打开【置入】对话框，选择"素材\Chapter 08\足球男孩.jpg"文件，单击【打开】按钮，即将图片置入到矩形框架中，如图 8-58 所示。置入图片后的页面效果如图 8-59 所示。

图8-58 【置入】对话框

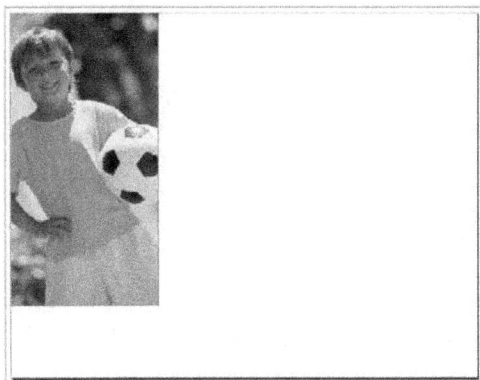

图8-59 置入图片后的效果

6 选择【矩形工具】，在页面上单击，弹出【矩形】对话框，设置矩形的【宽度】为 85mm、【高度】为 41mm，单击【确定】按钮，如图 8-60 所示。

7 利用【选择工具】选中矩形，在【属性】面板中将其参考点移至左下角，设置 X 值为 0mm、Y 值为 206mm，如图 8-61 所示。

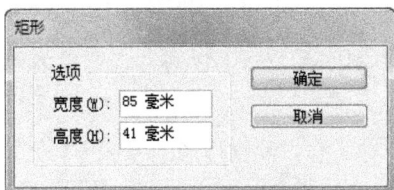

图8-60 【矩形】对话框

图8-61 【属性】面板

8 在【颜色】面板中设置矩形的填充色为"蓝色"(C50,M5,Y0,K0)、描边色为无，如图 8-62 所示。

9 选择【矩形工具】，在页面上单击，弹出【矩形】对话框，设置矩形的【宽度】为 185mm、【高度】为 119mm，单击【确定】按钮，如图 8-63 所示。

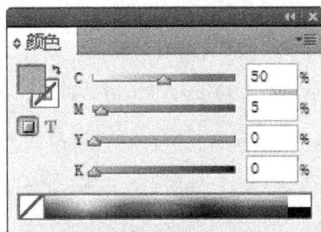

图8-62 【颜色】面板

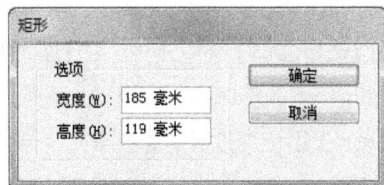

图8-63 【矩形】对话框

10 利用【选择工具】选中矩形，在【属性】面板中将其参考点移至右上角，设置 X 值为 270mm、Y 值为 0mm，如图 8-64 所示。

11 在【颜色】面板中设置矩形的填充色为"黄色"(C20,M0,Y60,K0)、描边色为无，如图 8-65 所示。

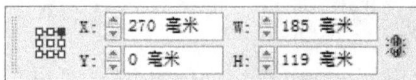

图8-64 【属性】面板

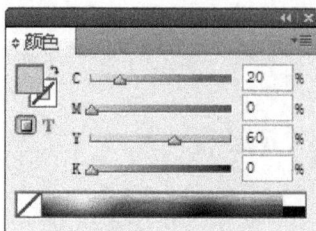

图8-65 【颜色】面板

12 选择【矩形工具】，在页面上单击，弹出【矩形】对话框，设置矩形的【宽度】为 185mm、
【高度】为 8mm，单击【确定】按钮，如图 8-66 所示。

13 利用【选择工具】选中矩形，在【属性】面板中将其参考点移至右下角，设置 X 值为 270mm、
Y 值为 127mm，如图 8-67 所示。

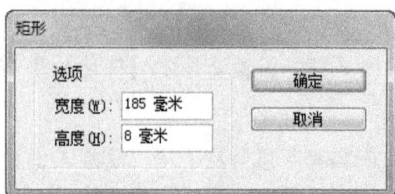

图8-66 【矩形】对话框

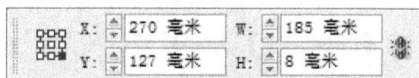

图8-67 【属性】面板

14 在【颜色】面板中设置矩形的填充色为"绿色"（C60,M0,Y100,K50）、描边色为无，如图
8-68 所示。

15 选择【矩形工具】，在页面上单击，弹出【矩形】对话框，设置矩形的【宽度】为 185mm、
【高度】为 15mm，单击【确定】按钮，如图 8-69 所示。

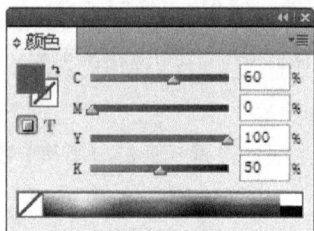

图8-68 【颜色】面板

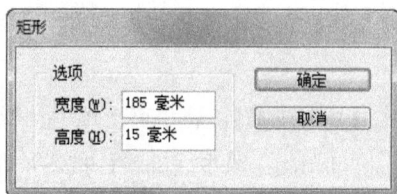

图8-69 【矩形】对话框

16 利用【选择工具】选中矩形，在【属性】面板中将其参考点移至右上角，设置 X 值为 270mm、
Y 值为 127mm，如图 8-70 所示。

17 在【颜色】面板中设置矩形的填充色为"青色"（C45,M0,Y80,K5）、描边色为无，如图 8-71 所示。

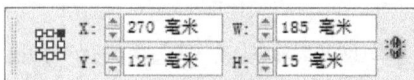

图8-70 【属性】面板

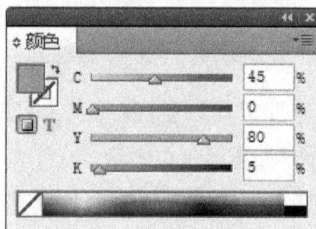

图8-71 【颜色】面板

18 利用【选择工具】选中绿色矩形和青色矩形，按住【Alt】键并拖动鼠标，将其复制，选中复制的绿色矩形，在【属性】面板中将其参考点移至右下角，设置 X 值为 270mm、Y 值为 150mm，如图 8-72 所示。

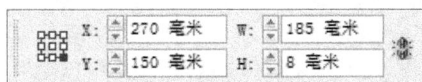

19 利用【选择工具】选中复制的青色矩形，在【属性】面板中将其参考点移至右上角，设置 X 值为 270mm、Y 值为 150mm，如图 8-73 所示。

图8-72 【属性】面板 　　　图8-73 【属性】面板

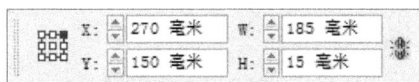

20 选择【矩形框架工具】，在页面上单击，弹出【矩形】对话框，设置矩形的【宽度】为 185mm、【高度】为 41mm，单击【确定】按钮，如图 8-74 所示。

21 利用【选择工具】选中矩形，在【属性】面板中将其参考点移至右下角，设置 X 值为 270mm、Y 值为 206mm，如图 8-75 所示。

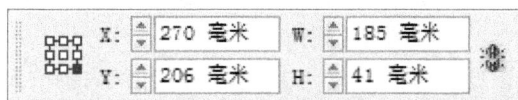

图8-74 【矩形】对话框 　　　图8-75 【属性】面板

22 选择【文件】>【置入】命令，打开【置入】对话框，选择"素材\Chapter 08\踢足球.jpg"文件，单击【打开】按钮，即将图片置入到矩形框架中，如图 8-76 所示。置入图片后的页面效果如图 8-77 所示。

图8-76 【置入】对话框 　　　图8-77 置入图片后的效果

23 使用【选择工具】在空白处单击，取消对对象的选择，然后选择【文件】>【置入】命令，打开【置入】对话框，选择"素材\Chapter 08\图标.eps"文件，如图 8-78 所示。将图片置入到文档中，将其缩小并移动到页面的右上角，如图 8-79 所示。

图8-78 【置入】对话框

图8-79 置入图片后的效果

2．制作文字

1️⃣ 使用【文字工具】在页面左上角拖出一个文本框，输入 LOCATION；选中文字，在【字符】面板中设置字体和字体大小，如图 8-80 所示；接着在【颜色】面板中设置其填充色为"淡蓝色"（C50，M5，Y0，K0）。

2️⃣ 同样的方法，在 LOCATION 的正下方添加 MONTH 0-00，设置其字体和字体大小与 LOCATION 相同，接着在【颜色】面板中设置其填充色为"白色"，如图 8-81 所示。

图8-80 【字符】面板

图8-81 添加文字后的效果

3️⃣ 使用【文字工具】在靠上的绿色矩形内单击，输入 BOYS AND GIRLS PROGRAMS FROM AGES 0-00；选中文字，在【字符】面板中设置其字体和字体大小，如图 8-82 所示；接着在【颜色】面板中设置其填充色为"黄色"（C5，M0，Y100，K0），使用【选择工具】在控制栏中单击【居中对齐】按钮，如图 8-83 所示。

4️⃣ 使用【文字工具】在靠上的青色矩形内单击，输入 FUN AND GAMES；选中文字，在【字符】面板中设置其字体和字体大小，如图 8-84 所示；接着在【颜色】面板中设置其填充色为"白色"，使用【选择工具】在控制栏中单击【居中对齐】按钮，如图 8-85 所示。

图8-82　【字符】面板

图8-83　添加文字后的效果

图8-84　【字符】面板

图8-85　添加文字后的效果

5 使用【文字工具】在靠下的绿色矩形内单击，输入 FROM THE BASICS OF SOCCER TO COMPETITIVE PLAY，选中文字，在【字符】面板中设置其字体和字体大小，如图 8-86 所示；接着在【颜色】面板中设置其填充色为"黄色"(C5,M0,Y100,K0)，使用【选择工具】在控制栏中单击【居中对齐】按钮 ，如图 8-87 所示。

图8-86　【字符】面板

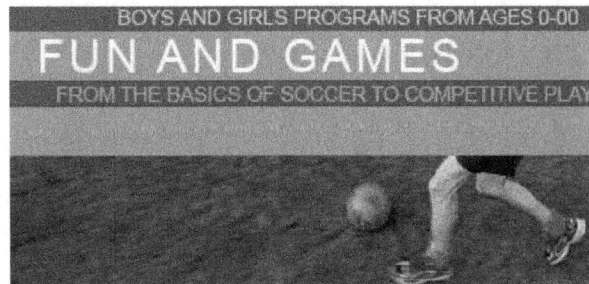

图8-87　添加文字后的效果

6 使用【文字工具】在靠下的青色矩形内单击，输入 SHOOT AND SCORE；选中文字，在【字符】面板中设置其字体和字体大小，如图 8-88 所示；接着在【颜色】面板中设置其填充色为"黄色"（C5,M0,Y100,K0），使用【选择工具】在控制栏中单击【居中对齐】按钮，如图 8-89 所示。

图8-88　【字符】面板

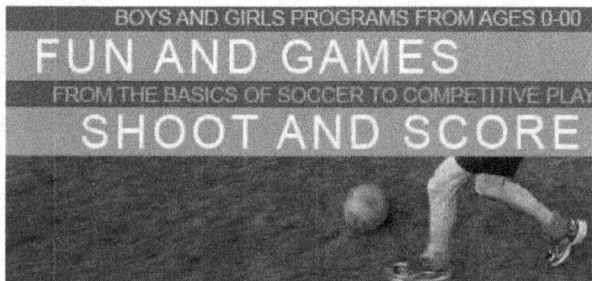

图8-89　添加文字后的效果

7 使用【文字工具】在"踢足球"图片上拖出一个文本框，并输入信息内容；选中文字，在【字符】面板中设置其字体和字体大小，如图 8-90 所示；接着在【颜色】面板中设置其填充色为"白色"，再分别选择电话号码和网址，更改其颜色为黄色（同上），如图 8-91 所示。

图8-90　【字符】面板

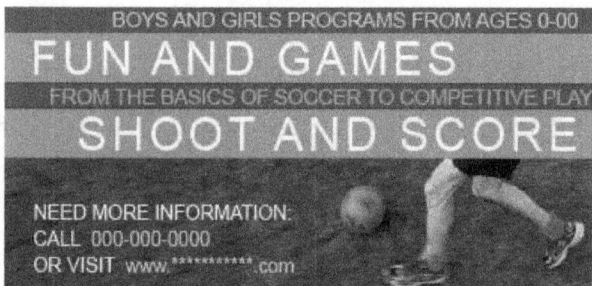

图8-91　添加文字后的效果

8 选择【文件】>【置入】命令，打开【置入】对话框，选择"素材\Chapter 08\足球百科.txt"文件，单击【打开】按钮，如图 8-92 所示。在页面上单击，即将文本置入到页面中，如图 8-93 所示。

9 使用【文字工具】分别选择足球百科中的各标题和各标题下的内容，利用剪切和粘贴的方法分别将其放置在独立的文本框中，如图 8-94 所示。

10 利用【选择工具】选择各段落文字，在【属性】面板中更改其宽度为 45mm，然后将各文本框放置在页面中的相应位置，适当调整文本框的宽度，并利用【对齐】面板将其排列整齐，如图 8-95 所示。

图8-92 【置入】对话框

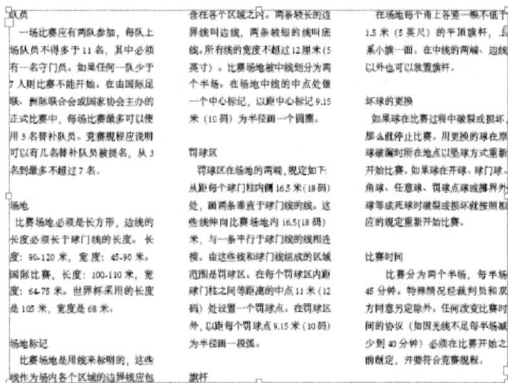

图8-93 置入文字后的效果

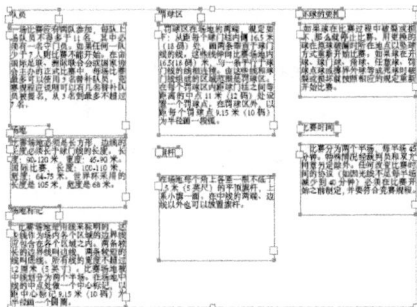

图8-94 分离各文本至独立的文本框

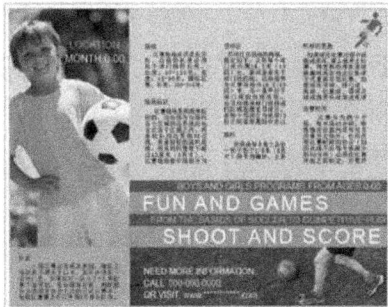

图8-95 排列文本后的效果

3．创建字符样式和段落样式

① 选择【窗口】>【文字和表】>【字符样式】命令，调出【字符样式】面板。单击【字符样式】面板底部的【创建新样式】按钮，在【字符样式】面板中创建了"字符样式1"，双击"字符样式1"，弹出【字符样式选项】对话框，如图8-96所示。

② 在【样式名称】文本框中输入"标题字体样式"，单击左侧的【基本字符格式】选项，在【字体系列】下拉列表中选择"宋体"，在【大小】下拉列表中选择"12点"，单击【确定】按钮，如图8-97所示。

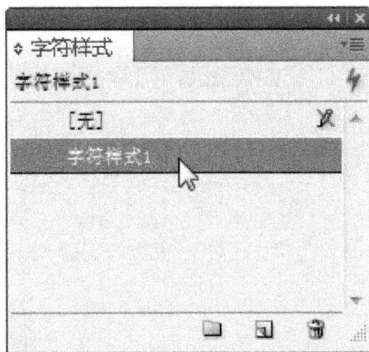

图8-96 【字符样式】面板

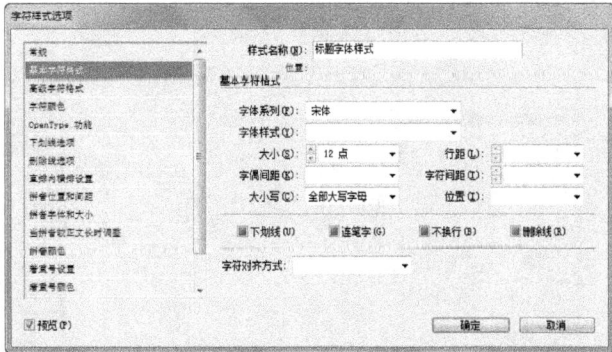

图8-97 【字符样式选项】对话框

③ 在【字符样式选项】对话框中，单击左侧的【字符颜色】选项（见图8-98），双击填充色

框，打开【新建颜色色板】对话框，在 CMYK 模式下设置颜色参数为(C60,M0,Y100,K50)，单击【确定】按钮，如图 8-99 所示。

图8-98　选择【字符颜色】选项

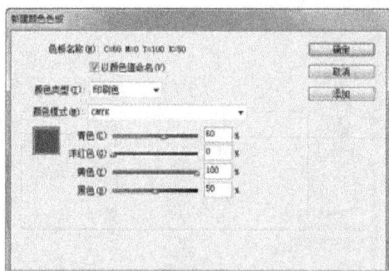

图8-99　【新建颜色色板】对话框

4 选择【窗口】>【文字和表】>【段落样式】命令，调出【段落样式】面板。单击【段落样式】面板右上角的菜单按钮，在弹出的下拉菜单中选择【新建段落样式】命令（见图 8-100），弹出【新建段落样式】对话框，如图 8-101 所示。

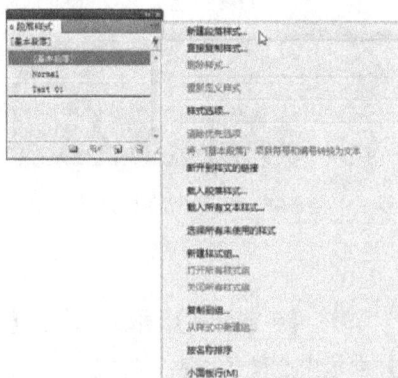

图8-100　选择【新建段落样式】命令

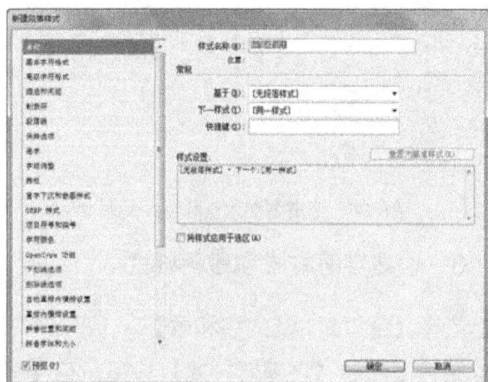

图8-101　【新建段落样式】对话框

5 在弹出的【新建段落样式】对话框中单击左侧的【基本字符格式】选项，在右侧设置如图 8-102 所示的各项参数。

6 在【新建段落样式】对话框中单击左侧的【缩进和间距】选项，在右侧设置如图 8-103 所示的各项参数，单击【确定】按钮。

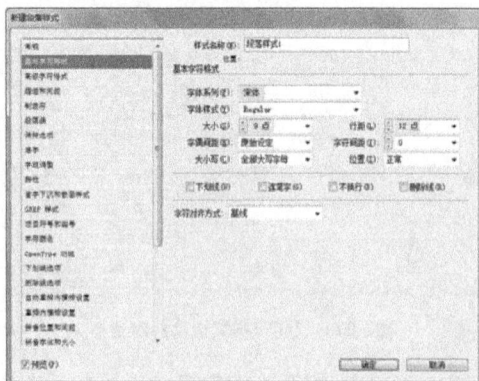

图8-102　【基本字符格式】选项

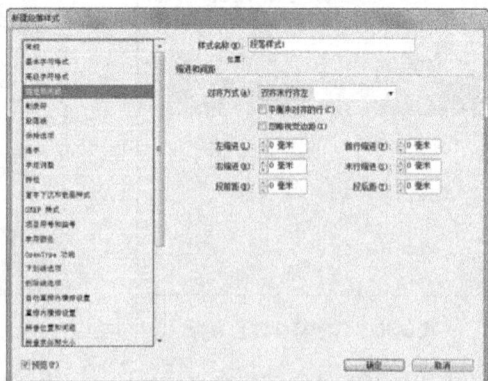

图8-103　【缩进和间距】选项

4．应用字符样式和段落样式

1 利用【文字工具】分别选择各段落上的标题文字，单击【字符样式】面板中的"标题字体样式"，则各标题文字按照"标题字体样式"的格式要求进行了设置，接着选中标题文字"队员"，更改其颜色为"白色"，效果如图 8–104 所示。

2 利用【文字工具】选择各标题下的段落文字，单击【段落样式】面板中的"段落样式 1"，则各段落文字按照"段落样式 1"的格式要求进行了设置，效果如图 8–105 所示。

图8-104　应用字符样式后的效果　　　　　图8-105　应用段落样式后的效果

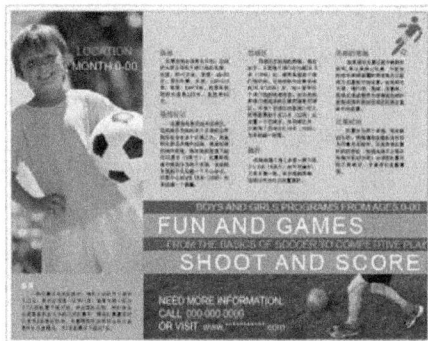

5．编组和预览

1 选择【选择工具】，按【Ctrl+A】组合键，选择页面上的所有对象，按【Ctrl+G】组合键将其编组，如图 8–106 所示。

2 至此，完成足球画册内页的制作。最后按【Ctrl+S】组合键保存该文档，并选中【预览】复选框，预览其效果，如图 8–107 所示。

图8-106　编组所有对象　　　　　图8-107　预览效果

8.7　习题与上机

一、选择题

（1）下列（　　）选项是字符样式不能定义的。

A．间距调整　　　　B．定位　　　　C．下画线　　　　D．倾斜

（2）下列（　　）选项是段落样式不能定义的。

A．间距调整　　　　　B．字符旋转　　　　　C．首行缩进　　　　　D．字符底纹

（3）下列（　　）选项是表样式不能定义的。

A．表外框颜色　　　　B．表外框类型　　　　C．表外框为圆角　　　D．表间距

二、填空题

（1）在编排文档时，可以将创建的字符样式应用到指定的文字上时，这样文字将采用样式中的_____。

（2）创建对象库时，可指定其存储位置。【库】在打开后将显示为_____，可以与任何其他面板编组，对象库的文件名显示在它的_____中。

（3）【表样式】适合于将内容组织成_____。通过使用【表样式】，可以轻松、便捷地设置表的_____，就像使用段落样式和字符样式设置文本的格式一样。

三、上机操作题

（1）打开一个 InDesign 文档，对已使用过样式的文本进行统一修改，如更改字体、字体大小、字体颜色等。

（2）练习使用 InDesign 软件制作如图 8-108 所示的页面。

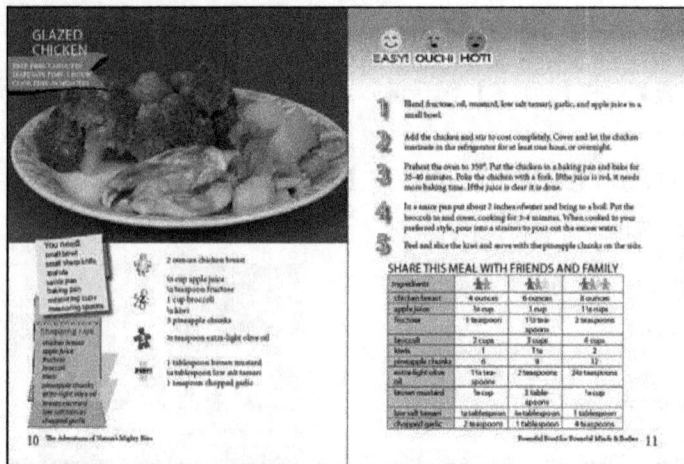

图 8-108　页面效果

Chapter

09 版面的管理

版面管理是排版工作中最基本的技能，单独的文档排版并没有对版面管理的要求。但是如果编辑多文档画册或书籍的时候，做好版面管理工作则是非常有必要的。InDesign CS5 提供的版面管理功能，可以方便地为用户提供多文档或书籍的整体规划与统一整合，进而提高了工作效率。

学习目标

- 熟悉主页的创建方法
- 熟悉主页的编辑与应用
- 掌握页码的添加与设置
- 掌握书籍框架的创建

9.1 页面和跨页

页面是指单独的页面，是文档的基本组成部分；跨页是一组可同时显示的页面，例如在打开书籍或杂志时可以同时看到的两个页面。在 InDesign CS5 中，可以使用【页面】面板、页面导航栏或页面操作命令对页面进行操作，其中【页面】面板是页面的重要操作方式。

9.1.1 【页面】面板

页面设计可以从创建文档开始，设置页面、边距和分栏，或更改版面网格设置并指定出血和辅助信息区域。要对当前编辑的文档重新进行页面设置，可以选择【文件】>【文档设置】命令，打开如图 9-1 所示的【文档设置】对话框。

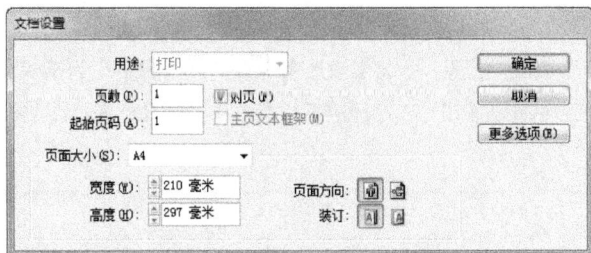

图 9-1 【文档设置】对话框

在【页数】文本框中可以设置文档的页数；若选中【对页】复选框，将生成跨页的左右页面，否则将生成独立的每个页面；若选中【主页文本框架】复选框，将创建一个与边距参考线内的区域大小统一的文本框架，并与所指定的栏设置相匹配，该主页文本框架即被添加到主页中。

在【页面大小】选项组中的【页面大小】下拉列表中选择一种页面大小，在【宽度】与【高度】文本框中输入数值可以改变其宽度与高度。

若单击圙按钮，将设置页面方向为纵向；若单击圙按钮，将设置页面方向为横向；若单击圙按钮，将设置装订方式为从左到右；若单击圙按钮，将设置装订方式为从右到左。

> **注 意**
>
> 若单击【更多选项】按钮，可以进一步设置上、下、左、右的出血尺寸与辅助信息区尺寸。

9.1.2 编辑页面或跨页

在版面管理中，编辑页面或跨页是最基本，也是最重要的一部分。在 InDesign 中有多种编辑页面或跨页的方式，下面将逐一进行介绍。

1．选择、定位页面或跨页

选择、定位页面或跨页可以方便地对页面或跨页进行操作，还可以对页面或跨页中的对象进行编辑操作。

- 若要选择页面，则可在【页面】面板中单击某一页面，然后按住【Shift】键不放。
- 若要选择跨页，则可在【页面】面板中单击跨页下的页码，按住【Shift】键不放。
- 若要定位页面所在视图，则可在【页面】面板中双击某一页面。
- 若要定位跨页所在视图，则可在【页面】面板中双击跨页下的页码。

2．创建多页面的跨页

要是用户同时看到两个以上页面，可以通过创建多页跨页，将其添加页面来创建折叠插页或可折叠拉页。要创建多页跨页，可以单击【页面】面板右上角的菜单按钮，在打开的下拉菜单中选择【合并跨页】命令，然后将所需要的页面拖曳到该跨页中。

> **注 意**
>
> 每个跨页最多包括 10 个页面。但是，大多数文档都只使用两页跨页，为确保文档只包含两页跨页，单击【页面】面板右上方的 按钮，在打开的下拉菜单中选择【允许页面随机排布】命令，可以防止意外分页。

3．插入页面或跨页

要插入新页面，可以先选中要插入页面的位置，单击【新建页面】按钮，新建页面将与活动页面使用相同的主页。

4．移动页面或跨页

在【页面】面板中将选中的页面或跨页图标拖到所需位置。在拖曳时，竖条将指示释放该图标时页面将显示的位置。若黑色的矩形或竖条接触到跨页，页面将扩展该跨页；否则文档页面将重新分布，如图 9-2 所示。

5．排列页面或跨页

选择【版面】>【页面】>【移动页面】命令，打开如图 9-3 所示的【移动页面】对话框，在【移动页面】文本框中显示选取的页面或跨页，在【目标】下拉列表中选择要移动的页面或位置并根据需要指定页面。

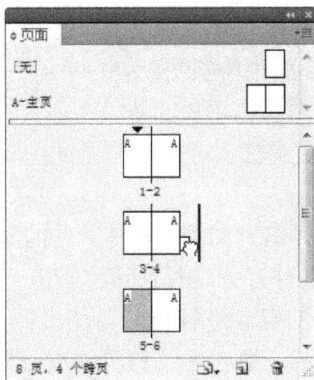

图9-2　移动并扩展跨页

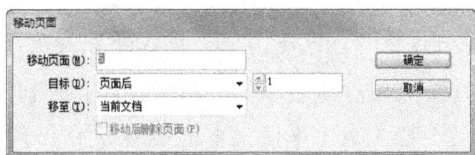

图9-3　【移动页面】对话框

6．复制页面或跨页

要复制页面或跨页，可以执行下列操作之一。

- 选择要复制的页面或跨页，将其拖曳到【新建页面】按钮 上，新建页面或跨页将显示在文档的末尾。
- 选择要复制的页面或跨页，单击【页面】面板右上方的 按钮，在打开的下拉菜单中选择【复制页面】或【直接复制跨页】命令，新建页面或跨页将显示在文档的末尾。
- 按住【Alt】键不放，并将页面图标或跨页下的页面范围号码拖动到新位置。

7．删除页面或跨页

删除页面或跨页有以下 3 种方法。

方法 1：选择要删除的页面或跨页，单击【删除页面】按钮 。
方法 2：选择要删除的页面或跨页，将其拖曳到【删除页面】按钮 上。
方法 3：选择要删除的页面或跨页，单击【页面】面板右上方的 按钮，在打开的下拉菜单中选择【删除页面】命令或【删除跨页】命令。

9.2 主页

使用主页可以作为文档背景，并将相同内容快速应用到许多页面中。主页中的文本或图形对象，例如，页码、标题、页脚等，将显示在应用该主页的所有页面上。对主页进行的更改将自动应用到关联的页面。主页还可以包含空的文本框架或图形框架，以作为页面上的占位符。与页面相同，主页可以具有多个图层，主页图层中的对象将显示在文档页面的同一图层对象的后面。

9.2.1 关于主页

在设计主页时，用户需要注意以下几个方面的事项。

① 若需要一些对主页设计略做变化的页面，可以创建一个主要主页，并在其基础上进行一些其他变化，生成子页面。更新主要主页时，子主页也将被更新。

② 可以创建多个主页，将其依次应用到包含不同典型内容的页面。

③ 在主页中可以包含多个图层。使用图层可以确定主页上的对象与页面中对象的重叠方式。

④ 要快速对新的文档进行排版，可以将一组主页存储到文档模板中，并同时存储段落与字符样式、颜色库以及其他样式和预设，以方便对多种方案进行快速比较。

⑤ 若更改主页中的分栏或边距，可以强制页面中的对象进行自动调整。

⑥ 在主页上串接文本框架最好用于单个跨页内串接。要在多个跨页间进行串接，可以在页面上串接文本文档。

9.2.2 创建主页

新建文档时，在【页面】面板的上方将出现两个默认主页，一个是名为"无"的空白主页，应用此主页的工作页面将不含有任何主页元素；另一个是名为"A-主页"的主页，该主页可以根据需要对其进行更改，其页面上的内容将自动出现在各个工作页面上。

要创建主页，单击【页面】面板右上方的 ≡ 按钮，在打开的下拉菜单中选择【新建主页】命令，打开如图 9-4 所示的【新建主页】对话框。

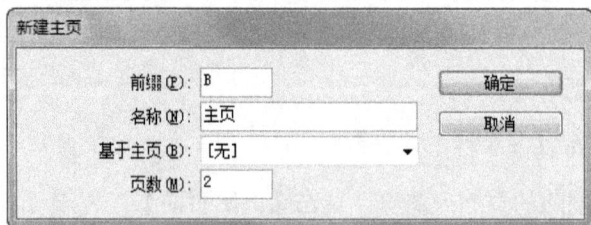

图 9-4　【新建主页】对话框

- 前缀：默认的前缀为 B，可以输入一个前缀以标识主页，最多可以输入 4 个字符。
- 名称：默认的名称为"主页"，可以输入主页的代码。
- 基于主页：在该下拉列表中可以选择已有主页作为基础主页；若选择"无"选项，将不基于任何主页。

- 页数：默认的页数为 2，可以输入一个值以作为主页跨页中要包含的页数，最多为 10。

> **提 示**
>
> 基于主页的页面图标将标有基础主页的前缀，基础主页的任何内容发生变化都将直接影响所有基于
> 该主页所创建的主页。

9.2.3 应用主页

用户可以根据需要随时编辑主页的版面，所做的更改将自动反映到应用该主页的所有
页面中。

在【页面】面板中，双击要编辑的主页图标，主页跨页将显示在文档编辑窗口中，可
以对主页进行更改，如创建或编辑主页元素（如文字、图形、图像、参考线等），还可以更
改主页的名称、前缀、将主页基于另一个主页或更改主页跨页中的页数等。

9.2.4 覆盖或分离主页对象

将主页应用于页面时，主页上的所有对象均显示在文档页面上。要重新定义某些主页
对象及其属性，可以使用覆盖或分离主页对象。

1. 覆盖主页对象

可以有选择地覆盖主页对象的一个或多个属性，以便对其进行自定义，而无须断开其
与主页的关联。其他没有覆盖的属性，如颜色或大小等，将继续随主页更新。可覆盖的主
页对象属性包括描边、填充色、框架的内容与相关变换。

> **技 巧**
>
> 若覆盖了特定页面中的主页项目，则可以重新应用该主页。

- 若要覆盖页面或跨页中的主页对象，则可以按【Ctrl+Shift】组合键，并选择跨页上的任何主页对
  象。然后根据需要编辑对象属性，但该对象仍将保留与主页的关联。
- 若要覆盖所有的主页项目，则可以单击【页面】面板右上方的 按钮，在打开的下拉菜单中选
  择【覆盖全部主页项目】命令，这样便能够根据需要选择和更改全部主页项目。

2. 分离主页对象

在页面中，可以将主页对象从其主页中分离。执行该操作时，该对象将被复制到页面
中，其与主页的关联将断开，分离的对象将不随主页更新。

- 若要将页面中单个主页对象从其主页分离，则可以按【Ctrl+Shift】组合键并选择跨页上的任何
  主页对象，单击【页面】面板右上方的 按钮，在打开的下拉菜单中选择【从主页分离选区】
  命令。

- 若要分离跨页中的所有已被覆盖的主页对象，则可以单击【页面】面板右上方的 按钮，在打开的下拉菜单中选择【从主页分离选区】命令。

提 示

使用【从主页分离选区】命令将分离跨页上的所有已被覆盖的主页对象，而不是全部主页对象。若要分离跨页上的所有主页对象，可首先覆盖所有主页项目。

9.2.5 重新应用主页对象

若分离了主页对象，将无法恢复它们为主页，但是可以删除分离对象，然后将主页重新应用到该页面。

若已经覆盖了主页对象，则可以对其进行恢复以与主页匹配。执行该操作时，对象的属性将恢复为其在对应主页上的状态，而且编辑主页时对象将再次更新。可以移去跨页上的选定对象或全部对象的覆盖，但是不能一次为整个文档执行该操作。

要对已经覆盖了主页对象重新应用主页对象，可以执行下列操作之一。

- 要从一个或多个对象移去主页覆盖，可以在跨页中选择覆盖的主页对象，单击【页面】面板右上方的 按钮，在打开的下拉菜单中选择【移去选中的本地覆盖】命令。
- 要从跨页中移去所有主页覆盖，单击【页面】面板右上方的 按钮，在打开的下拉菜单中选择【移去选中的本地覆盖】命令。

9.3 设置版面

在 InDesign CS5 中，框架是容纳文本、图片等对象的容器，也可以作为占位符，即不包含任何内容的容器。作为容器或占位符时，框架是版面的基本构造块，也是设置版面的重要元素。

9.3.1 使用占位符设计页面

将文本或图形添加到文档，系统将会自动创建框架，用户可以在添加文本或图形前使用框架作为占位符，以进行版面初步设计。InDesign CS5 中的占位符类型包括文本框架占位符与图形框架占位符。

使用【文字工具】可以创建文本框架，使用【绘制工具】可以创建图形框架。将空文本框架串接到一起，只需一个步骤就可以完成最终文本的导入。也可以使用【绘制工具】绘制空形状，做好准备后，再为文本或图形重新定义占位符框架。

9.3.2 版面自动调整

InDesign CS5 的版面自动调整功能非常出色，用户可以随意更改页面大小、方向、边距或栏的版面设置。若启用版面调整，将按照设置逻辑规则自动调整版面中的框架、文字、图片、参考线等。

要启用版面自动调整，可以选择【版面】>【版面调整】命令，打开如图 9-5 所示的【版面调整】对话框，从中进行选择并单击【确定】按钮即可。

该对话框中各选项的含义介绍如下。

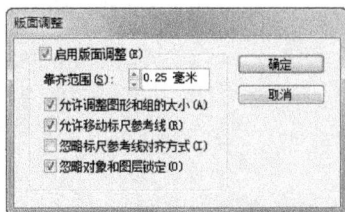

图 9-5 【版面调整】对话框

- 若选中【启用版面调整】复选框，将启用版面调整，则每次更改页面大小、页面方向、边距或分栏时都将进行版面自动调整。

- 在【靠齐范围】文本框中设置要使对象在版面调整过程中靠齐最近的边距参考线、栏参考线或页面边缘，以及该对象需要与其保持多近的距离。

- 若选中【允许调整图形和组的大小】复选框，则在版面调整时将允许缩放图形、框架与组；否则只可移动图形与组，但不能调整其大小。

- 若选中【允许移动标尺参考线】复选框，则在版面调整时将允许调整参考线的位置。

- 若选中【忽略标尺参考线对齐方式】复选框，则将忽略标尺参考线对齐方式。若参考线不合适版面时，则可选择此复选框。

- 若选中【忽略对象和图层锁定】复选框，则在版面调整时将忽略对象和图层锁定。

提　示

启用版面自动调整不会立即更改文档中的任何内容，只有在更改页面大小、页面方向、边距、分栏设置或应用新主页时才能触发版面调整。

9.4 编排页码

对图而言，页码是相当重要的，在以后的目录编排中也要用到页码。下面介绍在出版物中如何添加和管理页码。

9.4.1 添加页码和章节编号

对于页码的编号，在文档中能指定不同页面的页码，如一本书的目录部分可能使用罗马数字作为页码的编号，正文用阿拉伯数字编号，它们的页码都是从"1"开始的。在 InDesign CS5 中可以提供多种编号在同一个文档中，只需选中要更改页码的页面，从【页面】面板的弹出菜单中选择【页码和章节选项】命令，弹出【新建章节】对话框，进行相应的设置即可，如图 9-6 所示。

选中【开始新章节】复选框，其下面的几个选项才变为可选状态。

- 自动编排页码：当选中此单选按钮时，如果在此部分之前增加或减少页面，则这个部分的页数将自动地按照前面的页码自动更新。

- 起始页码：选中该单选按钮，则本章节的后续各页将按此页码编排，直到遇到另一个章节页码编排标识，在这里应输入一个具体的阿拉伯数字。

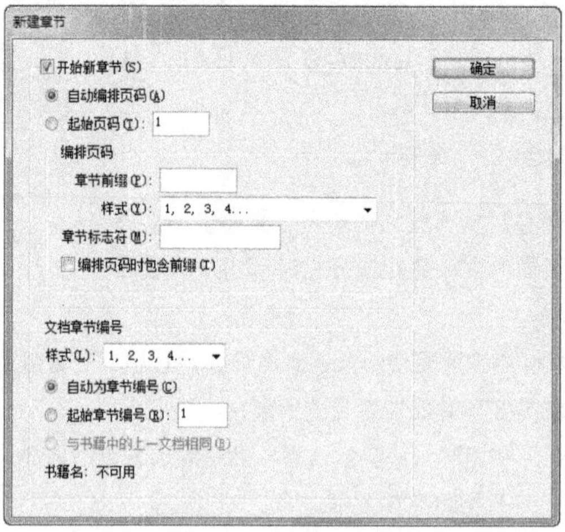

图 9-6 页码和章节选项

- 章节前缀：在此右侧文本框可输入此章节页码的前缀，这个前缀将出现在文件视窗左下角的快速页面导航器中，并且将会出现在目录中。
- 样式：通过此下拉列表可以选择页码的编排样式，例如可以选择 3 位/4 位数阿拉伯数字、大/小写罗马字符、大/小写英文字母等样式，如果使用的是支持中文排版的版本，可能还有大写中文页码等选项。
- 章节标志符：可以在此处输入此章节的标记文字。在以后的编辑中可以通过选择【文字】>【插入特殊字符】>【插入章节标记】命令来插入此处输入的标记文字。
- 文档章节编号：其基本与章节页码设置相同。

9.4.2 对页面和章节重新编号

默认情况下，书籍或文档中的页码是连续编号的。但也可以对页面和章节重新编号，按指定的页码重新开始编号、更改编号样式，向页码中添加前缀和章节标志符文本。

9.5 ▶ 处理长文档

在 InDesign CS5 中，长文档的管理与控制功能更加强大，可以将相关的文档分组到一个书籍文件中，以便按顺序给页面和章节编号，可以共享样式、色板和主页以及打印或导出文档组，也可以方便地制作杂志、报纸和说明书，还可以排版，包括目录、索引的书和字典等的长文档。

9.5.1 创建书籍

要创建书籍，可以选择【文件】>【新建】>【书籍】命令，打开如图 9-7 所示的【新建书籍】对话框。设置创建书籍的位置，在【文件名】下拉列表中设置该书籍的名称，保存书籍文件的扩展名为.indb，单击【保存】按钮。此时，【书籍】面板将显示在界面中，新建书籍已出现在【书籍】面板中，如图 9-8 所示。

图9-7 【新建书籍】对话框

图9-8 【书籍】面板

9.5.2 创建目录

目录为用户提供了章、节的位置。在 InDesign CS5 中，使用"目录生成"功能可以自动列出书籍/杂志或其他文档的标题列表、插入列表、表列表、参考书目等。每个目录都有标题与条目列表组成，包含页码的条目可直接从文档内容中提取，并可以随时更新，还可以跨越书籍中的多个文档进行操作。

创建目录需要 3 个步骤，首先，创建并应用要用做目录基础的段落样式；其次，指定要在目录中使用哪些样式以及如何设置目录样式；最后，将目录排入文档中。

下面将对设置目录样式的操作进行介绍。

1 选择【版面】>【目录样式】命令，打开如图 9-9 所示的【目录样式】对话框。

2 单击【新建】按钮，打开如图 9-10 所示的【新建目录样式】对话框。在【目录样式】文本框中输入正在创建的目录样式名称；在【标题】文本框中输入目录标题；在【样式】下拉列表中选择一种标题样式。

3 在【目录中的样式】选项组的【其他样式】下拉列表中，选择当前目录所要包含的段落样式，单击【添加】按钮，可将其添加到【包含段落样式】列表框中；也可以在【包含段落样式】列表框中选择要移去的段落样式，单击【移去】按钮。

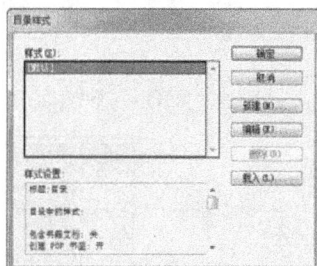

图 9-9 【目录样式】对话框

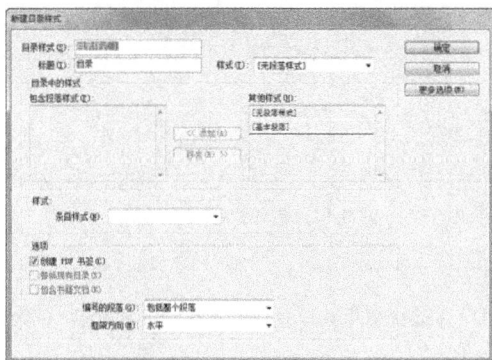

图 9-10 【新建目录样式】对话框

217

4 在【包含段落样式】列表框中将以缩进显示其级别，选择段落样式，再在【条目样式】下拉列表中选择一种条目样式。

提示

若选中【创建 PDF 书签】复选框，则将目录条目包含在【书签】面板中。若选中【包含书籍文档】复选框，则为书籍列表中的所有文档创建目录，并重编该书的页码，否则将只为当前文档生成目录。

---

5 设置完成后单击【确定】按钮，创建目录样式，返回【目录样式】对话框。在【样式】下拉列表中选择要编辑的目录样式，单击【新建】按钮，打开【编辑目录样式】对话框。

6 与【新建目录样式】对话框设置相同，可编辑目录样式，单击【确定】按钮，返回【目录样式】对话框。

7 若单击【载入】按钮，弹出【打开文件】对话框，选择要载入目录样式的文件，单击【打开】按钮，将从其他文件载入目录样式。

8 在【样式】下拉列表中选择要删除的目录样式，单击【移去】按钮，可从列表中删除目录样式。

9.6　综合案例——制作产品画册目录

本例将制作一个如图 9-11 所示的产品画册目录。

图 9-11　制作产品画册目录

上机目的：

通过对版面管理知识的学习，综合使用 InDesign CS5 的各项功能，对画册的字体、字号、颜色、页码等进行设置。

⟨➔ **重点难点：**

❖ 主页页面设置与使用

❖ 页码设置与插入

❖ 目录的添加与管理

操作步骤

1. 绘制背景

1 选择【文件】>【新建】>【文档】命令（快捷键为【Ctrl+N】），弹出【新建文档】对话框，设置【页面大小】为 A4、【宽度】为 210mm、【高度】为 297mm、【页数】为 2，选中【对页】复选框，单击【边距和分栏】按钮，如图 9-12 所示。

2 设置边距为 5mm，单击█按钮，使上、下、内、外边距联动，如要单独设置边距，则取消单击此按钮。设置【栏数】为 1、【栏间距】为 5mm，单击【确定】按钮，如图 9-13 所示。

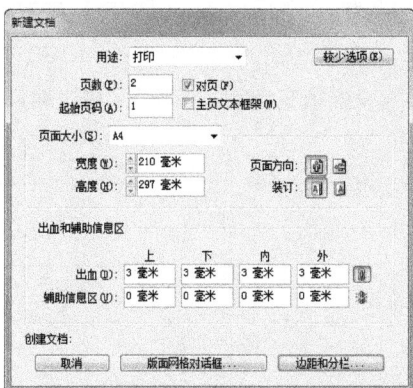

图9-12 【新建文档】对话框　　　　　图9-13 【新建边距和分栏】对话框

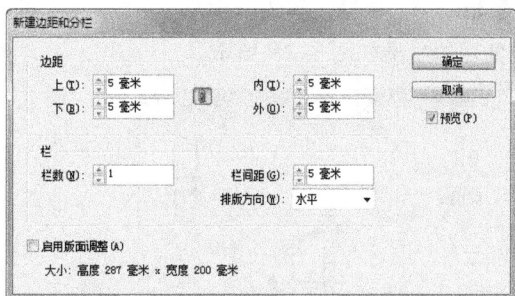

3 打开【页面】面板，可以看到此时页面分布情况，如图 9-14 所示。右击页面 2，弹出页面属性菜单，可以看到页面随机排布的选项为选中状态，如图 9-15 所示。

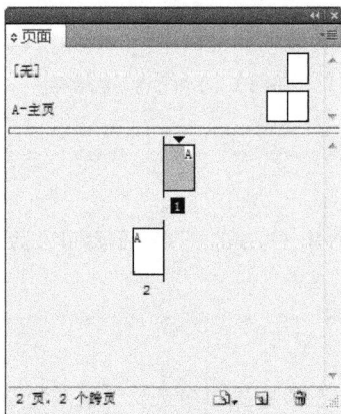

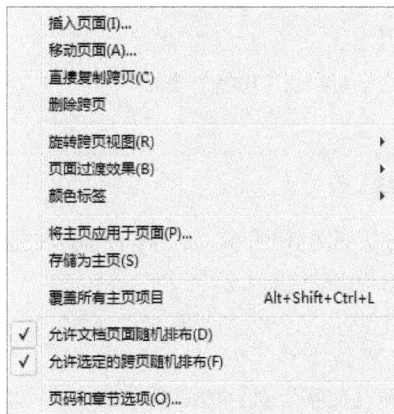

图9-14 【页面】面板　　　　　　　　图9-15 页面属性菜单

4 将【允许文档页面随机排布】和【允许选定的跨页随机排布】的勾选状态取消，如图 9-16 所示。单击页面 2，并拖动到页面 1 的左侧，使两页面横向并列分布，如图 9-17 所示。

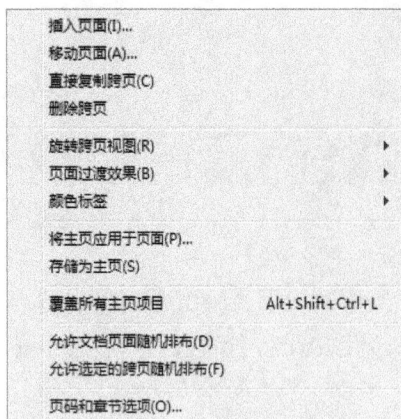

| 插入页面(I)... |
| 移动页面(A)... |
| 直接复制跨页(C) |
| 删除跨页 |
| 旋转跨页视图(R) ▸ |
| 页面过渡效果(B) ▸ |
| 颜色标签 ▸ |
| 将主页应用于页面(P)... |
| 存储为主页(S) |
| 覆盖所有主页项目   Alt+Shift+Ctrl+L |
| 允许文档页面随机排布(D) |
| 允许选定的跨页随机排布(F) |
| 页码和章节选项(O)... |

图9-16 取消选中

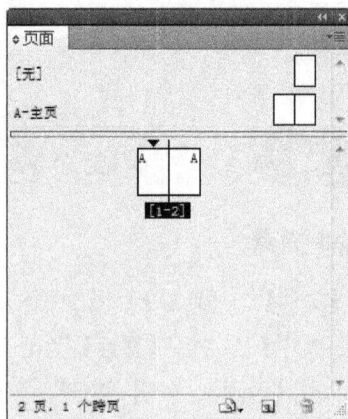

图9-17 调整后的页面分布情况

5 双击页面窗口中的"主页"，进入到主页的页面，如图 9-18 所示。在【图层】面板中新建"图层 2"，然后使用【文字工具】在页面左下角拖出一个文本框。

6 输入 A，设置字体为"默认"、大小为"30 号"，并设置填充色为"黑色"、描边颜色为无。设置后的效果如图 9-19 所示。

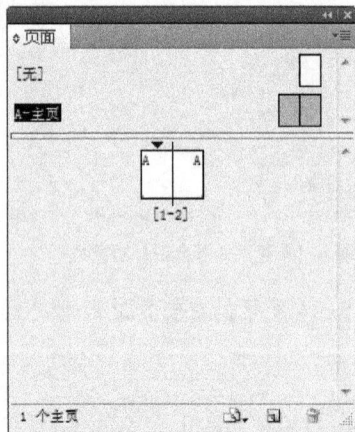

图9-18 【页面】面板

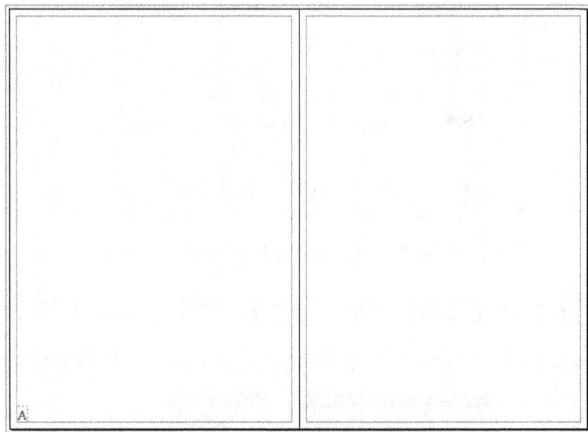

图9-19 添加文字后的效果

提 示

此时在页码文字部分输入的并非数字，在主页中使用 A 来代替分页中的数字，设置好格式后到分页中自然会出现相应的数字。

7 使用【文字工具】拖动鼠标选中 A，单击鼠标右键，在快捷菜单中选择【插入特殊字符】>【标志符】>【当前页码】命令（快捷键为【Alt+Shift+Ctrl+N】），如图 9-20 所示。

8 使用【选择工具】选中输入的页码，将其复制，并粘贴到页面 2 的右下角，调整其位置，使其与页面 1 中的文字水平对称。双击【页面】面板中的其中一个页面，其效果如图 9–21 所示。

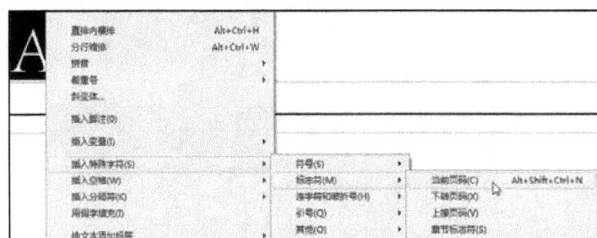

图9-20 选择【当前页码】命令

图9-21 添加页码后的页面效果

注 意

水平翻转只是对页码的显示方式做了调整，协调换页后的阅读习惯。

2. 产品画册目录排版

1 在【图层】面板中选择"图层 1"，选择【矩形框架工具】，在页面上单击，弹出【矩形】对话框，设置矩形的【宽度】为 420mm、【高度】为 297mm，如图 9–22 所示。

2 利用【选择工具】选中矩形，在【属性】面板中将矩形的参考点移至左上角，并设置 X 值和 Y 值均为 0mm，如图 9–23 所示。

图9-22 【矩形】对话框

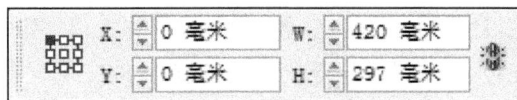

图9-23 【属性】面板

3 保持矩形框架为选中状态，选择【文件】>【置入】命令，打开【置入】对话框，选择"素材\Chapter 09\背景.jpg"文件，单击【打开】按钮，将图片置入到矩形框架中，如图 9–24 所示。

4 利用【选择工具】选中图片，单击鼠标右键，在弹出的快捷菜单中选择【适合】>【使内容适合框架】命令，其效果如图 9–25 所示。

5 选择【文件】>【置入】命令，打开【置入】对话框，选择"素材\Chapter 09\船.png"文件，单击【打开】按钮。在页面上单击，置入图片，利用【自由变换工具】调整其大小和位置，如图 9–26 所示。

6 选择【文件】>【置入】命令，打开【置入】对话框，选择"素材\Chapter 09\路.png"文件，单击【打开】按钮。在页面上单击，置入图片，利用【自由变换工具】调整其大小和位置，如图 9–27 所示。

图9-24　【置入】对话框

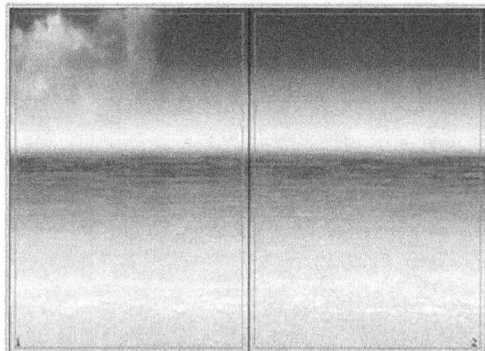

图9-25　使内容适合框架后的效果

图9-26　置入"船"

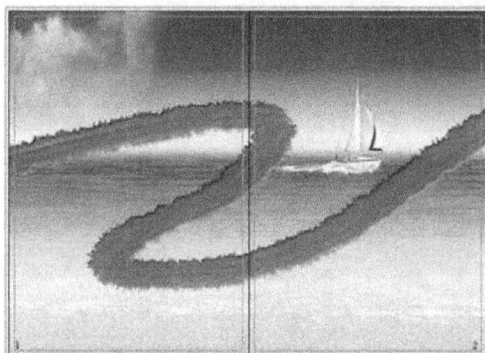

图9-27　置入"路"

7 使用【文字工具】在页面的左上角拖出一个文本框，输入文字"目录 Content"；选中文字，在【字符】面板中设置其字体和字体大小，如图 9-28 所示。在【颜色】面板中设置文字的填充色为"白色"、描边为无。设置后的文字效果如图 9-29 所示。

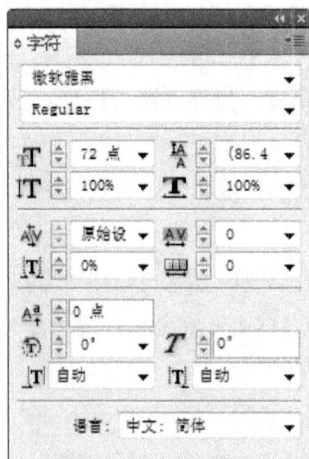

图9-28　【字符】面板

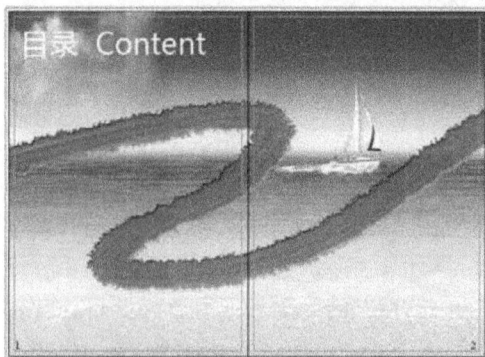

图9-29　添加文字后的效果

8　选择【椭圆工具】，在页面中单击，弹出【椭圆】对话框，设置其宽度和高度均为12mm，如图9-30所示。

9　使用【选择工具】选中椭圆，在【颜色】面板中设置其填充色为"橙色"(C0,M50,Y100,K0)，如图9-31所示。

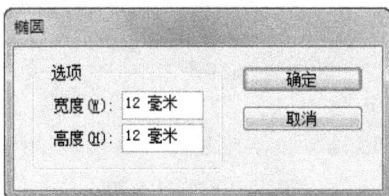

图9-30　【椭圆】对话框　　　　　　　　　　图9-31　【颜色】面板

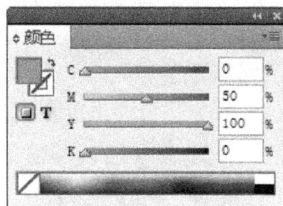

10　将椭圆移动到图片"路"的左上方，选择【文字工具】，在椭圆内单击，输入文字"1"；选中文字，在【字符】面板中设置其字体和字体大小，如图9-32所示。

11　在【颜色】面板中设置其填充色为"白色"、描边色为无，在控制栏中单击【居中对齐】按钮。设置后的效果如图9-33所示。

目录 Content

图9-32　【字符】面板　　　　　　　　　　图9-33　设置文字"1"后的效果

12　利用【选择工具】选中椭圆，按住【Alt】键并用鼠标拖动椭圆，将其复制，并沿着路的方向将其向右移动。选择【文字工具】将文字"1"更改为文字"7"，如图9-34所示。

13　用同样的方法，继续复制椭圆，并将其沿着路的方向向后移动。利用【文字工具】选中椭圆中的文字，在【字符】面板中设置其大小为"21点"，其他设置不变，如图9-35所示。

14　重复复制内部文字为"15"的椭圆，复制5个，并依次将其沿着路的方向排列开来，然后利用【文字工具】分别更改其中的数字为"23"、"25"、"27"、"32"、"38"，如图9-36所示。

15　选择【文字工具】，在椭圆1的左侧拖出一个文本框，输入文字"公司简介"；选中文字，在【字符】面板中设置其字体和字体大小，如图9-37所示。

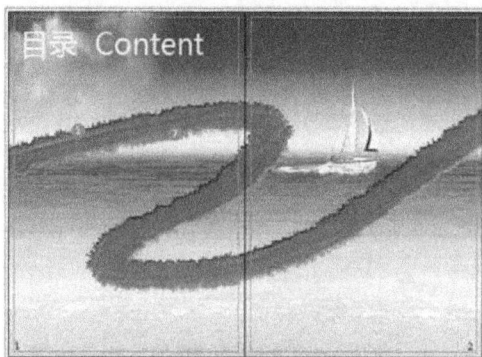

图9-34 添加文字 "7"

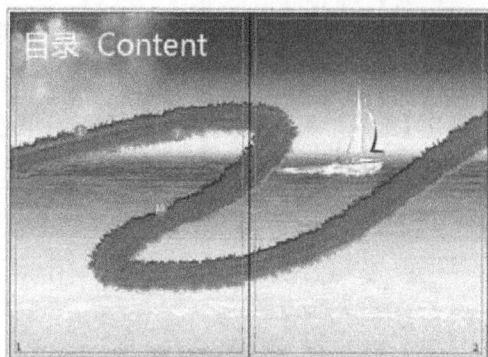

图9-35 添加文字 "15"

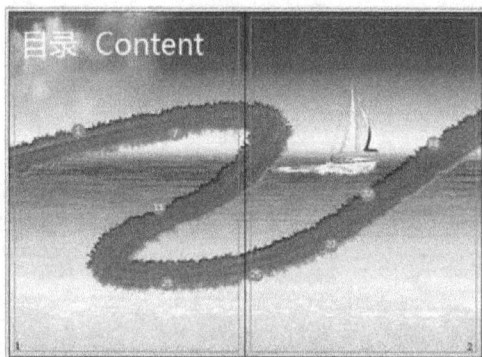

图9-36 添加文字 "23" 等

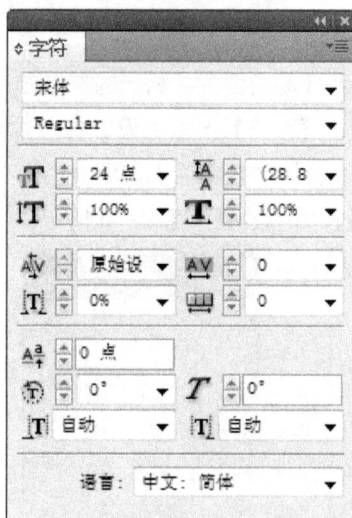

图9-37 【字符】面板

16 参照上述方法，在各椭圆旁边添加文本，依次为 "资质荣誉"、"专业服务"、"产品简介"、"产品信息"、"产品功能"、"覆冰在线"、"服务网点"，如图 9-38 所示。

17 至此，完成产品画册目录的制作。最后按【Ctrl+S】组合键保存该文件，并选中【预览】复选框，预览其效果，如图 9-39 所示。

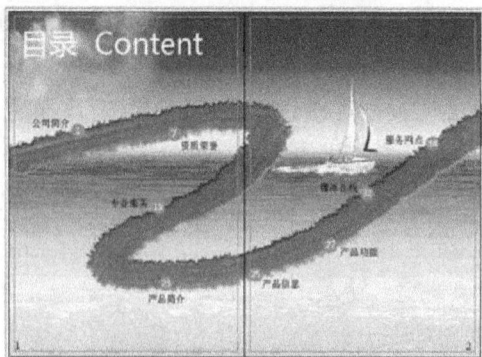

图9-38 添加各文本后的效果

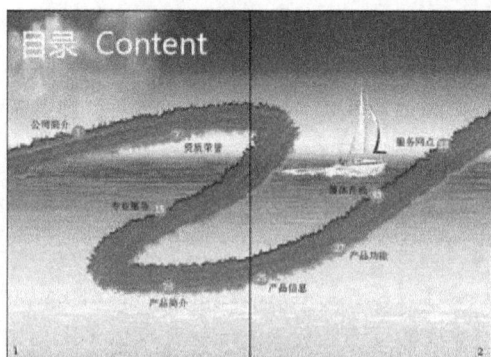

图9-39 预览效果

9.7 习题与上机

一、选择题

（1）要将页面中单个主页对象从其主页分离，可以按（　　）键并选择跨页上的任何主页对象，单击【页面】面板右上方的 ▤ 按钮，在打开的下拉菜单中选择【从主页分离选区】命令。

　　A.【Ctrl+Alt】　　　　B.【Ctrl+Shift】　　　　C.【Shift+Alt】　　　　D.【Ctrl+Enter】

（2）若分离了主页对象，将无法恢复它们为（　　），但是可以删除分离对象，然后将主页重新应用到该页面。

　　A．主页　　　　　　　B．文本　　　　　　C．图形　　　　　　D．页面

（3）在 InDesign CS5 中，使用（　　）功能可以自动列出书籍/杂志或其他文档的标题列表、插入列表、表列表、参考书目等。

　　A．标题生成　　　B．标签生成　　　　C．超链接生成　　　D．目录生成

二、填空题

（1）在 InDesign CS5 中，＿＿＿＿＿＿是指单独的页面，是文档的基本组成部分，＿＿＿＿＿＿是一组可同时显示的页面。

（2）用户可以根据需要随时编辑＿＿＿＿＿＿的版面，所做的更改将自动反映到应用该＿＿＿＿＿＿的所有＿＿＿＿＿＿中。

（3）在 InDesign CS5 中，将文本或图形添加到文档，系统将会自动创建＿＿＿＿＿＿，可以在添加文本或图形前使用＿＿＿＿＿＿作为占位符，进行版面初步设计。

三、上机操作题

1．设计一个如图 9-40 所示的三折页板报。

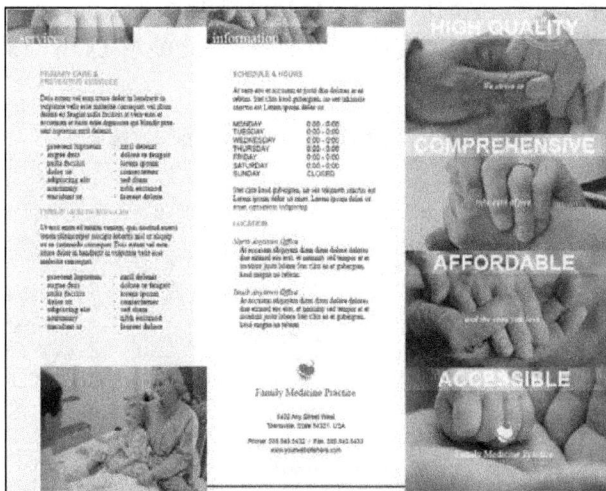

图 9-40　三折页板报

2．任意打开一个 InDesign 文档，移动文档中的跨页，并为该文档添加页码。

Chapter

10

打印与创建 PDF 文件

PDF 已经成为跨媒体出版的重要文件格式，它既可以用于传统的印刷出版，也可以用于光盘或网络出版。对于制作完成的 InDesign 文件，可以导出为 PDF 格式的文件，既便于浏览查看，又充分展示利用书签及超链接生成的效果。本章将主要介绍在 InDesign 中导出 PDF 的方法以及 InDesign 中的书签和超链接的使用。

学习目标

- 了解打印设置中各选项的作用
- 熟悉 PDF 文档的创建与设置方法
- 掌握书签的创建与操作方法
- 掌握超链接的创建与管理

10.1 打印设置

创建文档后，最终需要输出，不管为外部服务提供商提供色彩的文档，还是只将文档的快速草图发送到喷墨打印机或激光打印机，了解与掌握基本的打印知识将会使打印更加顺利进行，并且有助于确保文档的最终效果与预期效果一致。

打印设置之前，选择【文件】>【打印】命令（快捷键为【Ctrl+P】），调出【打印】对话框，如图 10-1 所示。

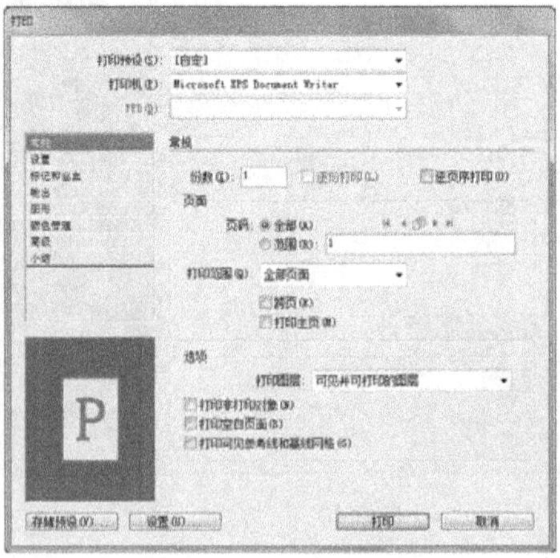

图 10-1 【打印】对话框

10.1.1 常规设置

在【打印】对话框中，单击左侧列表框中的【常规】选项，打开如图 10-1 所示的【常规】界面。

在【份数】下拉列表中选择要打印的份数，若选中【逐份打印】复选框，将逐份打印内容；若选中【逆页序打印】复选框，将从后到前打印文档。

在【页面】选项组中，选中【跨页】复选框，将打印跨页，否则将打印单个页面；若选中【打印主页】复选框，将只打印主页，否则将打印所有页面；若选择【全部】单选按钮，将打印全部页面；或选择【范围】单选按钮，在右侧的【范围】文本框中设置要打印的页面；在【打印范围】下拉列表中，可以选择要打印的范围为全部页面、偶数页面或奇数页面。

> **提 示**
>
> 在【选项】选项组中，通过选中复选框，可以实现在打印时打印非打印对象、空白页面或可见的参考线与基线网络。

10.1.2 页面设置

在【打印】对话框中，选择左侧列表框中的【设置】选项，打开如图 10-2 所示的【设置】界面。

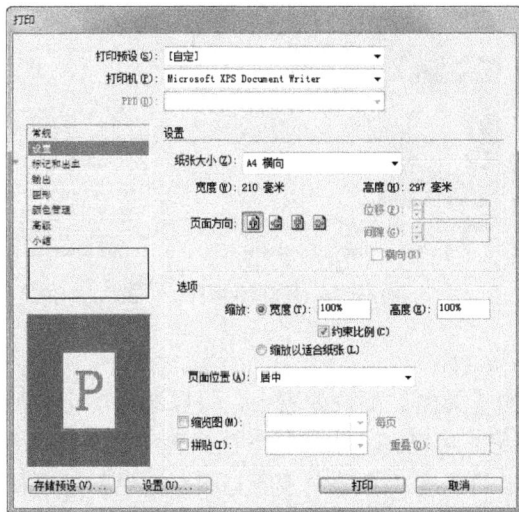

图 10-2 【设置】界面

1. 纸张大小

在【纸张大小】下拉列表中，选择一种纸张大小，如 A4。

在【页面方向】选项中，可单击对应的按钮，设置页面方向为纵向、反向纵向、横排或反向横排。

2．选项

在【选项】选项组中的【缩放】选项中，可以设置缩放的宽度与高度的比例，若选中【缩放以适合纸张】单选按钮，将缩放图形以适合纸张。

在【页面位置】下拉列表中，可以设置打印位置为左上、居中、水平居中或垂直居中。

若选中【缩览图】复选框，可以在页面中打印多页，如 1×2、2×2、4×4 等。

若选中【拼贴】复选框，可将超大尺寸的文档分成一个或多个可用页面大小对应进行拼贴；在其右侧下拉列表中，若选中"自动拼贴"，可以设置重叠宽度；若选中"手动拼贴"，可以手动组合拼贴。

10.1.3　标记和出血设置

在准备打印文档时，需要添加一些标记以帮助在生成样稿时确定在何处裁切纸张及套准分色片，或测量胶片以得到正确的校准数据及网点密布等。

在【打印】对话框中，选择左侧列表框中的【标记和出血】选项，打开如图 10-3 所示的【标记和出血】界面。

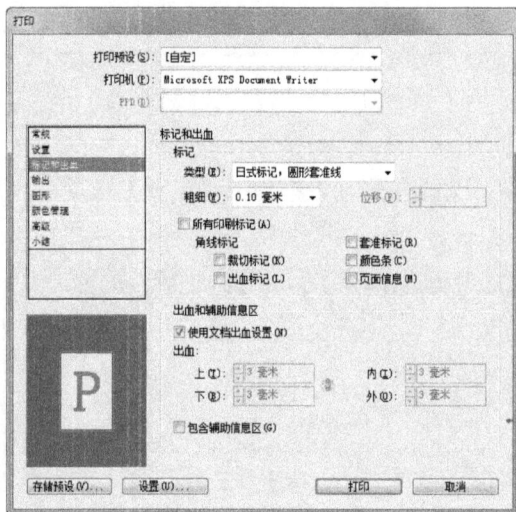

图 10-3　【标记和出血】界面

1．标记

在【标记】选项组的【类型】下拉列表中，可以选择标记类型为"默认"或"日式标记"；若选择"默认"标记，可以在【粗细】下拉列表中选择标记宽度；在【位移】下拉列表中选择标记距页面边缘的宽度；若选中【所有印刷标记】复选框，将打印所有标记，否则可以选择要打印的标记，如裁切标记、套准标记、页面信息、颜色条或出血标记。

2．出血和辅助信息区

在【出血和辅助信息区】选项组中，若选中【使用文档出血设置】复选框，将使用文档中的出血设置，否则可在【上】、【下】、【内】或【外】框中设置出血参数。

```
 ┌─────────────────────────────────────────────────────────────┐
 │  ☼  提 示                                                      │
 │                                                               │
 │  若要打印对页的双面文档，可在【上】、【下】、【内】或【外】框中设置出血。若选中【包含辅助信  │
 │  息区】复选框，可以打印在【文档设置】对话框中定义的辅助信息区域。                  │
 └─────────────────────────────────────────────────────────────┘
```

10.1.4 输出设置

在输出设置中，可以确定如何将文档中的复合颜色发送到打印机。启用颜色管理时，颜色设置默认值将使输出颜色得到校准。在颜色转换中的专色信息将保留；只有印刷色将根据指定的颜色空间转换为等效值。复合模式仅影响使用 InDesign 创造的对象和栅格化图像，而不影响置入的图形，除非它们与透明对象重叠。

在【打印】对话框中，单击左侧列表框中的【输出】选项，打开如图 10-4 所示的【输出】界面。

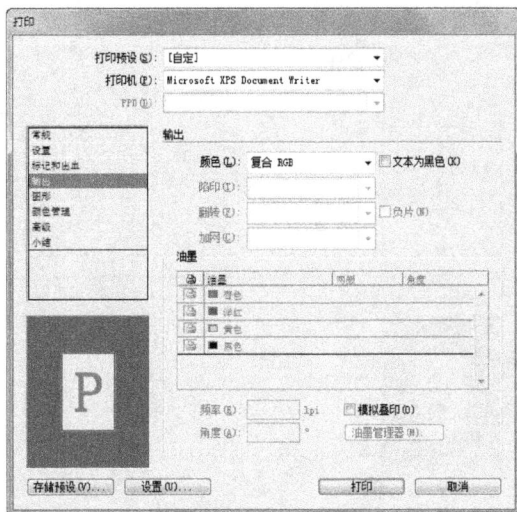

图 10-4 【输出】界面

在【颜色】下拉列表中的各选项含义如下。

- 复合保持不变：将指定页面的全彩色版本发送到打印机，选择该选项，禁用模拟叠印。
- 复合灰度：将灰度版本的指定页面发送到打印机；例如，在不进行分色的情况下打印到单色打印机。
- 复合 RGB：将彩色版本的指定页面发送到打印机；例如，在不进行分色的情况下打印到 RGB 彩色打印机。
- 复合 CMYK：将彩色版本的指定页面发送到打印机；例如，在不进行分色的情况下打印到 CMYK 彩色打印机，该选项只用于 PostScript 打印机。
- 文本为黑色：将 InDesign 中创建的文本全部打印成黑色，文本颜色为"无"、纸色或与白色的颜色值相等。

　　若选择分色打印,可以在【陷印】下拉列表中选择【应用程序内建】选项,将使用 InDesign 中自带的陷印引擎;若选择 Adobe In-RIP 选项,将使用 Adobe In-RIP 陷印;若选择【关闭】选项,将不使用陷印。

　　若选中【负片】复选框,可直接打印负片。

　　在【翻转】下拉列表中,可以翻转要打印的页面,如水平、垂直或水平与垂直翻转。

　　在【加网】下拉列表中,选择一种加网方式。

　　在【油墨】选项组的列表框中可以选择一种油墨,设置该油墨的网频与角度。

10.1.5　图形设置

　　打印包含复杂图形的文档时,通常需要更改分辨率或栅格化设置以获得最佳输出效果。InDesign 将根据需要下载字体,可以设置驻留打印机的字体是存储在打印机的内存中还是连接到打印机的硬盘驱动器中。

　　在【打印】对话框中,单击左侧列表框中的【图形】选项,打开如图 10-5 所示的【图形】界面。

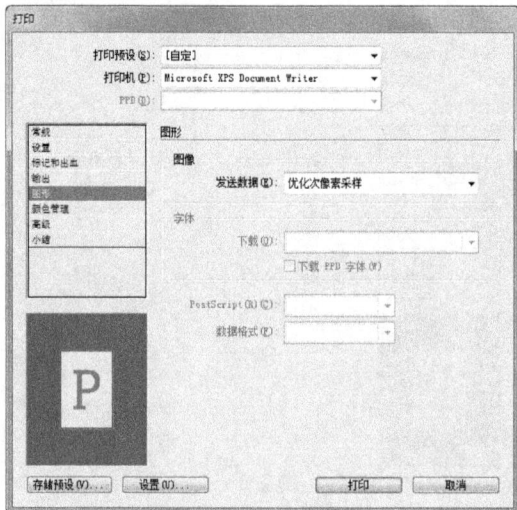

图 10-5　【图形】界面

1. 图像选项

在【图像】选项组中的【发送数据】下拉列表中的各选项含义如下。

- 全部:将发送全分辨率数据,该选项适合于任何高分辨率打印或打印高度对比度的灰度或彩色图像,但该选项需要的磁盘空间最大。
- 优化次像素采样:只发送足够的图像数据供输出设备以最高分辨率打印图形,该选项适合处理高分辨率图像而将校样打印带台式打印机时。
- 代理:发送置入位图图像的屏幕分辨率数据（72dpi）,因此可以缩短打印时间。
- 无:打印时,临时删除所有图形,并使用具有交叉线的图像框替代这些图形,以缩短打印时间。

2. 字体选项

选中【下载 PDF】复选框,将下载文档中使用的所有字体,包括驻留在打印机中的那些字体。使用该选项可用计算机中的字体轮廓打印普通字体。

在【下载】下拉列表中的各选项含义如下。

- 完整：在打印开始时下载文档所需的所有字体。
- 子集：只下载文档中使用的字符，每页下载一次所有的字形，使用该选项可以快速生成较小的 PostScript 文件。
- 无：将告诉 RIP 或后续处理器应当包括字体的位置，若字体驻留在打印机中，应该使用该选项。

10.1.6　颜色管理设置

打印颜色管理文档时，可指定其他颜色管理选项以保证打印机输入中的颜色一致。可以将文档的颜色转换为台式打印机的色彩空间，使用打印机的配置文件代替当前文档的配置文件。若使用 PostScript 打印机时，可以选择使用 PostScript 颜色管理选项，以便进行与设置无关的输入。

在【打印】对话框中，单击左侧列表框中的【颜色管理】选项，打开如图 10-6 所示的【颜色管理】界面。

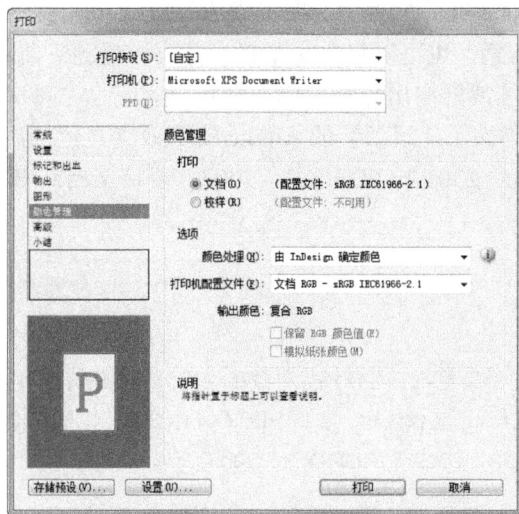

图 10-6　【颜色管理】界面

在【打印】选项组中，若选择【文档】单选按钮，可直接打印文档，否则将打印硬校样。

在【颜色处理】下拉列表中选择【由 InDesign 确定颜色】选项。

若有可用输出设备的配置文件，则可在【打印机配置文件】下拉列表中选择输出设备的配置文件。

若选中【保留 RGB 颜色值】或【保留 CMYK 颜色值】复选框，则将颜色值直接发送到输出设备。该选项适合在没有颜色配置文件的情况下处理颜色与相关联的颜色。

若选中【模拟纸张颜色】复选框，则将按照文档配置文件的定义模拟由打印机介质显示的纸色。

⊛ **注 意**

将光标移动到标题上时，在【说明】框中将显示该标题的功能与操作说明。

10.2　创建 PDF 文档

在 InDesign 中，可以在版面设计中的任意位置导入任何 PDF，支持 PDF 图层导入，还可以以多种方式创建 PDF 与制作交互式 PDF，既能印刷出版，又能在 Web 上发布和浏览，或像电子书一般阅读，使用十分广泛。

10.2.1　导出为 PDF 文档

在 InDesign 中，可以方便地将文档或书籍导出为 PDF。也可以根据需要对其进行自定预设，并快速应用到 Adobe PDF 文件中。在生成 Adobe PDF 文件时，可以保留超链接、目录、索引、书签等导航元素，也可以包含交互式功能，如超链接、书签、媒体剪贴与按钮。交互式 PDF 适合制作电子或网络出版物，包括网页。

在 InDesign CS5 中提供了几组默认的 Adobe PDF 设置，包括高质量打印、印刷质量、最小文件大小、PDF/X-la：2001 与 PDF/X-3：2002。要将文档或书籍导出为 PDF，可以执行下列操作。

⊛ **注 意**

PDF/X 是图形内容交换的 ISO 标准，可以消除导致出现打印问题的许多颜色、字体和陷印变量。在 InDesign CS5 中，对于 CMYK 工作流程，支持 PDF/X-la：2001 与 PDF/X-la：2003；对于颜色管理工作流程，支持 PDF/X-3：2002 与 PDF/X-3：2003。

要将文档或书籍导出为 PDF，选择【文件】>【导出】命令，弹出如图 10-7 所示的【导出】对话框。

在【导出】对话框中，设置要导出的 PDF 的文件名与位置，单击【保存】按钮，打开如图 10-8 所示的【导出 Adobe PDF】对话框。

在【Adobe PDF 预设】下拉列表中，将显示默认的高质量打印选项，可以在匹配列表中选择其他预设。

在【标准】下拉列表中可以选择一种标准，如 PDF/-3：2002。

在【兼容性】下拉列表中选择 Acrobat 5（PDF 1.4）。

图10-7 【导出】对话框

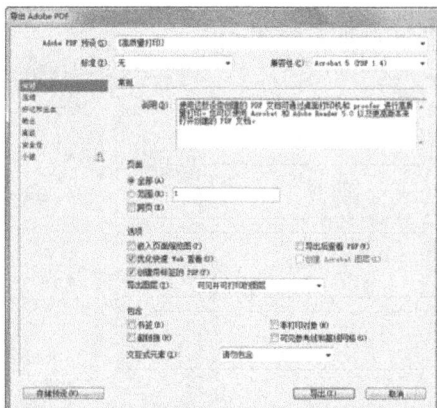

图10-8 【导出Adobe PDF】对话框

10.2.2 PDF 常规选项

在【导出 Adobe PDF】对话框中，单击左侧列表框中的【常规】选项，打开【常规】界面。

1. 页面

在【页面】选项组中，若选中【跨页】复选框，将打印跨页，否则将打印单个页面；若选择【全部】单选按钮，将打印全部页面；若选择【范围】单选按钮，在其右侧的【文本】框中设置要打印的页面。

2. 选项

在【选项】选项组中，各选项的含义如下。

- 嵌入页面缩览图：可为要导出的每页创建缩略图预览，但添加缩略图将增加 PDF 文件大小。
- 优化快速 Web 查看：可重新组织文件以使用一次一页下载，减小 PDF 文件的大小，并优化 PDF。
- 创建带标签的 PDF：在生成 PDF 时，可在文章中自动标记元素，包括段落识别、基本文本格式、列表和表格。导出到 PDF 前，可以在文档中插入并调整这些标签。
- 导出后查看 PDF：将使用默认的应用程序，打开并浏览新建的 PDF。
- 创建 Acrobat 图层：在 PDF 文档中，将每个 InDesign 图层（包括隐藏图层）存储为 Acrobat 图层。

3. 包含

在【包含】选项组中，可以在 PDF 中包含书签、超链接、可见参考线和基线网格、非打印对象或交互式元素；若文档中包含影片或按钮，可以在【多媒体】下拉列表中选择"适用对象设置"选项，可设置嵌入影片和声音；若选择"连接全部"选项，将连接文档中的声音与影片片段；若选择"嵌入全部"选项，将嵌入文档中的声音与影片片段。

10.2.3 PDF 压缩选项

若将文档导出为 Adobe PDF 时，可以压缩文本，并对位图图像进行压缩或缩减像素采样。根据设置压缩和缩减像素采样，可以明显减小 PDF 文件的大小，而不影响细节和精度。

在【导出 Adobe PDF】对话框中，单击左侧列表框中的【压缩】选项，打开如图 10-9

所示的【压缩】界面。

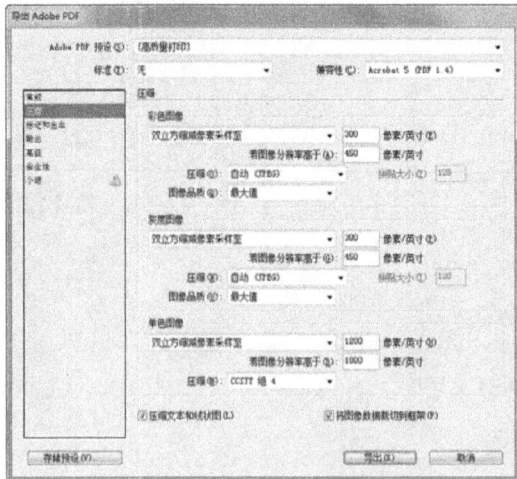

图 10-9 【压缩】界面

在【彩色图像】、【灰度图像】或【单色图像】选项组中，设置以下相同选项。

- 若选择"不缩减像素采样"选项，将不缩减像素采样；若选择"平均缩减像素采样"选项，将计算样例区域中的像素平均数，并使用平均分辨率的平均像素颜色替换整个区域；若选择"次像素采样"选项，将选择样本区域中心的像素，并使用该像素颜色替换整个区域；若选择"双立方缩减像素采样至"选项，将使用加权平均数确定像素颜色，双立方缩减像素采样时最慢，但是最精确的方法，并可生成最平滑的色调渐变。

- 在【压缩】下拉列表中，若选择 JPEG 选项，将适合灰度图像或彩色图像。JPEG 压缩为有损压缩，这表示将删除图像数据并可能降低图像品质，但压缩文件比 ZIP 压缩获得的文件小得多。若选择 ZIP 选项，适用于具有单一颜色或重复图案的图像，ZIP 压缩是无损还是有损压缩取决于图像品质设置；若选择"自动（JPEG）"选项，该选项只是用于单色位图图像，以对多数单色图像生成更好的压缩。

若选中【压缩文本和线状图】复选框，将纯平压缩（类似于图像的 ZIP 压缩）应用到文档中的所有文本和线状图，为不损失细节或品质。

若选中【将图像数据裁切到框架】复选框，将导出位于框架可视区域中的图像数据，可能会缩小文件的大小。

⭐ **注 意**

若计划在 Web 上使用 PDF 文件，可以使用缩减像素采样以允许进行更高程度的压缩。

10.2.4 PDF 安全性选项

【安全性】选项不可用于 PDF/X 标准。在【导出 Adobe PDF】对话框中，单击左侧列表框中的【安全性】选项，打开如图 10-10 所示的【安全性】界面。

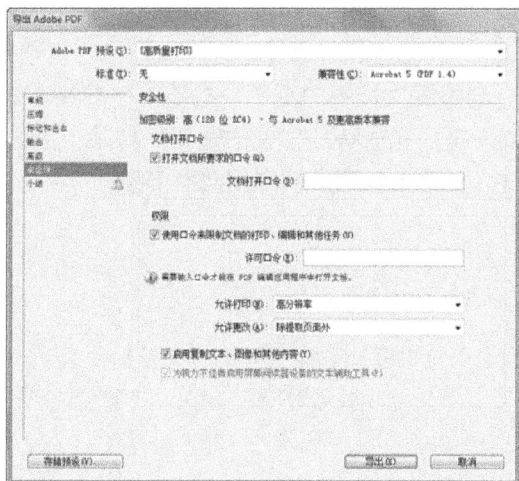

图 10-10 【安全性】界面

若选中【打开文档所要求的口令】复选框，可进一步在【文档打开口令】文本框中设置保护 PDF 文件打开的口令。

若选中【使用口令来限制文档的打印、编辑和其他任务】复选框，可进一步在【许可口令】文本框中设置保护打印、编辑和其他任务 PDF 文件的口令。

在【允许打印】下拉列表中，若选择"无"选项，将禁止用户打印文档；若选择"低分辨率（150dpi）"选项，可以使用不高于 150dpi 的分辨率打印；若选择"高分辨率"选项，能以任何分辨率进行打印，并将高品质的矢量输出到 PostScript 打印机，并支持高品质的其他打印机。

在【允许更改】下拉列表中，若选择"无"选项，将禁止用户对文档进行任何更改，包括填写签名和表单域；若选择"插入、删除和旋转页面"选项，将允许用户插入、删除或转页面，并创建书签和缩略图；若选择"填写表单域和签名"选项，将允许填写表单域并添加数字签名，但该选项不允许添加注释或创建表单域；若选择"页面版面、填写表单域和签名"选项，将允许插入、旋转或删除页面并创建书签或缩略图像、填写表单域并添加数字签名，该选项不允许用户创建表单域；若选择"除提取页面外"选项，将允许标记文档、创建并填写表单域、添加注释与数字签名。

若选中【启用复制文本、图像和其他内容】复选框，将允许从 PDF 文档复制并提取内容。

若选中【为视力不佳者启用屏幕阅读器设备的文本辅助工具】复选框，将方便视力不佳者访问内容。

10.3 书签

书签是一种包含代表性文本的超链接，通过它可以更方便地导出 Adobe PDF 文档。在 InDesign 文档中创建的书签显示在 Acrobat 或 Adobe Reader 窗口左侧的【书签】选项卡中。每个书签都能跳转到文档中的某一页面、文本或图形。

10.3.1 创建、重命名与删除书签

在导出 PDF 文档时，会根据文档中的页数来自动创建书签。单击书签中的页数，就会跳转到对应的页面。但如果想要完成特定位置的跳转，如某个页面中的文本或图片，自动创建书签是无法完成的，这时就需要在文档中创建新书签。

1. 创建书签

创建书签的具体操作方法如下。

1️⃣ 选择【窗口】>【交互】>【书签】命令，弹出【书签】面板，如图 10-11 所示。

2️⃣ 选择工具箱中的【文字工具】，拖动以选择要作为书签的文本，在【书签】面板上单击【创建新书签】按钮，如图 10-12 所示。

图10-11 【书签】面板　　图10-12 创建新书签

3️⃣ 用同样的方法，可以给其他的标题创建书签，如果选择的对象是图片，选择工具箱中的【选择对象】，选择图片，在【书签】面板上单击【创建新书签】按钮，则默认的书签名是"书签 8"，如图 10-13 所示。

技 巧

在导出 PDF 文件时，在【导出 Adobe PDF】对话框的【常规】选项卡中，选中【书签】复选框，这样才能导出自建书签的 PDF 文件。

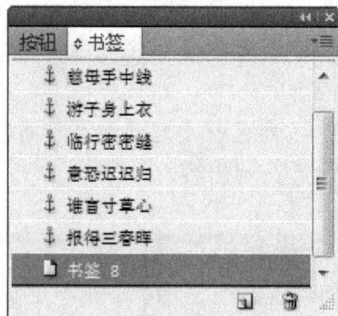

图 10-13 书签列表

2. 重命名书签

当书签较多的时候，容易发生混淆，可以根据自己的需要给书签重命名，具体操作方法如下。

1️⃣ 单击【书签】面板中需要重命名的书签，使其处于被选中状态，如图 10-13 所示。

2 单击【书签】面板上的菜单按钮，弹出下拉菜单，选择【重命名书签】命令，如图 10-14 所示。

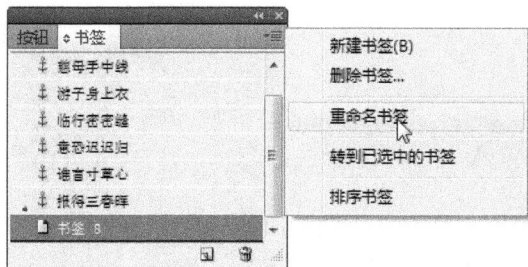

图 **10-14** 　【书签】下拉菜单

3 弹出【重命名书签】对话框，输入新书签名称"刻苦文化"，单击【确定】按钮，如图 10-15 所示。

4 完成书签的重命名操作，效果如图 10-16 所示。

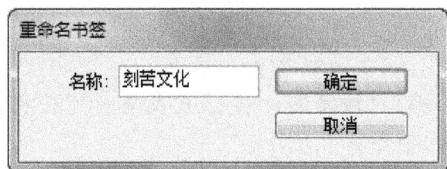

图**10-15** 　重命名书签

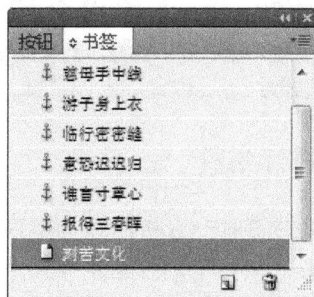

图**10-16** 　重命名书签效果

3. 删除书签

当有一些书签不需要时，可以对此书签进行删除，具体操作方法如下。

1 在【书签】面板中选中将要删除的书签。

2 单击【书签】面板底部的【删除选定书签】按钮，如图 10-17 所示；或单击【书签】面板的菜单按钮，在下拉菜单中选择【删除书签】命令，如图 10-18 所示，都会弹出一个删除书签警告对话框，如图 10-19 所示。

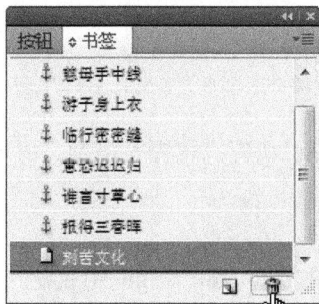

图**10-17** 　删除选定书签

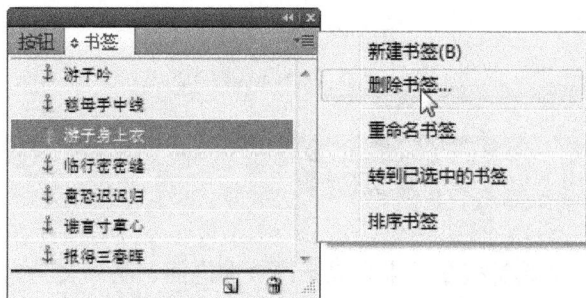

图**10-18** 　选择【删除书签】命令

3 在删除书签警告对话框上单击【确定】按钮，即可删除选择的书签，删除书签后的效果如图 10—20 所示。

图10-19 删除书签警告对话框   图10-20 删除书签

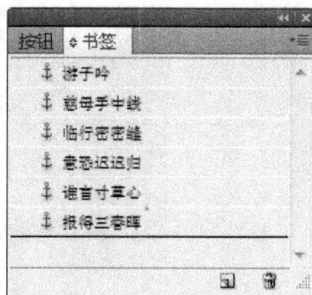

技 巧

删除多个书签时，先按住【Ctrl】键再选择多个书签，单击【删除选定书签】按钮即可。若在删除书签警告对话框中选中【不再提示】复选框，则以后在删除书签时将直接删除，而不出现此对话框。

10.3.2 排序书签

当创建书签时没有按照页面顺序创建，且书签数目较多时，容易造成使用时的混乱，可以通过【排序书签】命令完成顺序的调整，具体操作方法如下。

1 在【书签】面板中单击，随意选中一个书签。

2 单击【书签】面板中的菜单按钮，弹出下拉菜单，选择【排序书签】命令，书签即按顺序重新进行排列，如图 10—21 所示；排列后的书签顺序如图 10—22 所示。

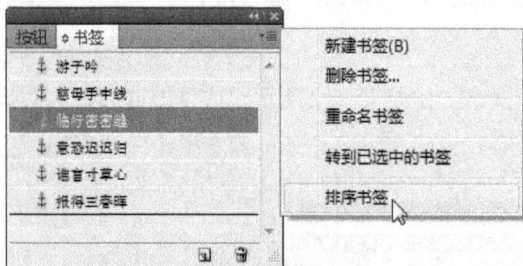

图10-21 选择【排序书签】命令   图10-22 排序书签后的【书签】面板

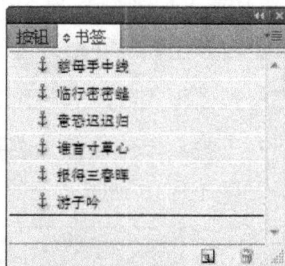

10.4 超链接

超链接是用来完成不同页面之间、不同文档之间跳转的。InDesign 中超链接的创建包括超链接源的创建和超链接目标的创建。超链接源指的是超链接文本、超链接文本框架或超链接图形框架；超链接目标指的是超链接跳转到的 URL、文本中位置或页面。

10.4.1　创建页面超链接

页面超链接与书签的作用相似，也是完成页面之间的跳转。不同的是书签的跳转源显示在书签列表中，而页面超链接的跳转源显示在页面中。

创建页面超链接的具体操作方法如下。

1 选择【窗口】>【交互】>【超链接】命令，打开【超链接】面板，如图 10-23 所示。

2 选择工具箱中的【文字工具】，选择要超链接的文本，如选择"游子吟"，作为超链接源。

3 单击【超链接】面板中的【创建新的超链接】按钮，如图 10-24 所示。

4 在弹出的【新建超链接】对话框中，可设置超链接的各选项参数，如图 10-25 所示，单击【确定】按钮。

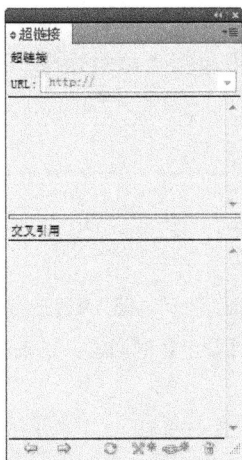

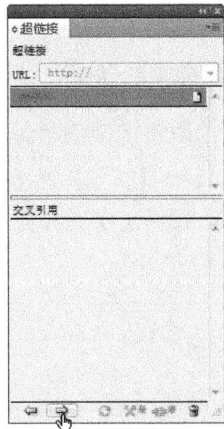

图10-23　【超链接】面板　　　　　　图10-24　【超链接】面板

5 创建的超链接如图 10-26 所示，单击【转到所选超链接或交叉引用的源】或【转到所选超链接或交叉引用的目标】按钮可在超链接或交叉引用的源和超链接或交叉引用的目标之间进行切换。

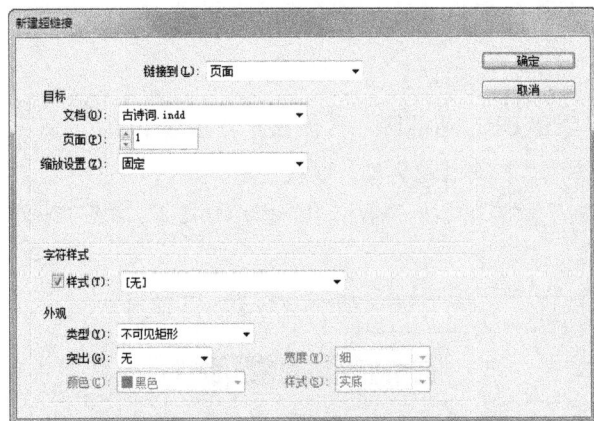

图10-25　【新建超链接】对话框　　　　　　图10-26　【超链接】面板

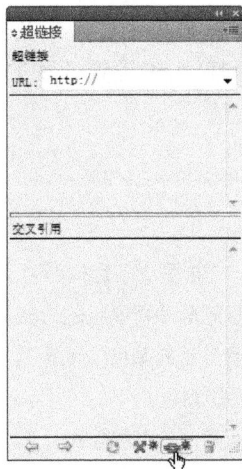

如果在【链接到】下拉列表中选择"页面"，则创建页面目标时，可以指定跳转到的页

面的缩放设置。

【目标】选项组主要用来设置超链接目标的各项属性，其中各选项含义介绍如下。

- 文档：设置超链接目标所在的文档。该文件既可以是当前文档，也可以是其他文档。
- 页面：当【链接到】下拉列表中选择的是"页面"时，可以在此指定要跳转到的页码。
- 缩放设置：设置目标显示的窗口方式。"固定"为显示在创建超链接时使用的放大级别和页面位置；"适合视图"为将当前页面的可见部分显示为目标；"适合窗口大小"为在目标窗口中显示当前页面；"适合宽度"为在目标窗口中显示当前页面的宽度；"适合高度"为在目标窗口中显示当前页面的高度；"适合可见"为以目标的文本和图形适合窗口宽度，通常意味着不显示边距；"承前缩放"为按照单击超链接时使用的放大级别来显示窗口。

【外观】选项组用来设置超链接源的外观。超链接源可以是文本，也可以是图片。可以给超链接源设置与其他文字或图片不同的外观样式，达到醒目的效果，方便查找和使用。【类型】下拉列表用来设置外观的显示与否。该下拉列表中包括"可见矩形"与"不可见矩形"选项。

提示

若在【类型】下拉列表中选择"可见矩形"，将激活以下选项。
- 突出：设置矩形外框显示的方式，包括"无"、"反转"、"轮廓"和"内陷"4个选项。
- 颜色：设置显示的颜色，选择其中的"自定"选项后，弹出【颜色】对话框，在该对话框中可以任意设置需要的颜色。
- 宽度：设置矩形外框的粗细，其中包括"细"、"中"和"粗"3个选项。
- 样式：设置矩形外框的外观，其中包括"实底"和"虚线"两个选项。

10.4.2 创建其他超链接

在 InDesign 中，除了可以创建页面超链接外，还可以创建其他超链接，如 URL 超链接、电子邮件超链接、锚点超链接等，本节将分别介绍这 3 种超链接的创建。

1．URL 超链接的创建

当用网址作为超链接的目标时，可以创建 URL 超链接，具体操作方法如下。

1 选择【窗口】>【交互】>【超链接】命令，打开【超链接】面板。

2 选择工具箱中的【文字工具】，选择页面右下角的 http://www.pfc.edu.cn 文本，如图 10-27 所示。

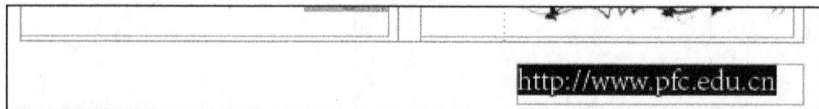

http://www.pfc.edu.cn

图 10-27　选择文本

3 单击【超链接】面板中的【创建新的超链接】按钮，在弹出的【新建超链接】对话框中，在【类型】下拉列表中选择 URL，在【目标】选项组的 URL 文本框中输入 URL 超链接目标名称，如 http://www.pfc.edu.cn，单击【确定】按钮，如图 10-28 所示。

4 创建 URL 超链接后，【超链接】面板如图 10-29 所示。

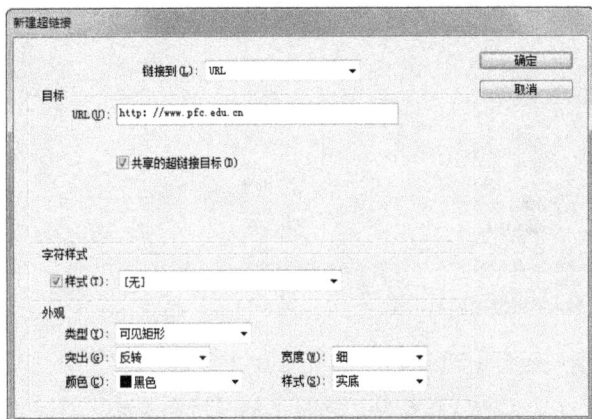

图10-28　【新建超链接】对话框

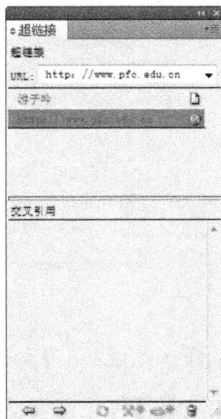

图10-29　【超链接】面板

5 选中创建的 URL 超链接 http://www.pfc.edu.cn，单击【超链接】面板上的【转到所选超链接或交叉引用的目标】按钮，则可打开超链接到的 URL 页面，如图 10-30 所示。

图 10-30　URL 超链接页面

2．电子邮件超链接的创建

当用电子邮件作为超链接的目标时，可以创建电子邮件超链接，具体操作方法如下。

1 选择【窗口】>【交互】>【超链接】命令，打开【超链接】面板。

2 选择页面左下角的 mailto:yaofei@pfc.cn，如图 10-31 所示。

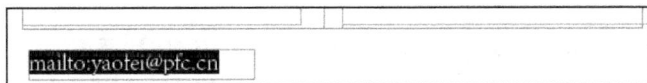

mailto:yaofei@pfc.cn

图 10-31　选择文本

3 单击【超链接】面板中的【创建新的超链接】按钮，弹出【新建超链接】对话框，在【链接到】下拉列表中选择"电子邮件"，在【目标】选项组的【地址】文本框中输入 yaofei@pfc.cn，在【主题行】文本框中输入 lian xi wo men，如图 10-32 所示。

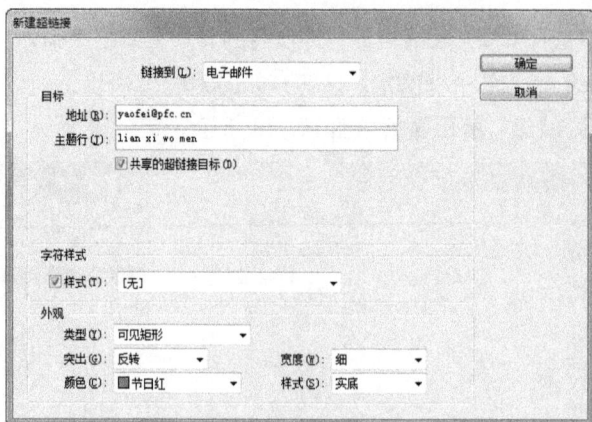

图 10-32　【新建超链接】对话框

4 创建电子邮件超链接后,【超链接】面板如图 10-33 所示。

5 选中创建的电子邮件超链接 yaofei@pfc.cn, 单击【超链接】面板上的【转到所选超链接或交叉引用的目标】按钮, 则可打开超链接到的新建电子邮件窗口, 如图 10-34 所示。

图10-33　【超链接】面板

图10-34　新建电子邮件窗口

3．锚点超链接的创建

要更加精确地跳转到文档中固定文本的位置,可以创建锚点超链接。例如,各段文章的标题不是在每一页的起始位置,查找起来需要按页浏览,非常麻烦。此时,可以创建目录,以目录作为链接源,再将正文中的标题设为锚点,创建锚点链接就可以解决这个问题了。创建锚点超链接的具体操作方法如下。

1 选择【窗口】>【交互】>【超链接】命令,打开【超链接】面板。

2 选择工具箱中的【文字工具】,在创建锚点的文本处双击,如在"游子吟"处双击,如图10-35 所示。

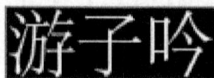

图 10-35　定位插入点

3️⃣ 单击【超链接】面板中的菜单按钮，在下拉菜单中选择【新建超链接目标】命令，如图 10-36 所示。

4️⃣ 弹出【新建超链接目标】对话框，基于以上操作，系统将自动生成如图 10-37 所示的类型和名称。

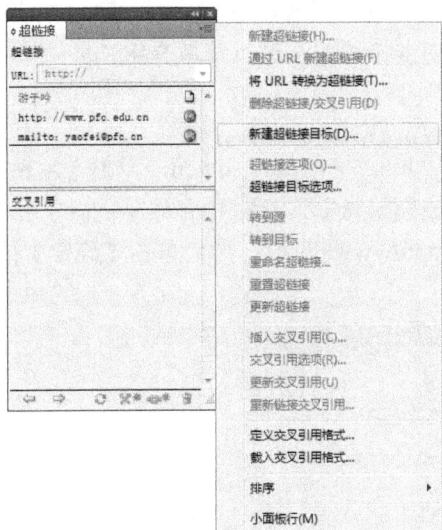

图10-36　选择【新建超链接目标】命令

图10-37　【新建超链接目标】对话框

5️⃣ 选择工具箱中的【文字工具】，按住左键并拖动鼠标选中目录中的某个标题，如选中 "游子吟"。

6️⃣ 单击【超链接】面板中的【创建新的超链接】按钮，弹出【新建超链接】对话框，在【链接到】下拉列表中选择 "文本锚点" 选项，在【文本锚点】下拉列表中找到已建好的超链接目标名称，如 "游子吟"，单击【确定】按钮，如图 10-38 所示。

7️⃣ 创建文本锚点超链接后，【超链接】面板如图 10-39 所示。

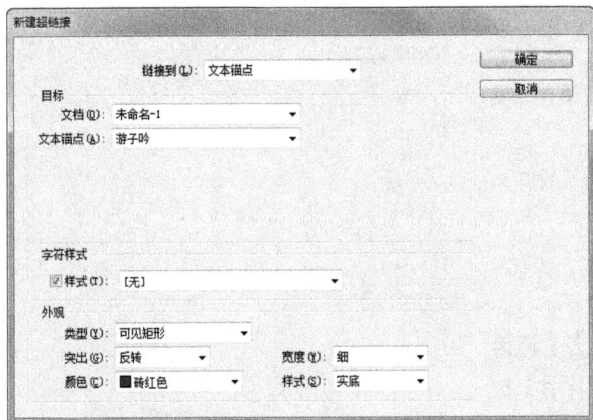

图10-38　【新建超链接】对话框

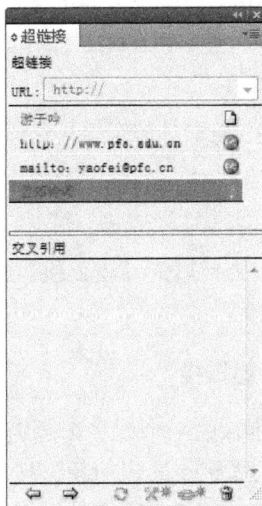

图10-39　【超链接】面板

8 选择文本锚点超链接，单击【转到所选超链接或交叉引用的源】按钮或【转到所选超链接或交叉引用的目标】按钮，可在超链接或交叉引用的源和超链接或交叉引用的目标之间进行切换。

10.4.3 管理超链接

对于创建好的超链接，可以执行相应的操作对其进行更改和管理，例如可以编辑超链接、重命名超链接和删除超链接。下面将对管理超链接的方法进行简单介绍。

1. 编辑超链接

在【超链接】面板中，双击要编辑的项目，如 http://www.pfc.edu.cn，弹出【编辑超链接】对话框。在该对话框中各选项的含义和【新建超链接】对话框中各选项的含义相同，根据需要更改超链接，如在 URL 文本框中输入 http://www.pfc.cn，然后单击【确定】按钮，如图 10-40 所示。

图 10-40 【编辑超链接】对话框

2. 重命名超链接

1 在【超链接】面板中，单击【超链接】面板中的菜单按钮，在下拉菜单中选择【重命名超链接】命令，如图 10-41 所示。

2 在弹出的【重命名超链接】对话框中输入重命名的超链接的名称，如"游子吟 慈母手中线"，单击【确定】按钮，如图 10-42 所示。

3 重命名超链接后的【超链接】面板如图 10-43 所示。

3. 删除超链接

选择要删除的一个或多个超链接，单击【超链接】面板上的【删除选定的超链接或交叉引用】按钮，则可删除超链接。移去超链接时，源文本或图形仍然保留。

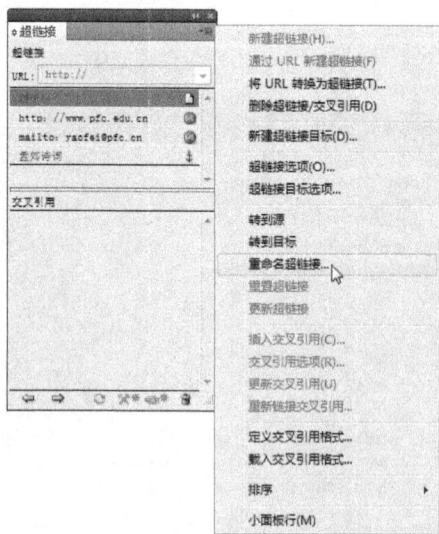

图 10-41 选择【重命名超链接】命令

图10-42　【重命名超链接】对话框

图10-43　【超链接】面板

10.5 综合案例——制作在 PDF 中使用的超链接

本例将制作一个如图 10-44 所示的超链接文档。

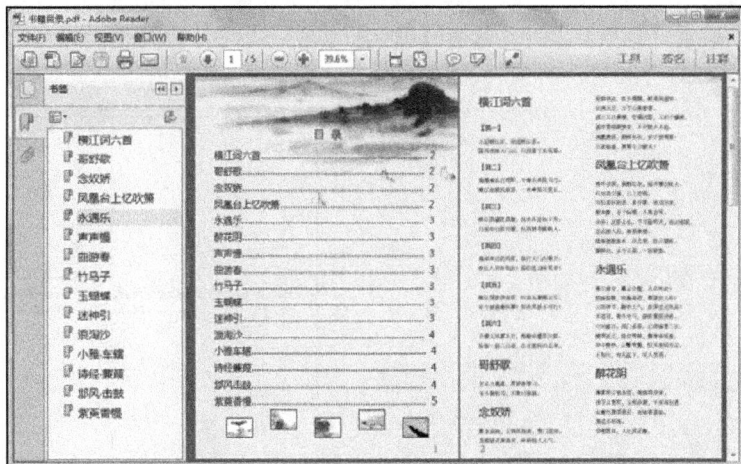

图 10-44　在 PDF 中使用的超链接最终效果

🖘 上机目的：

能够完成一本书籍的目录及其内容的制作，并建立目录与内容的标签以及图片与页面之间的超链接。通过制作在 PDF 中使用的超链接充分掌握打印与创建 PDF 文件的方法。

🖘 重点难点：

❖　创建书签

❖　创建超链接

❖　导出 PDF 文件

操作步骤

1. 新建文档

1 选择【文件】>【新建】>【文档】命令，在弹出的【新建文档】对话框中设置【页数】为 5，其他设置为默认，单击【边距和分栏】按钮，如图 10-45 所示。

2 在【新建边距和分栏】对话框中，设置上、下、内、外页边距均为 15mm，设置【栏数】为 2、【栏间距】为 5mm，单击【确定】按钮，如图 10-46 所示。

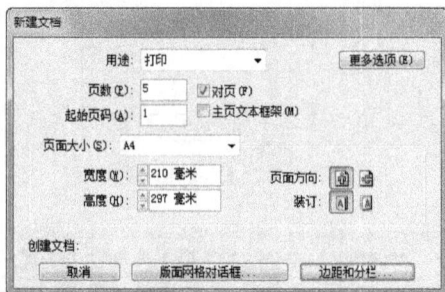

图10-45 【新建文档】对话框   图10-46 【新建边距和分栏】对话框

3 使用【页面工具】选中第 1 页，选择【版面】>【边距和分栏】命令，在弹出的【边距和分栏】对话框中设置【栏数】为 1，单击【确定】按钮，如图 10-47 所示。设置后的文档效果如图 10-48 所示。

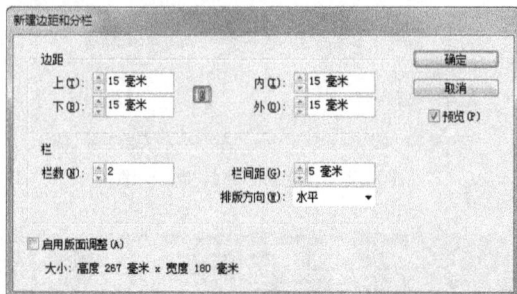

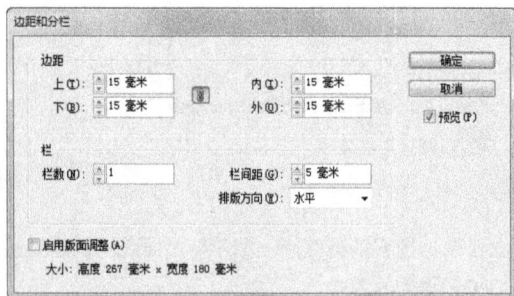

图10-47 【边距和分栏】对话框   图10-48 文档效果

2. 设置主页的格式

1 在【页面】面板上双击"A-主页"，在"A-主页"上设置 A-主页的格式，如图 10-49 所示。

2 选择【矩形框架工具】，在页面上单击，弹出【矩形】对话框，设置矩形的【宽度】为 420mm、【高度】为 297mm，单击【确定】按钮，如图 10-50 所示。

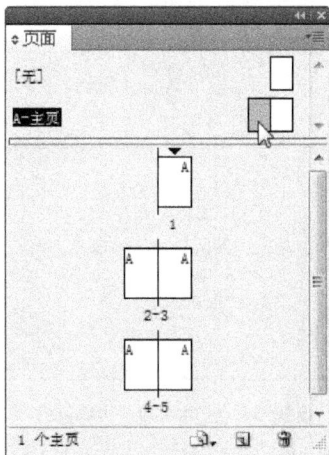

图10-49　【页面】面板

图10-50　【矩形】对话框

3 利用【选择工具】选中矩形，在【属性】面板中将其参考点移至左上角，设置 X 值和 Y 值均为 0mm，如图 10-51 所示。

4 选择【文件】>【置入】命令，置入 "素材\Chapter 10\背景.png"，将其置入到矩形框架中，设置置入的背景图片为 "使内容适合框架"，如图 10-52 所示。

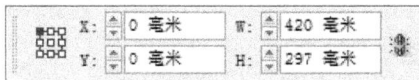

图10-51　【属性】面板

图10-52　主页上置入图片

5 选择工具箱中的【文字工具】，在主页页面的左下角拖出一个文本框，输入 A；选中文字，在【字符】面板中设置其字体大小为 "24 点"，如图 10-53 所示。

6 使用【文字工具】拖动鼠标选中 A，单击鼠标右键，在快捷菜单中选择【插入特殊字符】>【标志符】>【当前页码】命令（快捷键为【Alt+Shift+Ctrl+N】），如图 10-54 所示。

7 使用【选择工具】选中输入的页码，将其复制，并粘贴到主页页面的右下角，调整其位置，使其与页面 1 中的文字水平对称，如图 10-55 所示。双击【页面】面板中的第 2 个页面，其效果如图 10-56 所示。

图10-53 【字符】面板

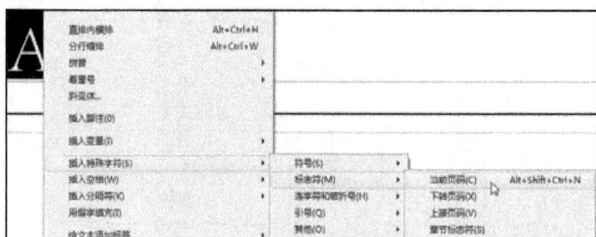

图10-54 选择【当前页码】命令

图10-55 在主页上创建页码

图10-56 插入页码后的页面效果

3. 文字排版

1 单击页面左下角的页面下拉箭头，选择"2"，则选择第 2 页作为当前页面，如图 10—57 所示。

2 选择【文件】>【置入】命令，打开"素材\Chapter 10\古诗词.txt"文本，按住键盘上的 【Shift】键单击鼠标进行自动排文，置入后的效果如图 10—58 所示。

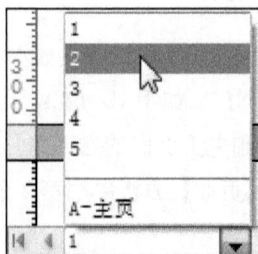

图10-57 选择页面

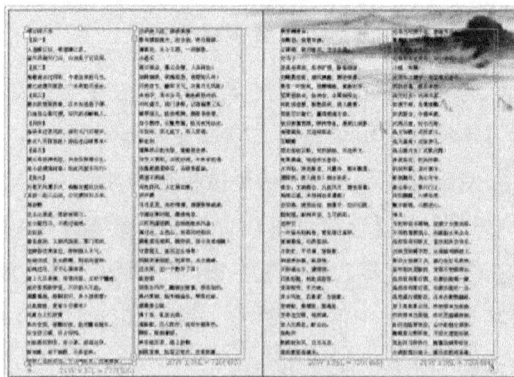

图10-58 置入文本

3 选择【窗口】>【文字和表】>【段落样式】命令，在【段落样式】面板中单击【创建新样式】按钮，如图 10-59 所示。

4 双击"段落样式 1"，在弹出的【段落样式选项】对话框中设置【样式名称】为"标题样式 1"，在【基本字符格式】界面中设置相应的参数，如图 10-60 所示。

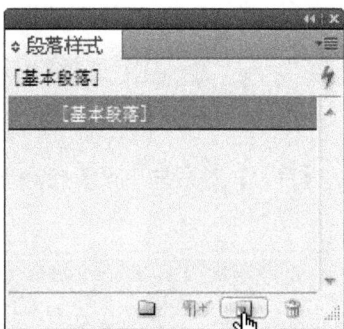

图10-59　【段落样式】面板

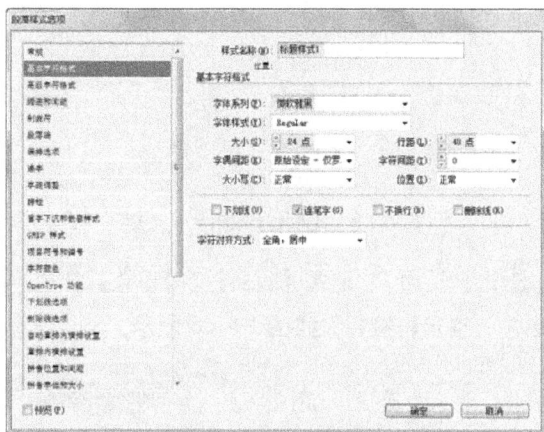

图10-60　【基本字符格式】选项

5 在【缩进和间距】界面中设置段前距为 5mm，在【制表符】界面中设置"右对齐制表符"、位置在 25mm、【前导符】为"."，单击【确定】按钮，如图 10-61 所示。

6 利用【选择工具】适当调整文本框的大小，然后利用【文字工具】依次选择文本中的标题，并单击【段落样式】面板中的"标题样式 1"，应用段落样式后的文本效果如图 10-62 所示。

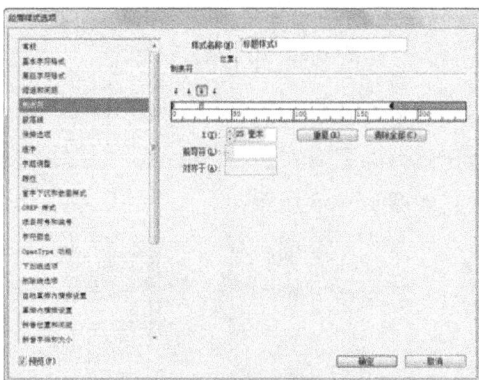

图10-61　【段落样式选项】对话框

图10-62　应用"标题样式1"后的效果

7 在【段落样式】面板中单击【创建新样式】按钮，双击"段落样式 1"，在弹出的【段落样式选项】对话框中设置【样式名称】为"标题样式 2"，在【基本字符格式】界面中设置相应的参数，如图 10-63 所示。

8 在【缩进和间距】界面中设置【对齐方式】为"双齐末行齐左"、【段前距】为 5mm，设置完成后，单击【确定】按钮，如图 10-64 所示。

9 利用【文字工具】依次选择"横江词六首"下的小标题，并单击【段落样式】面板中的"标题样式 2"，应用段落样式后的文本效果如图 10-65 所示。

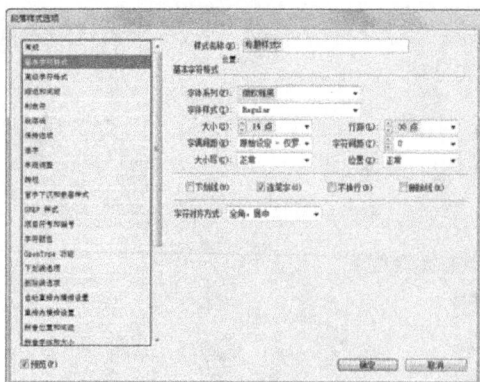

图10-63　【基本字符格式】选项

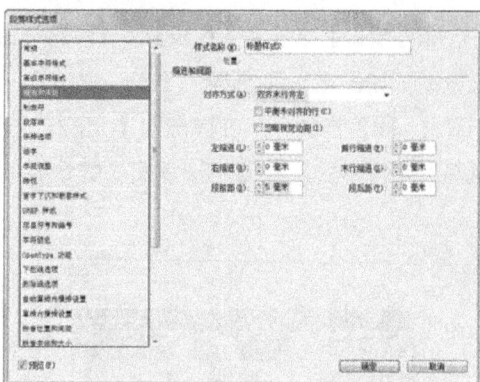

图10-64　【缩进和间距】选项

10 选择页面1，选择【版面】>【目录】命令，在弹出的【目录】对话框中设置各选项的参数，单击【确定】按钮，如图10-66所示。

图10-65　应用"标题样式2"后的效果

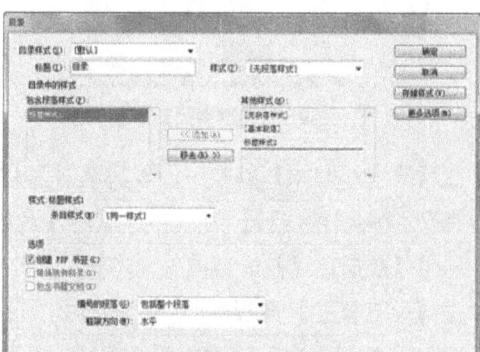

图10-66　【目录】对话框

11 在页面1中拖出一个适合页面大小的框架，即可为文档添加目录，效果如图10-67所示。

12 选中目录文本中的所有文字，在【字符】面板中设置其字体大小为"21点"，然后在各标题与页数之间插入省略号，适当调整文本框的大小，如图10-68所示。

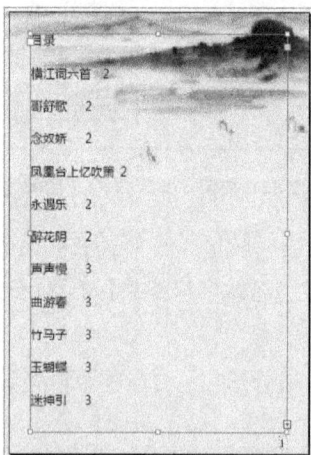

图10-67　添加目录后的效果

图10-68　调整后的效果

13 选择【矩形框架工具】，在页面上单击，弹出【矩形】对话框，设置其【宽度】为 20mm、【高度】为 15mm，单击【确定】按钮，如图 10-69 所示。接着在【描边】面板中设置其粗细为"1 点"。

14 将矩形移动到页面1下方的空白处，选择【编辑】>【多重复制】命令，在弹出的【多重复制】对话框中设置重复计数为4、水平位移为35mm，单击【确定】按钮，如图10-70所示。

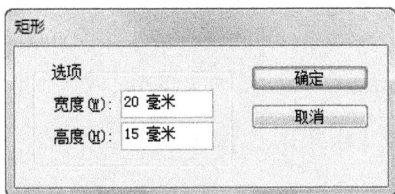

图10-69 【矩形】对话框

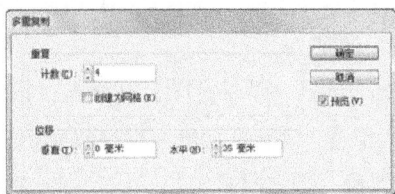

图10-70 【多重复制】对话框

15 利用【选择工具】选择第 2 和第 4 个矩形框架，将其向上移动，如图 10-71 所示。

16 依次选择矩形框架，置入"素材\Chapter 10\1.png～5.png"5 张图片，并设置各图片为"使内容适合框架"，置入后的效果如图 10-72 所示。

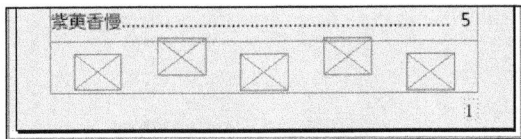

图10-71 排列矩形框架

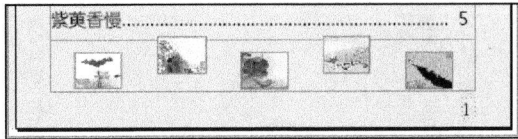

图10-72 置入图片至各矩形框架中

4. 创建超链接

1 选择图片"1.png"，选择【窗口】>【交互】>【超链接】命令，弹出【超链接】面板，单击【超链接】面板的菜单按钮，在下拉菜单中选择【新建超链接目标】命令，在弹出的【新建超链接目录】对话框中设置各选项，单击【确定】按钮，如图 10-73 所示。

2 选择图片"1.png"，单击【超链接】面板中的【新建超链接】按钮，在弹出的【新建超链接】对话框中设置各选项参数，单击【确定】按钮，如图 10-74 所示。

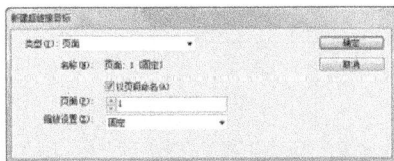

图10-73 【新建超链接目标】对话框

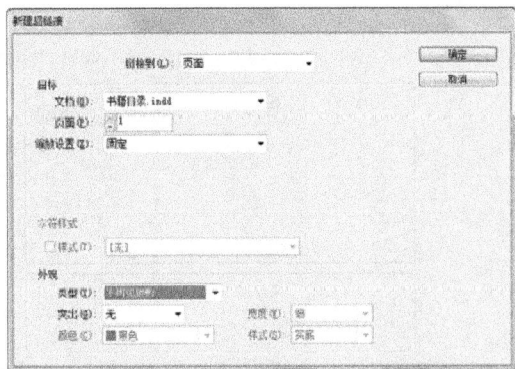

图10-74 【新建超链接】对话框

3 用同样的方法，分别设置图片"2.png"超链接到第 2 页、图片"3.png"超链接到第 3 页、

图片 "4.png" 超链接到第 4 页、图片 "5.png" 超链接到第 5 页，设置了图片超链接后的【超链接】面板如图 10-75 所示。

5. 导出 PDF 文件

1 选择【文件】>【导出】命令，在弹出的【导出】对话框中设置【文件名】和【保存类型】选项，单击【保存】按钮，如图 10-76 所示。

2 弹出【导出 Adobe PDF】对话框，设置导出的【页面】、【选项】和【包含】选项组，在【包含】选项组下选中【超链接】复选框，单击【导出】按钮，则开始导出 Adobe PDF 文件，如图 10-77 所示。

图 10-75　【超链接】面板

图10-76　【导出】对话框

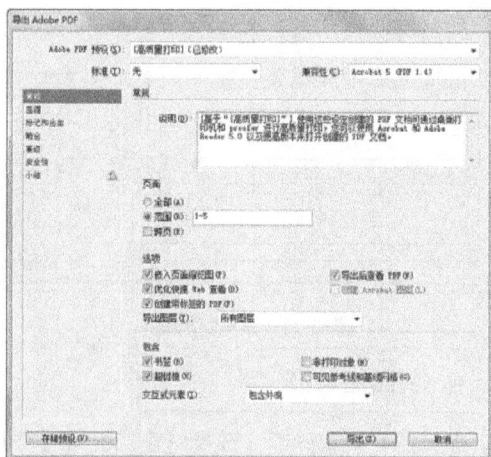

图10-77　【导出Adobe PDF】对话框

6. 在 PDF 中使用超链接

1 打开导出的 "书籍目录.pdf" 文档，如图 10-78 所示。单击左侧的书签，可直接定位到对应的页码。

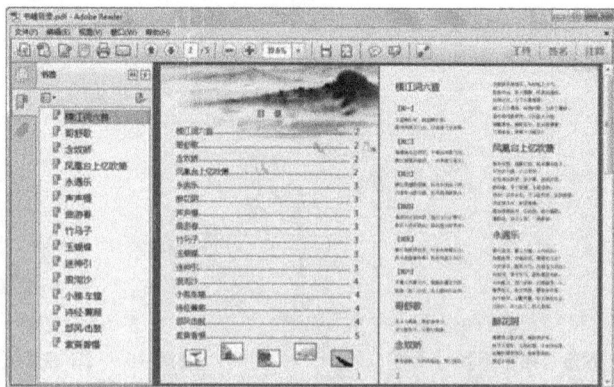

图 10-78　打开 PDF 文件

2 把鼠标指针放在图片上，当鼠标指针变成"手形"时，单击可直接定位到对应的页码，如把鼠标指针放在"3.jpg"图片上，如图 10-79 所示；单击可直接链接到第 3 页，如图 10-80 所示。

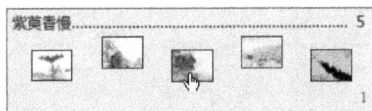

图10-79　使用超链接

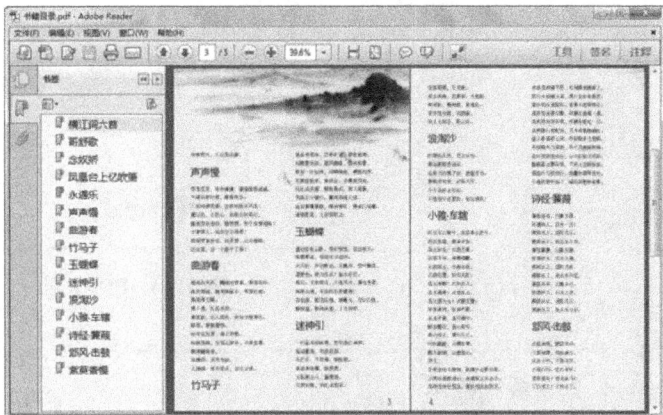

图10-80　定位到第3页页面

10.6　习题与上机

一、选择题

（1）若要打开【打印】对话框，可以按下快捷键（　　）。

A.【Ctrl+W】　　　　B.【Ctrl+T】　　　C.【Ctrl+P】　　　　D.【Ctrl+E】

（2）当用网址作为超链接的目标时，可以创建（　　）超链接。

A. 页面　　　　　　B. URL　　　　　C. 电子邮件　　　　D. 锚点

（3）要更加精确地跳转到文档中固定文本的位置，可以创建（　　）超链接。

A. 页面　　　　　　B. URL　　　　　C. 电子邮件　　　　D. 锚点

二、填空题

（1）＿＿＿＿＿＿是一种包含代表性文本的超链接，通过它可以更方便地导出 Adobe PDF 文档。

（2）＿＿＿＿＿＿与书签的作用相似，也是完成页面之间的跳转。不同的是书签的跳转源显示在书签列表中，而＿＿＿＿＿＿的跳转源显示在页面中。

（3）在生成＿＿＿＿＿＿文件时，可以保留超链接、目录、索引、书签等导航元素，也可以包含＿＿＿＿＿＿，如超链接、书签、媒体剪贴与按钮。

三、上机操作题

（1）创建一个包含标题与段落的 InDesign 文件，利用段落样式生成目录。

（2）导出如图 10-81 所示的 PDF 文件。在导出的 PDF 文件中，可以使用书签和超链接对文档中的内容进行链接。

图 10-81　PDF 文档

知识要点提示

本文档涉及书签、超链接、导出 PDF 选项设置。

设计与制作书籍封面

通过对前面章节内容的学习，我们已经掌握了 InDesign 各种工具的使用。本章将综合应用前面所学的知识制作一个书籍封面，最终效果如图 11-1 所示。

学习目标

- 正确设置页面尺寸
- 学会使用参考线

设计要点

- 关于构图：构图简练，引用各个软件的代表性图案，以突出专业性及易识别性
- 关于配色：色彩尽量单纯，不必太复杂，参考各软件启动界面的标准色，以强调权威性
- 关于封面/封底文字：封面放置书名、作者以及具有代表性的图案，封底放置书号等内容
- 关于前/后勒口的设置：前勒口放置作者简介，后勒口放置与其相关的其他作品介绍等

图 11-1　最终效果

制作流程

1. 绘制基本版面

1 选择【文件】>【新建】>【文档】命令，在弹出的【新建文档】对话框中设置【宽度】为 288mm、【出血】为 3mm，单击【确定】按钮，如图 11-2 所示。

2 单击【边距和分栏】按钮，在弹出的对话框中将页面边距设置为 20mm，如图 11-3 所示。

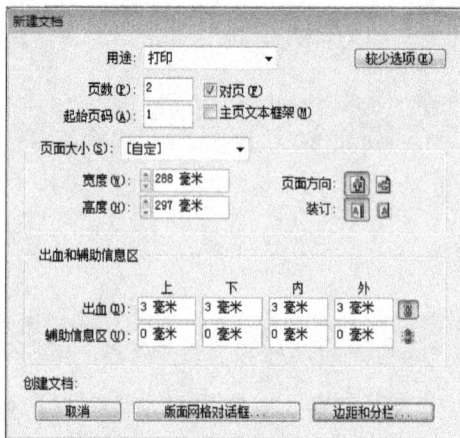

图11-2 【新建文档】对话框

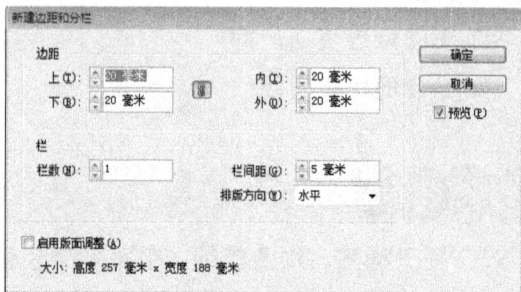

图11-3 【新建边距和分栏】对话框

3 在浮动栏上单击【页面】选项，或按快捷键【F12】，以打开相对应的面板，如图 11-4 所示。

4 在【页面】面板中，用鼠标右键单击页码 2，在快捷菜单中选中【允许文档页面随机排布】和【允许选定的跨页随机排布】选项，以取消对这两个选项的选择，如图 11-5 所示。

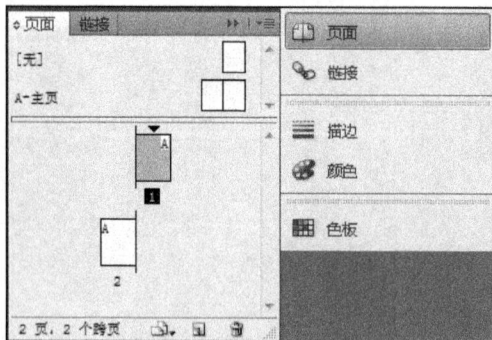

图11-4 【页面】面板

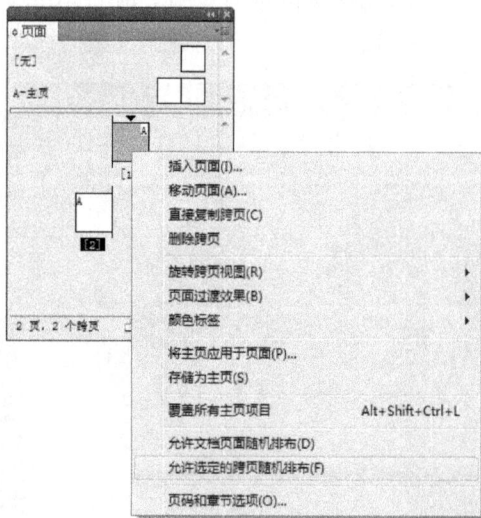

图11-5 快捷菜单

5 用鼠标将页面 2 移至首页旁边，以便于封面与封底的统一制作，如图 11-6 所示。

提 示

在设计页面时，为了方便定位和分区，可以添加参考线。本案例中，需要设置的参考线是书籍线，即根据书封的宽度、高度和书脊厚度设置书籍参考线。

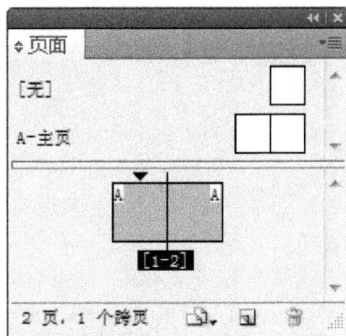

图 11-6 【页面】面板

6 按快捷键【Ctrl+R】打开标尺，将鼠标指针移至垂直标尺上，按住【Ctrl】和鼠标左键不放拖曳出一条跨页参考线，然后再调整位置，如图 11-7 所示。

图 11-7 绘制标尺

7 选择工具箱中的【矩形工具】，在页面内部绘制【宽度】为582mm、【高度】为 23mm 的矩形，设置填充颜色为 "黄色"（C0,M45,Y80,K0），如图 11-8 所示。之后调整矩形的位置，如图 11-9 所示。

8 选择工具箱中的【选择工具】，选中所绘制的矩形，按住【Alt】键的同时，用鼠标拖曳矩形条，以对其进行复制，并放置在文档底部位置，如图 11-10 所示。

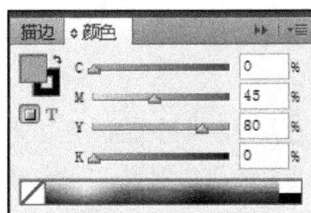

图 11-8 【颜色】面板

图 11-9 绘制的矩形

图 11-10　复制的矩形

9 选择工具箱中的【矩形工具】，在页面空白处单击，弹出【矩形】对话框，设置【宽度】为 582mm、【高度】为 247mm、填充颜色为"黄色"(C0,M20,Y50,K0)，描边颜色为无，并拖动到如图 11-11 所示的位置。

图 11-11　绘制的矩形

10 绘制书脊位置。再次利用【矩形工具】绘制矩形，设置矩形的【宽度】为 40.25mm、【高度】为 303.25mm、填充颜色为"黄色"(C0,M0,Y50,K0)，如图 11-12 所示。

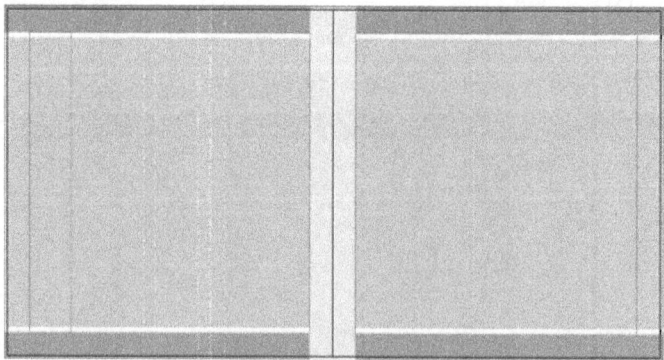

图 11-12　绘制预留书籍空间

11 选择【文件】>【置入】命令，在打开的【置入】对话框中选择置入"素材"文件夹中的"底纹"，然后将其拖至矩形框架中，并设置其不透明度为 80%，如图 11-13 所示。

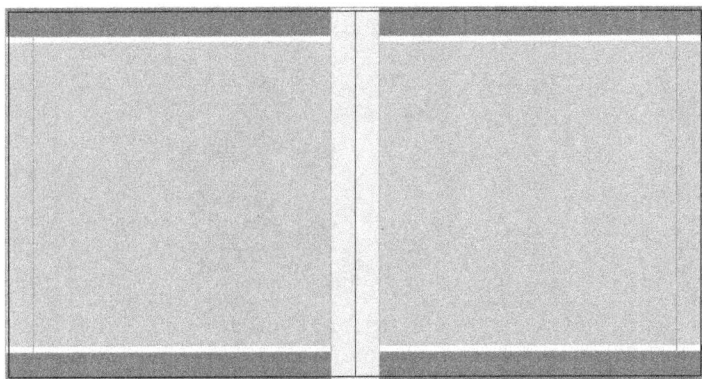

图 11-13　置入图片（一）

2．制作书封

1️⃣ 置入〝素材〞文件夹中的〝背景〞，然后将其拖动到合适的位置，效果如图 11-14 所示。

图 11-14　置入图片（二）

2️⃣ 选择【文件】>【置入】命令，打开【置入】对话框，从中选择封面图片并置入，然后调整其大小与位置，如图 11-15 所示。

图 11-15　置入图片（三）

3️⃣ 将〝素材〞文件夹中的〝封面图片 1〞置入到封面图片的右侧位置，并调整图像的大小，如图 11-16 所示。

图 11-16　置入图片（四）

4 将"素材"文件夹中的"封面图片 2"置入到当前文档，然后调整其大小，并拖至封面图片 1 的右下角位置，如图 11-17 示。

图 11-17　置入图片（五）

5 将"素材"文件夹中的"封面图片 3"置入到当前文档中，并调整其位置与大小，如图 11-18 所示。

图 11-18　置入图片（六）

6 将"素材"文件夹中的"封面图片 4"置入到当前文档的封底处，并准确调整其位置与大小，如图 11-19 所示。

图 **11-19** 置入图片（七）

7 将"素材"文件夹中的"封面图片5"置入到封底右下角处，并调整图像的大小，如图11-20所示。

图 **11-20** 置入图片（八）

8 选择工具箱中的【文字工具】绘制文本框，在文本框中输入文本"中华古韵"设置文字字体为"方正行楷繁体"、大小为"58点"、文字颜色为"黑色"（C0,M0,Y0,K100），拖动文本到合适位置，如图11-21所示。

图 **11-21** 绘制文字（一）

9 选择工具箱中的【文字工具】绘制文本框，在文本框中输入文本，设置文字颜色为"黑色"（C0,M0,Y0,K100），拖动文本到合适位置，如图 11-22 所示。

图 11-22　绘制文字（二）

10 选择【窗口】>【文字和表】>【字符】命令（快捷键为【Ctrl+T】），弹出【字符】面板，以调整文字各项属性，如图 11-23 所示。

11 选择工具箱中的【直排文字工具】绘制文本框，在文本框中输入相应的文本，设置文字颜色为"黑色"（C0,M0,Y0,K100），拖动文本到合适位置，如图 11-24 所示。

12 利用【文字工具】输入作者名字，设置文字颜色为"黑色"（C0,M0,Y0,K100），拖动文本到合适位置，利用【椭圆工具】在页面内部绘制圆形，并填充"黄色"（C50,M85,Y100,K25），调整圆形的位置。再在椭圆形上方输入"著"字，设置文字颜色为"白色"（C0,M0,Y0,K0），如图 11-25 所示。

图 11-23　【字符】面板

图 11-24　绘制文字（三）

图 11-25　绘制文字（四）

13 选择工具箱中的【文字工具】绘制文本框，在文本框中输入出版社名称文本，设置文字颜色为"黑色"（C0,M0,Y0,K100），如图 11-26 所示。

图 11-26　绘制文字（五）

14 选择工具箱中的【文字工具】（快捷键为【T】），选择文字，设置描边填充颜色为"白色"（C0,M0,Y0,K0）、填充粗细为 1、描边居外，最终效果如图 11-27 所示。

图 11-27　添加文字描边

3．制作书脊

1 将"素材"文件夹中的"图片 1"置入到书脊位置处，然后适当调整图像的大小，并通过工具属性栏设置其不透明度为 70%，如图 11-28 所示。

图 11-28　置入图片（九）

2 复制文字"中华古韵"至书脊处，调整文字的大小和位置，然后选择文字，设置描边填充颜色为"白色"（C0,M0,Y0,K0）、填充粗细为 3、描边居外，设置描边后的效果如图 11-29 所示。

图 11-29　复制文字

3 利用【直排文字工具】在书籍处分别输入作者名字和出版社名称，设置文字颜色为"黑色"（C0,M0,Y0,K100），最终效果如图 11-30 所示。

图 11-30　绘制文字（六）

提 示

为了在封面中添加前勒口和后勒口部分，在此需要更改页面的尺寸，即在原有页面两侧各增加 **57mm**。

4．制作前勒口

1 将"素材"文件夹中的"背景"置入到当前文档合适位置，并调整图像的大小，如图11-31所示。

图 11-31　置入图片（十）

2 复制封面顶部或底端的边框图形，并调整大小，然后将其摆放至前勒口的上下两端，如图 11-32 所示。

图 11 32　复制图形

3 选择工具箱中的【矩形工具】，在页面内部绘制矩形，设置填充颜色为"深棕色"（C50，M85，Y100，K25），作为作者照片预留位置，如图11-33所示。

4 选择工具箱中的【文字工具】绘制文本框，在文本框中输入文本，以作为对作者的简单介绍，其中文字颜色为"黑色"（C0，M0，Y0，K100），如图11-34所示。

图 11-33 绘制矩形

图 11-34 绘制文字（七）

5. 制作后勒口

1 将"素材"文件夹中的"背景"置入到当前文档合适位置，并调整大小，如图 11-35 所示。

图 11-35 置入图片（十一）

2 参照前勒口的制作方法，绘制后勒口的效果，如图 11-36 所示。

图 11-36 复制图片

3 利用【文字工具】在后勒口的合适位置添加有关书籍的其他信息，其中文字颜色为"黑色"(C0,M0,Y0,K100)，如图 11-37 所示。

图 11-37 绘制文字（八）

4 至此，封面制作完毕。封面最终效果如图 11-38 所示。

图 11-38 封面最终效果

Chapter
12
设计与制作报纸版式

通过对本案例的练习，可以了解绘图基础知识和操作，熟练掌握页面框架的运用，并掌握文字排版技巧，如文本绕排、续排、分栏等。本章案例最终效果如图 12-1 所示。

学习目标

- 熟练掌握【矩形框架工具】的操作
- 使用【文字工具】制作报头和正文
- 调整版式

设计要点

- 颜色及图片的搭配
- 报头、版心及正文的制作
- 排版时整体协调性的处理

图 12-1　最终效果

制作流程

1. 设置页面框架

1 选择【文件】>【新建】>【文档】命令，打开【新建文档】对话框，从中设置【页数】为 2、【页面大小】为 A2、【出血】为 3mm，单击【边距和分栏】按钮，如图 12-2 所示。

2 在【新建边距和分栏】对话框中，设置页面边距为 20mm、【栏数】为 "4 栏"，设置完成后单击 "确定" 按钮，如图 12-3 所示。

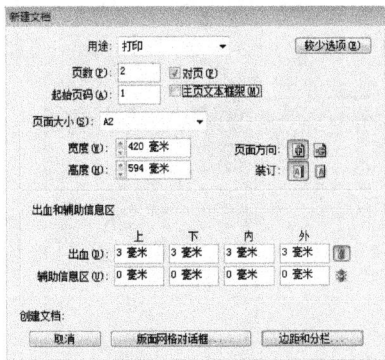

图12-2 新建文档

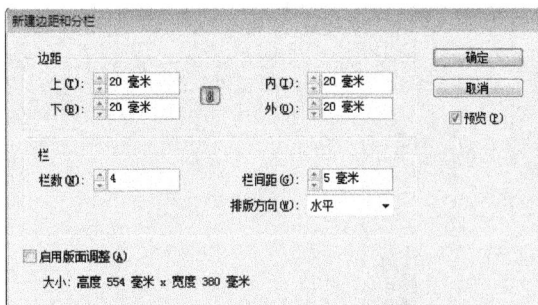

图12-3 【新建边距和分栏】对话框

3 在浮动栏上单击【页面】选项，或按【F12】快捷键，打开【页面】面板，如图 12-4 所示。

4 在【页面】面板中右击页面 2，在快捷菜单中选中【允许文档页面随机排布】和【允许选定的跨页随机排布】选项，以取消对这两个选项的选择，如图 12-5 所示。

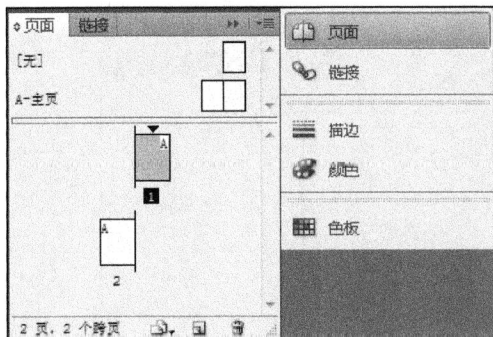

图12-4 【页面】面板

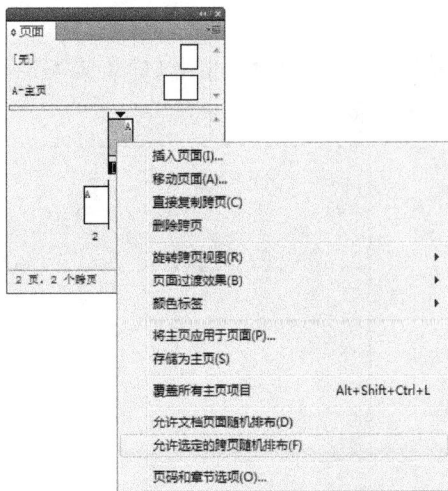

图12-5 快捷菜单

5 用鼠标将页面 2 拖至首页旁边，以便于封面与封底的统一制作，如图 12-6 所示。

Adobe InDesign CS5 版式设计与制作技能基础教程

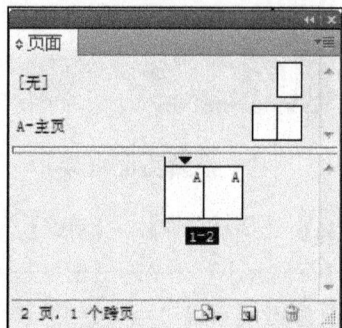

图 12-6 【页面】面板

6 利用【矩形框架工具】，在页面 1 顶部分别绘制 3 个矩形框架，效果如图 12-7 所示。

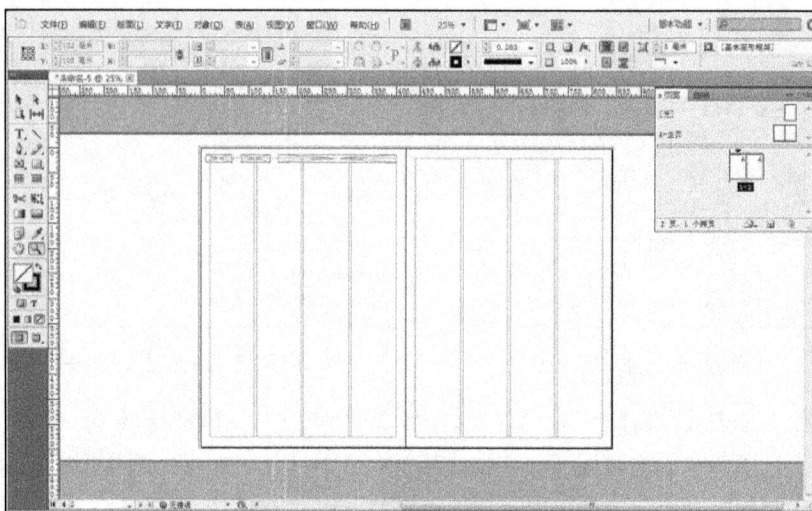

图 12-7 报头部分的 3 个矩形框架

7 绘制报纸正文框架。利用【椭圆框架工具】，在页面 1 左下角绘制 4 个直径为 44mm 的圆形，并调整其位置，如图 12-8 所示。

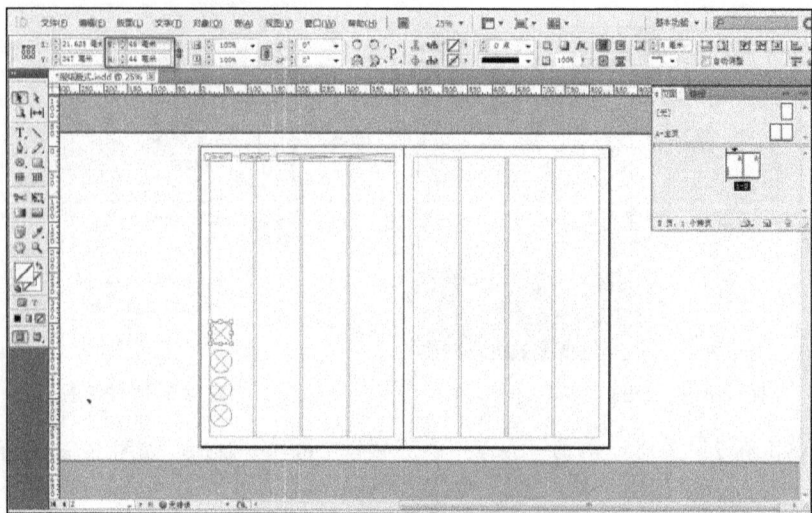

图 12-8 绘制圆形框架（一）

270

8 选择工具箱中的【矩形框架工具】，在页面 1 中绘制 7 个矩形框架，并调整其位置与大小，如图所 12-9 所示。

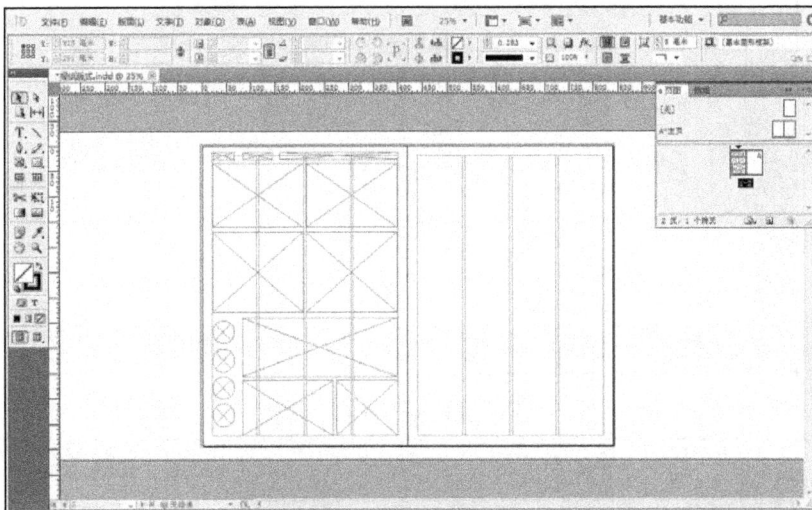

图 12-9　绘制圆形框架（二）

9 绘制报纸正文框架。利用【椭圆框架工具】，在页面 1 右侧绘制 3 个直径为 44mm 的圆形并调整位置，如图 12-10 所示。

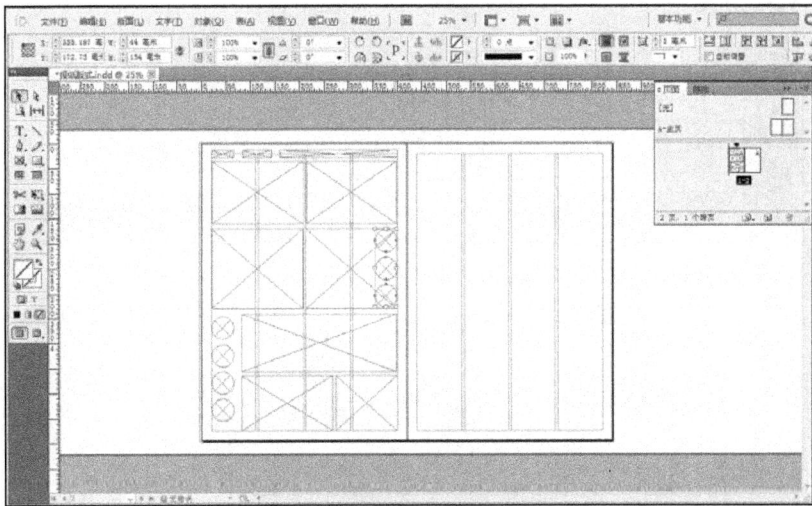

图 12-10　绘制圆形框架（三）

10 设计另一个版面的报头版式。选择【版面】>【边距和分栏】命令，在弹出的【边距和分栏】对话框中设置【栏】选项组中的【栏数】为 3，单击【确定】按钮，如图 12-11 所示。

11 设计报头部分。选择工具箱中的【矩形框架工具】，绘制出报头的框架，接着在页面左侧一栏中绘制两个框架，如图 12-12 所示。

12 选择工具箱中的【矩形框架工具】，绘制该页面中的其余框架，效果如图 12-13 所示。

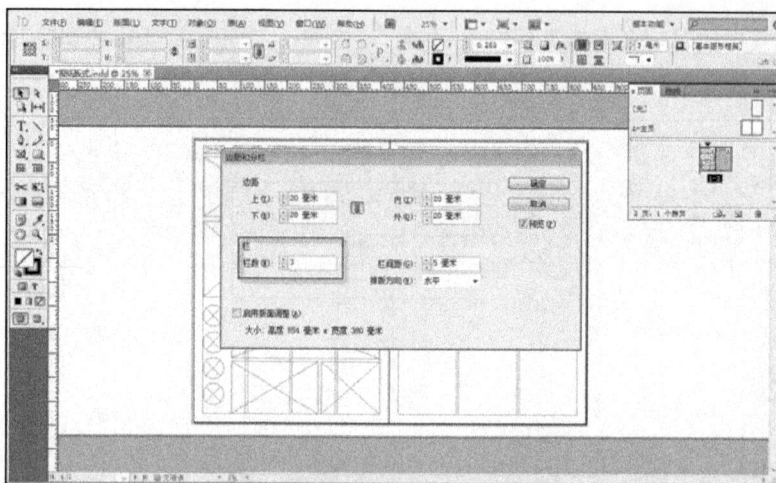

图 12-11 【边距和分栏】对话框

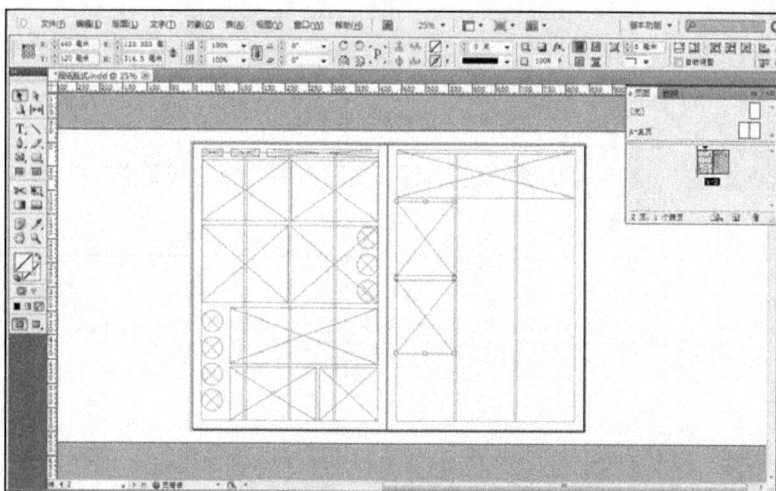

图 12-12 报头左侧框架

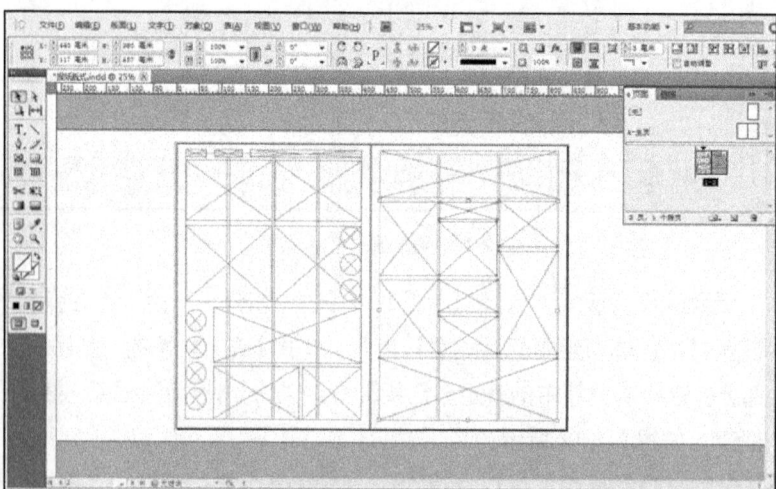

图 12-13 报头版面框架

2. 设置报头

1 使用【文字工具】在第一页上面绘制一个与页面同宽的文本框架，用蓝色填充框架，设置边线为无，如图 12–14 所示。

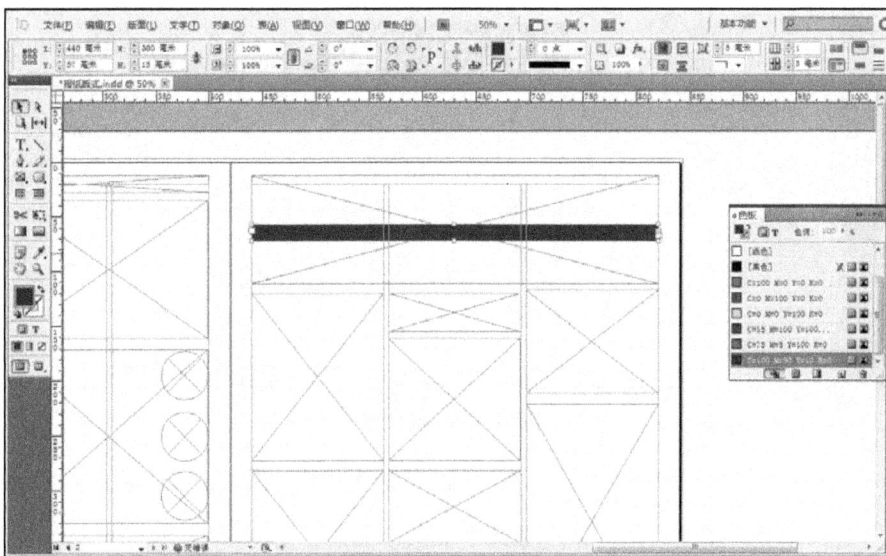

图 12-14　文本框架

2 使用【文字工具】输入文本，设置字体颜色为"白色"，并使文本居中，文字效果如图 12–15 所示。

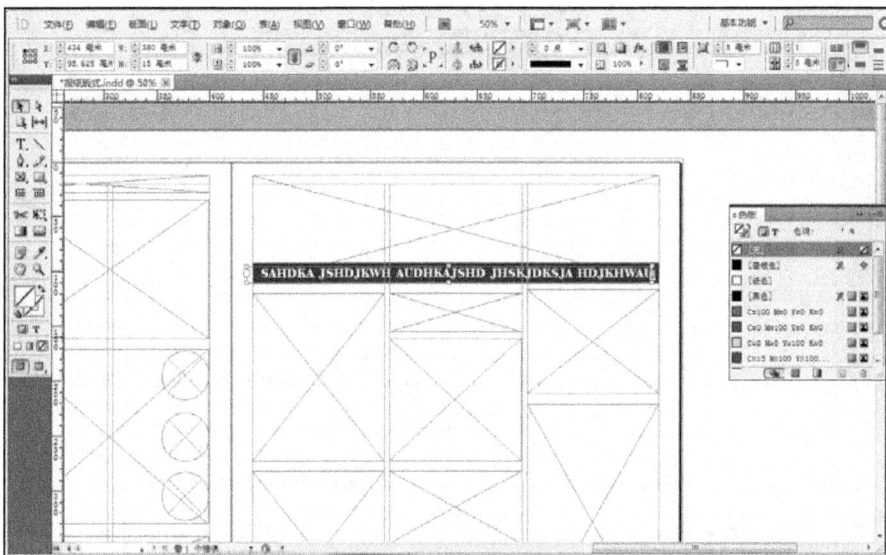

图 12-15　文字效果（一）

3 使用【文字工具】在蓝色文本框上面中间的位置绘制一个文本框架，设置填充和描边为无。输入标题文字"世界新闻周报"，在【字符】面板中设置文字属性，标题效果如图 12–16 所示。

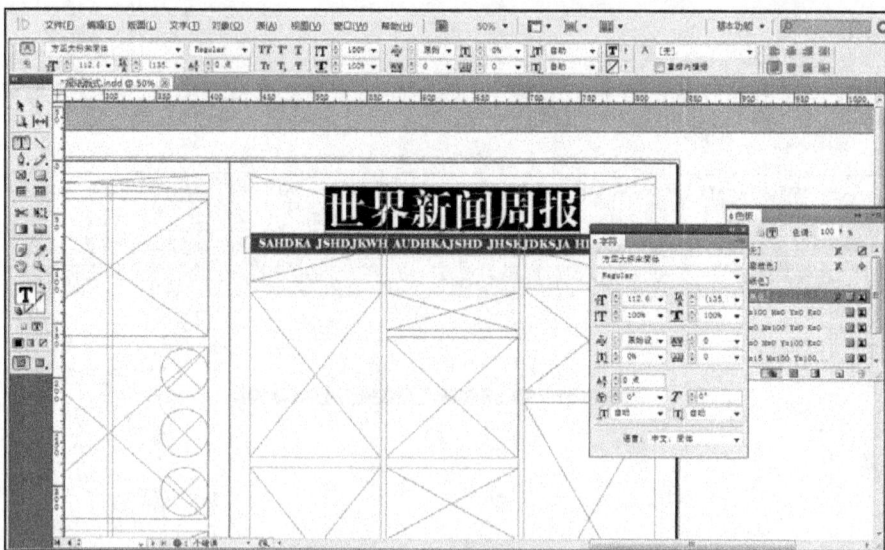

图 12-16　标题文字

4 使用【文字工具】在页面左上角绘制文本框架，用于放置"天气预报"等信息，如图 12-17 所示。

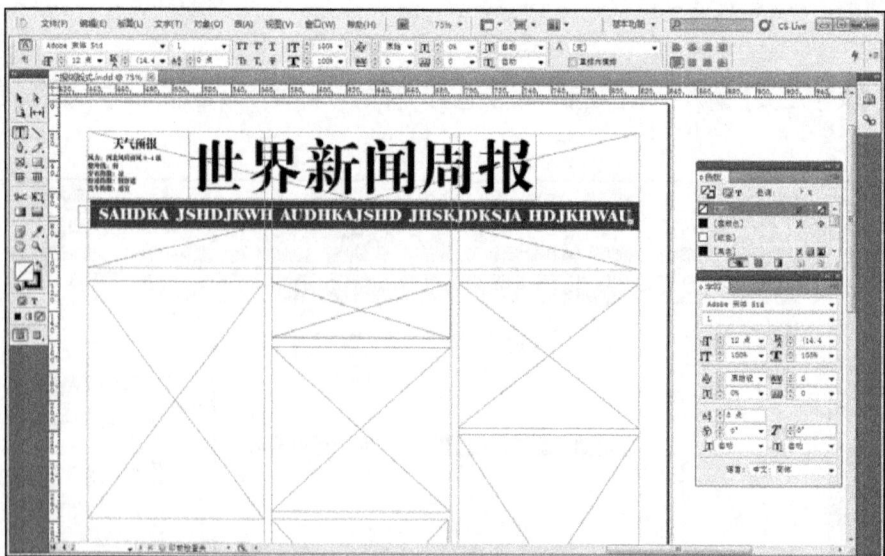

图 12-17　页面左上角的文本框架

5 使用【文字工具】在页面右上角绘制文本框架，设置框架的边线为"黑色"，以用于放置该报纸的出版日期及其他信息，如图 12-18 所示。

6 使用【直线工具】，按住【Shift】键，在蓝色框架下面绘制一条直线，设置颜色为"黑色"、线的粗细为 5mm，直线效果如图 12-19 所示。

7 使用【直线工具】，并按住【Shift】键，在直线下面再绘制一条直线，设置颜色为"黑色"、线的粗细为 10mm，直线效果如图 12-20 所示。

图 12-18　页面右上角的文本框

图 12-19　直线效果（一）

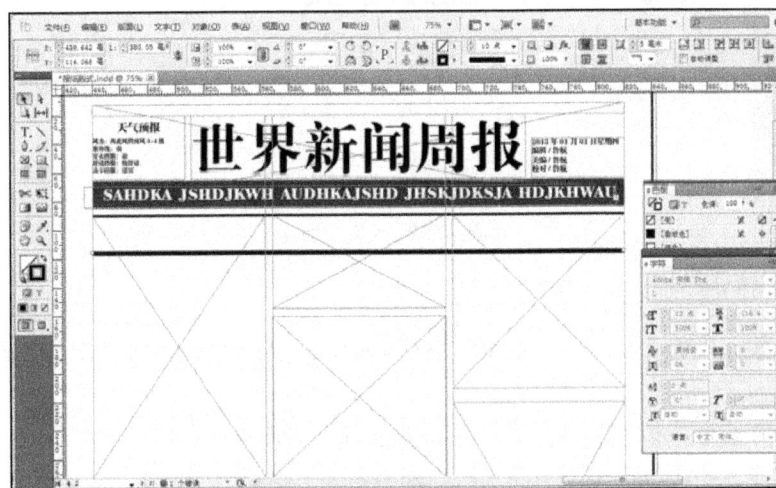

图 12-20　直线效果（二）

8 使用【文字工具】在两条直线之间绘制文本框架，输入文字"建设新农村应从农产业化着手"，使文本框架居中，如图 12-21 所示。

图 12-21　文字效果（二）

9 在这个标题文本的两边各绘制一个文本框架，然后分别输入"聚焦看点"和相应的日期，并设置该框架的填充和边线均为无，如图 12-22 所示。

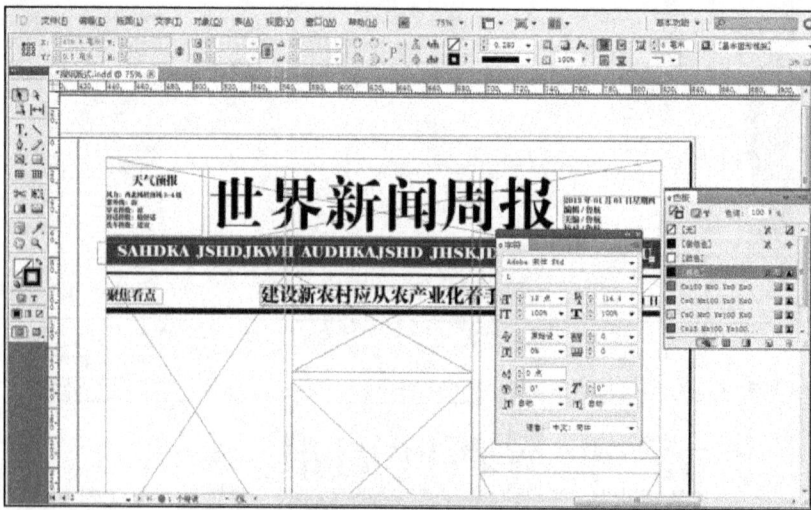

图 12-22　页面效果

3．制作报纸版面

1 在框架中置入"新闻图片1"，并选择【使框架适合内容】命令，使框架适合图像，图像效果如图 12-23 所示。

2 在图像下方绘制文本框架，输入图片的说明文字，如图 12-24 所示。

3 使用【直线工具】，并按住【Shift】键，在图像下方绘制一条直线，设置颜色为"黑色"、线型为双细线，直线效果如图 12-25 所示。

图 12-23　置入图片

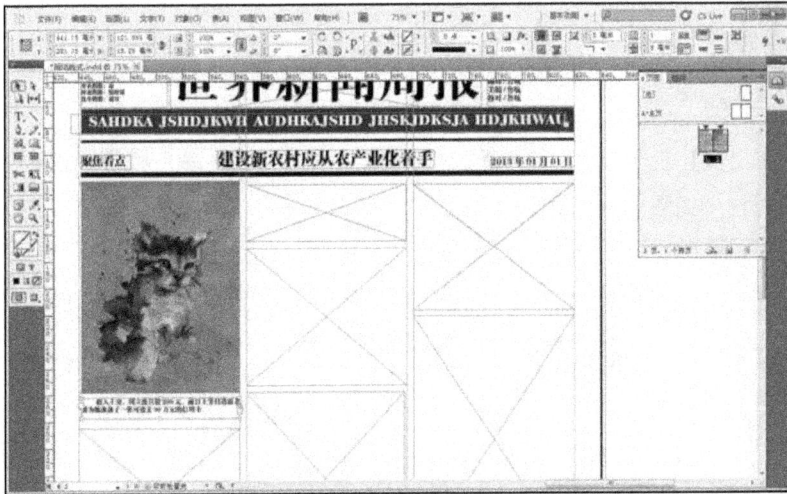

图 12-24　输入图片的说明文字

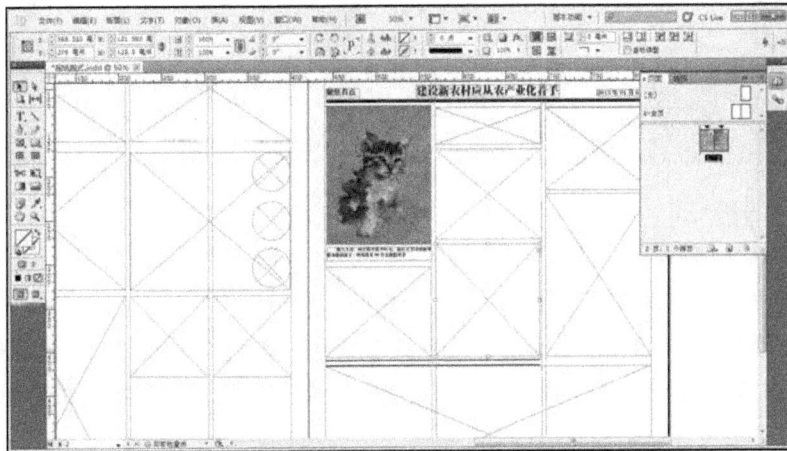

图 12-25　直线效果（三）

4 使用【文字工具】，在上述所绘直线的下方绘制文本框架，然后输入标题文字，并设置文字属性。接着使用【直线工具】在标题文字下方绘制一条黑色直线，设置线型为实线，标题文字效果如图 12-26 所示。

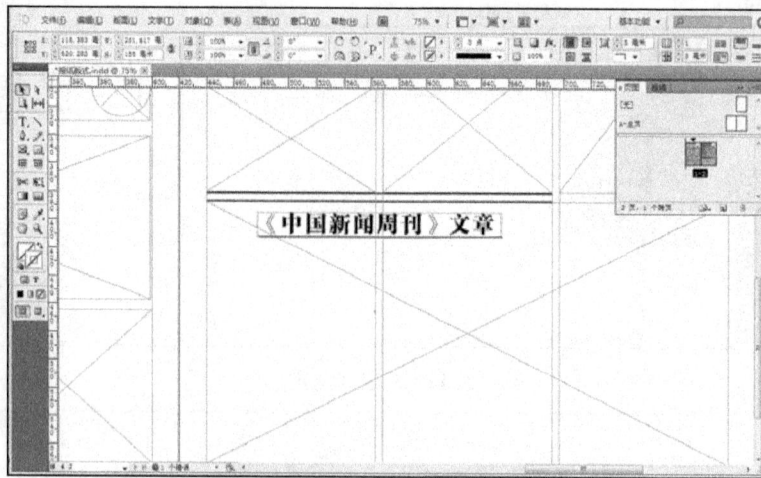

图 12-26　直线效果（四）

5 使用【文字工具】在第二页的各标题下方绘制文本框架，并输入相应的正文，将流溢的文本放到右侧相邻栏，如图 12-27 所示。

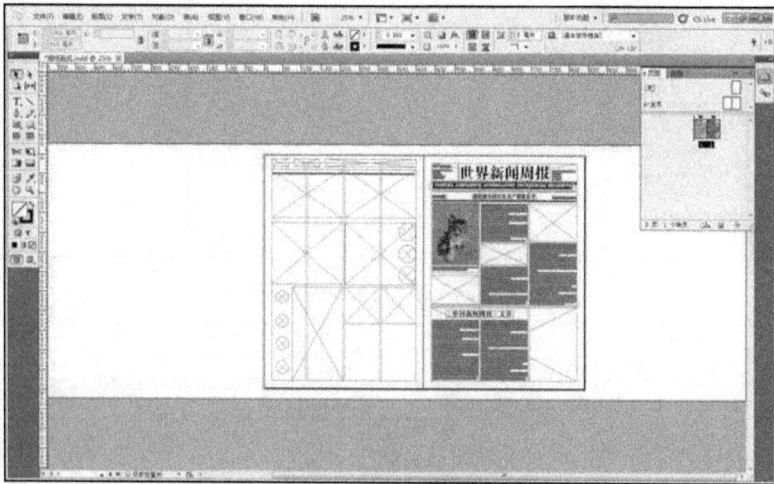

图 12-27　图形效果

6 在框架中置入"新闻图片 2"～"新闻图片 4"，并选择【使框架适合内容】命令，使框架适合图像，图像效果如图 12-28 所示。

7 使用【文字工具】在第二栏绘制文本框架并输入标题文字，在【字符】面板中设置文字属性。然后使用【直线工具】在标题下面绘制直线，设置其颜色为"黑色"、线型为实线，如图 12-29 所示。

8 进入第 1 页，使用【直线工具】在页面上绘制一条直线，在【描边】面板中设置线型，如图 12-30 所示。

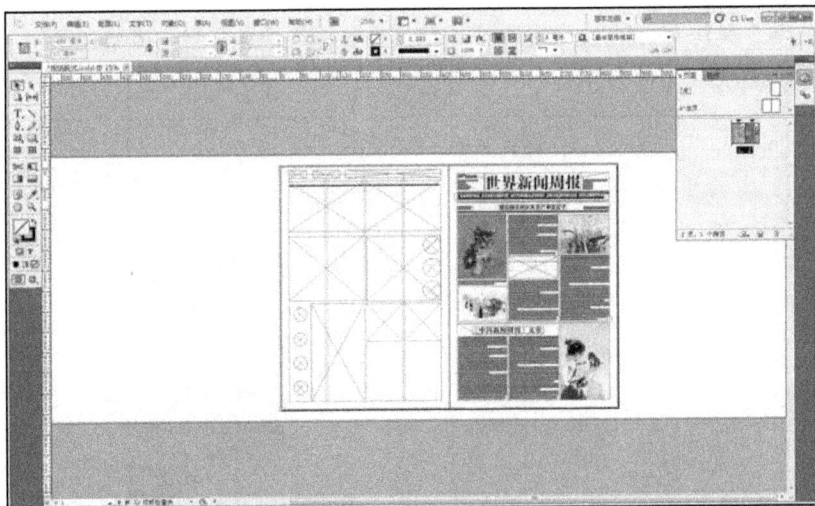

图 12-28　置入图片

图 12-29　标题效果

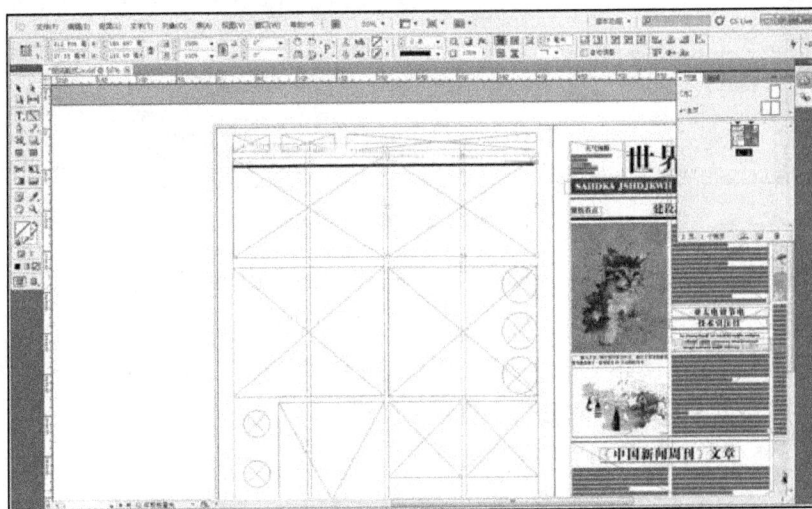

图 12-30　绘制一条直线

9 使用【文字工具】，在直线上方绘制文本框架，并输入标题文字"旅游生活"，设置颜色为"黑色"，效果如图 12-31 所示。

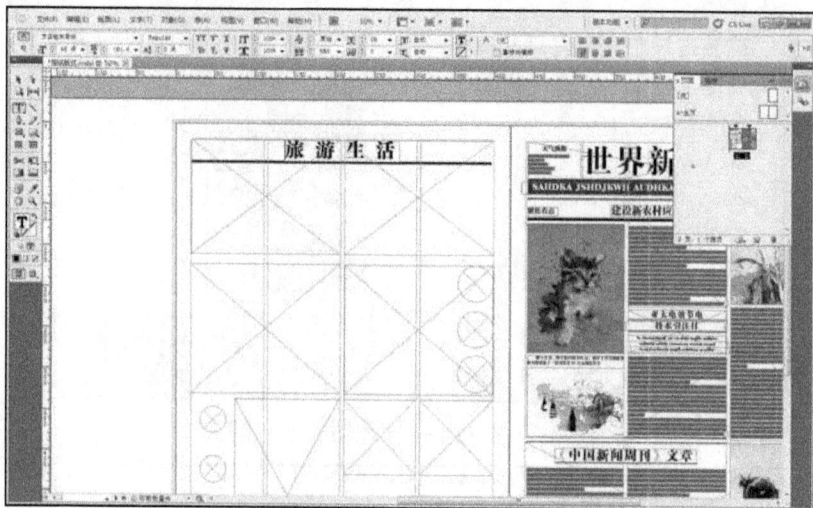

图 12-31　标题文字效果

10 使用【文字工具】在标题文字下面绘制文本框架，并输入文字"促进'中部崛起'旅游产业应先行"，设置颜色为"黑色"，效果如图 12-32 所示。

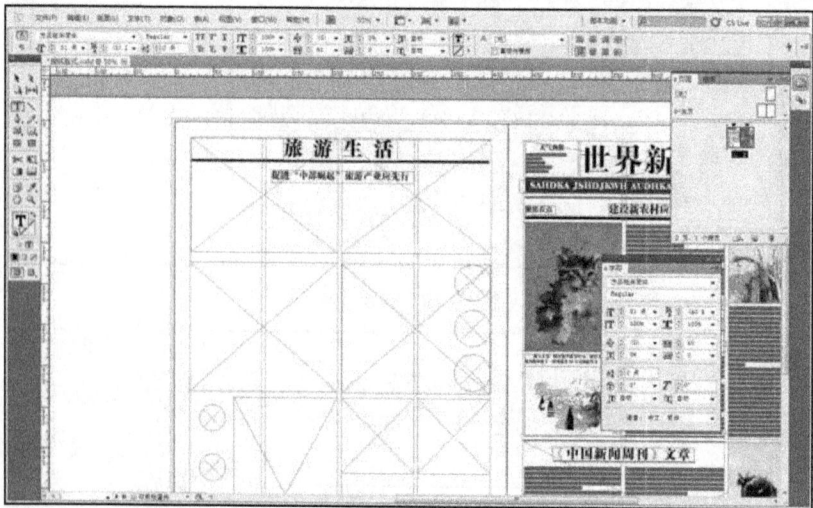

图 12-32　副标题文字效果

11 使用【矩形框架工具】在文字下方绘制矩形框架，在框架中置入"新闻图片 5"和"新闻图片 6"，如图 12-33 所示。

12 调整原有圆形框架，使其横排为一行。使用【文字工具】在"新闻图片 5"下方绘制文本框架，并输入新闻图片的说明，如图 12-34 所示。

13 使用【文字工具】输入标题文字"图片新闻"，设置字体的颜色为"黑色"。使用【直线工具】在文字下面绘制一条黑色的细线，两边与栏参考线对齐，文字效果如图 12-35 所示。

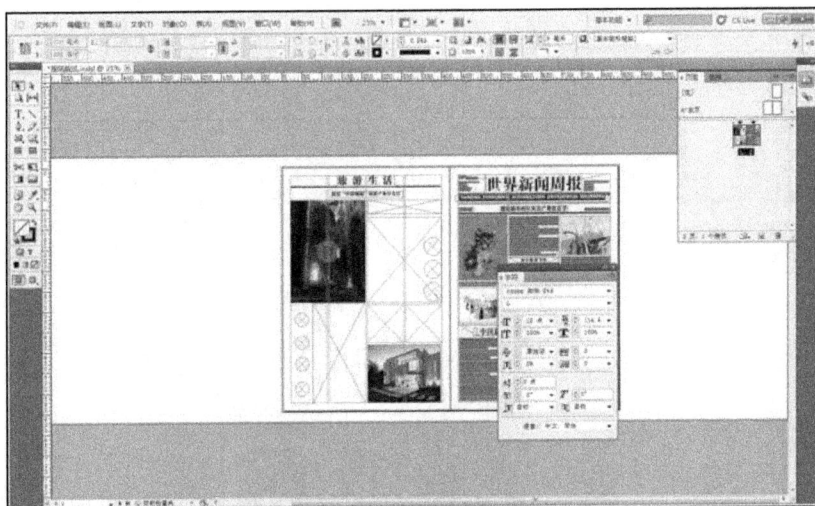

图 12-33　置入图像

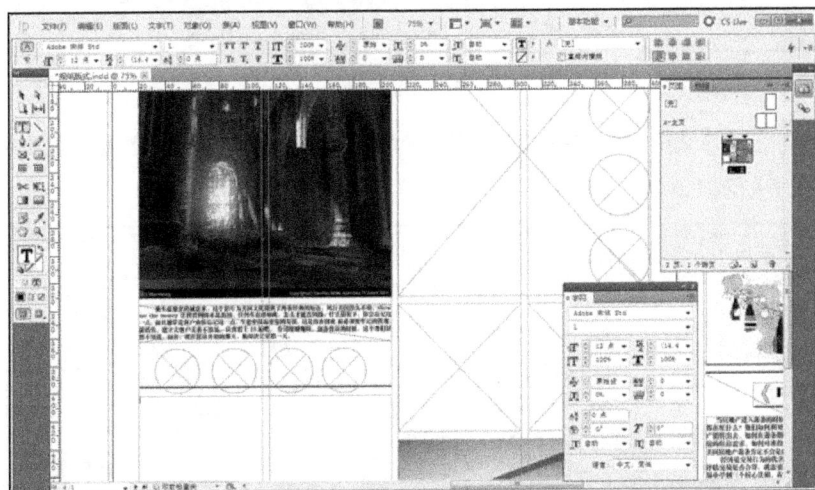

图 12-34　文字效果（三）

图 12-35　文字效果（四）

14 参照页面 2 文本的制作方法，使用【文字工具】在该页面中输入相应的文字内容，并进行精确调整，如图 12-36 所示。

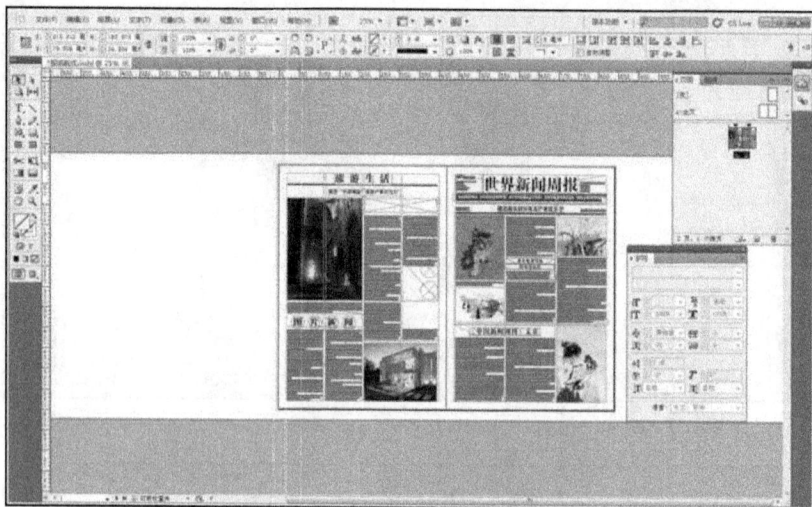

图 12-36 正文效果

15 使用【文字工具】绘制文本框架后输入标题文字"组团出游需要远离禽流感疫区"，并设置文本属性，效果如图 12-37 所示。

图 12-37 文字效果（五）

16 使用【矩形框架工具】在文字下方绘制矩形框架，在框架中置入"新闻图片 7"，如图 12-38 所示。

17 使用【矩形框架工具】在中缝位置绘制矩形框架，在框架中置入"新闻图片 8"～"新闻图片 11"，效果如图 12-39 所示。

18 使用【文字工具】在中缝位置输入相应的文本内容，如图 12-40 所示。

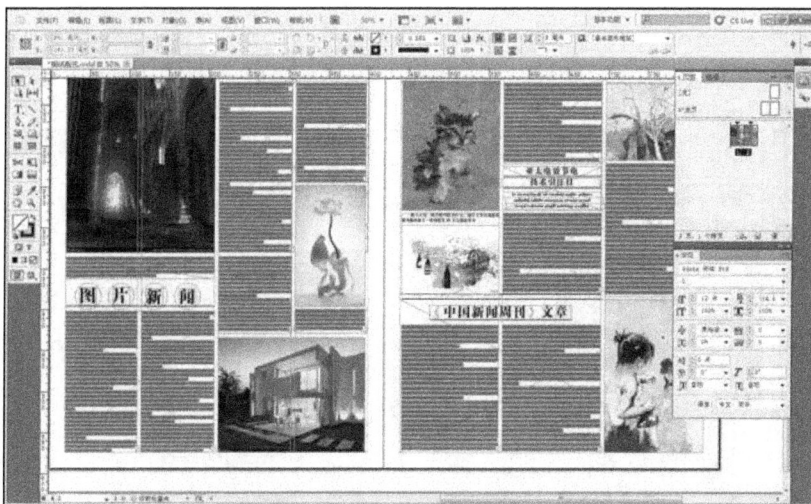

图 12-38　置入图片

图 12-39　置入图片

图 12-40　文字效果（六）

19 使用【矩形工具】绘制一个矩形，设置填充色为无、描边为"蓝色"，如图 12-41 所示。

图 12-41　绘制矩形

20 至此，完成该报纸版面的设计，最终效果如图 12-42 所示。

图 12-42　最终效果

附　录

附录 A　期末综合测试题

一、填空题（每空 2 分，共 50 分）

1. InDesign CS5 软件的视图模式有_____、_____、_____、_____、_____ 5 种。

2. 在 InDesign CS5 软件中，可使用_____工具创建文本框架，使用_____工具串接文本框架。

3. _____颜色模式是最适用于跨媒体出版。

4. 用鼠标选中工具箱中的【钢笔工具】，将鼠标指针移到已绘制的曲线上，此时【钢笔工具】右下角显示 "+"，表示将在这条曲线上_____一个节点。

5. 当使用【钢笔工具】按住【Shift】键，可以得到_____、_____、_____度角的整倍方向的直线。

6. 设置渐变色时，在渐变色条下方单击鼠标，可增加一个表示新颜色的_____滑块，同时也增加一个表示中间色的_____滑块。

7. 【描边】面板中斜接限量的默认值是_____。

8. 创建一个发布在 Web 上的文件应该选择_____颜色模式为最佳。

9. 单击面板标签，并按住鼠标将其拖放到新位置，可以把浮动面板从面板组中_____出来。

10. 在文章编辑器窗口写入和编辑时，允许整篇文章按照指定的字体、大小和间距显示，但不能在文章编辑器窗口_____。

11. 选择【强制行数】命令会使段落按指定的行数_____。

12. 使用_____工具可以选择路径上的点或框架中的内容。

13. 将多个路径组合为单个对象，这个过程称为_____。

14. 变换操作可以修改对象的大小或形状。工具箱中包含 3 个变换工具，即_____、_____、_____。

15. 向对象应用文本绕排时，InDesign 会自动在对象周围创建一个_____进入的边界。

二、单项选择题（每题 3 分，共 15 分）

1. InDesign CS5 中显示或隐藏控制面板的方法是选择（　　）命令。

A.【窗口】>【工具】　　　　　　　　B.【窗口】>【控制】

C.【视图】>【控制】　　　　　　　　D.【视图】>【完整粘贴板】

2. InDesign CS5 的实时印前检查功能的意义是（　　）。

A. 用户能够在创建文档时对文档进行监视，以防潜在印刷问题发生

B. 艺术排版　　　　C. 显示或隐藏字符　　　　D. 修改文档缩放比例

3. 使用【文本工具】不能完成的操作是（　　）。

A. 选中多段文本　　　　　　　　　　B. 选中文本框

C. 选中指定文本　　　　　　　　　　D. 插入文本插入点

4. 溢流文本是指（　　）。

A. 沿着图片剪辑路径绕排的文本　　　B. 重叠在图片框上的文本

C. 文本框不能容下的文本　　　　　　D. 图片的说明文本

5. 在链接调板中，出现"红色圆形中带一个问号"的符号表明（　　）。

A. 某链接文件被修改过　　　　　　　B. 文档中包含错误链接

C. 某链接文件被损坏　　　　　　　　D. 某链接文件丢失或无法找到

三、多项选择题（每题 3 分，共 15 分）

1. 下列有关【钢笔工具】的描述中，正确的是（　　）。

A. 使用【钢笔工具】绘制直线路径时，确定起始点需要按住鼠标键拖出一个方向线后，再确定一个节点

B. 用鼠标选中工具箱中的【钢笔工具】，将鼠标指针移到已绘制的曲线上，此时【钢笔工具】右下角显示"+"，表示将在这条曲线上增加一个节点

C. 当用【钢笔工具】绘制曲线时，曲线上节点的方向线和方向点的位置确定了曲线段的尺寸和形状

D. 当使用【钢笔工具】按住【Shift】键，可以得到 0°、45°、90° 的整倍方向的直线

2. 下列有关文本绕图的说法中，正确的是（　　）。

A. InDesign 的文本绕图调板提供了 5 种不同的图文绕排方式

B. InDesign 中可以在绕排时让文本只出现图像的内部

C. InDesign 中文本绕图只限于文本框与图形之间的绕图，文本框和文本框之间不能使用文本绕图

D. 不能在 InDesign 的表格中制作文本绕图效果

3. 文件输出成 PDF 格式的优势在于（　　）。

A. 可以在网上发布

B. 大多数的排版软件和文字处理软件都可以识别 PDF 格式

C. PDF 格式是跨平台文档格式，可以跨平台浏览

D. PDF 格式不受操作系统、应用程序及字体的影响和限制，并且具有可打印的优点

4. 下列关于 InDesign 打印功能的叙述中，正确的是（　　）。

A. 如果置入的 AI 文件中包含专色，InDesign 会自动将专色转换为 CMYK 四色

B. 可以直接使用【打印】对话框打印 InDesign 的主页

C. InDesign 中的字符网格只能使用"输出"命令输出，而不能直接打印

D. InDesign 中打印时可以忽略文档中的 EPS 对象

5. 在【字符】面板中包含了多种文字规格的设置，下列（　　）选项可以在其中设置。

A. 字体大小　　　B. 行距　　　C. 缩进　　　D. 字符间距

四、判断题（每题 1 分，共 5 分）

1. InDesign 中文本绕排只限于文本框与图形之间的绕排，文本框和文本框之间不能使用文本绕排。　　　　　　　　　　　　　　　　　　　　　　　（　　）

2. InDesign 在置入带有 Alpha 通道的 PSD 文件时，可以将图像中附带的 Alpha 通道作为图像的剪辑路径。 （　　）

3. 在 InDesign CS5 中，将文档输出为 PDF 时不能同时输出超链接。 （　　）

4. 在 InDesign CS5 中，选择【版面】>【创建参考线】命令可通过对话框创建多条等距离的参考线。 （　　）

5. InDesign 可对文本、图形、图像、群组等使用透明效果。 （　　）

五、简答题（每题 5 分，共 25 分）

1. InDesign CS5 默认的工作界面分为几个区域？

2. 创建渐变并将其应用于对象后，如何调整渐变的混合方向？

3. 在不取消对象编组的情况下，如何选择组中的对象？

4. 如何在文本中插入分隔符？

5. 如何调整路径文字的开始或结束位置？

知识要点提示

要删除路径文字，选择【文字】>【路径文字】>【删除路径文字】命令。若路径文字是串接的，文字将移到下一个串接文本框架或路径文字对象；若路径文字没有串接，文字将被删除，路径将被保留下来。

附录 B　参考答案

Chapter 01

一、选择题

（1）D （2）C （3）A

二、填空题

（1）专业排版 （2）直线　曲线 （3）版心

Chapter 02

一、选择题

（1）B （2）A （3）D

二、填空题

（1）RGB　CMYK　Lab （2）色相　明度　饱和度 （3）准确性　实地性　不透明性　表现色域宽

Chapter 03

一、选择题

（1）B （2）C （3）D

二、填空题

（1）图形　框架 （2）【Shift】 （3）文本框　图文框　各种多边形

Chapter 04

一、选择题

（1）C （2）D （3）D

二、填空题

（1）纯文本框架　框架网格 （2）【透明度】 （3）投影　内阴影　外发光　内发光　斜面和浮雕　光泽　基本羽化　定向羽化　渐变羽化边形

Chapter 05

一、选择题

（1）B （2）D （3）C

二、填空题

（1）网格工具 （2）项目符号　编号　项目符号　编号 （3）相邻的　整个段落　全选

Chapter 06

一、选择题

（1）B （2）A （3）C

二、填空题

（1）图形框架　与剪切路径相同 （2）入口　出口 （3）脚注引用编号　脚注文本

Chapter 07

一、选择题

（1）D （2）C （3）A

二、填空题

（1）【Shift】 （2）行数/列数　行高/列宽　排版方向　表内对齐　单元格内边距 （3）文本　描边与填色　行和列　对角线

Chapter 08

一、选择题

（1）B （2）D （3）C

二、填空题

（1）格式属性 （2）面板形式　面板选项卡 （3）行和列　格式

Chapter 09

一、选择题

（1）B （2）A （3）D

二、填空题

（1）页面　跨页 （2）主页　主页　页面 （3）框架　框架

Chapter 10

一、选择题

（1）C （2）B （3）D

二、填空题

（1）书签 （2）页面超链接　页面超链接 （3）Adobe PDF　交互式功能